天然气工程技术培训丛书

天 然 气 增 压

《天然气增压》编写组 编

石油工业出版社

内 容 提 要

本书主要内容包括天然气增压基础知识、驱动机与压缩机、整体式压缩机组、分体式压缩机组、增压站运行与操作、压缩机组维护保养、压缩机组常见故障及处理、增压站建设等。本书知识全面、实际操作指导性强。

本书可作为天然气增压操作人员的培训教材，其他相关人员也可参考使用。

图书在版编目（CIP）数据

天然气增压/《天然气增压》编写组编 . —北京：
石油工业出版社，2017.11
（天然气工程技术培训丛书）
ISBN 978-7-5183-2240-4

Ⅰ . ①天… Ⅱ . ①天… Ⅲ . ①天然气-增压-压缩机
-机组 Ⅳ . ①TE964

中国版本图书馆 CIP 数据核字（2017）第 271277 号

出版发行：石油工业出版社
　　　　　（北京安定门外安华里2区1号　　100011）
　　　网　　址：www.petropub.com
　　　编 辑 部：（010）64269289　图书营销中心：（010）64523633
经　　销：全国新华书店
印　　刷：北京晨旭印刷厂

2017年11月第1版　2017年11月第1次印刷
787×1092毫米　开本：1/16　印张：16.75
字数：400千字
定价：58.00元
（如出现印装质量问题，我社图书营销中心负责调换）

《天然气增压》编 写 组

主　编：王春禄

副主编：禹贵成　苟文安

成　员：何　鑫　陈家文　陈　密　章伯跃　张贻虎

　　　　李　强　蒋　伟　廖　建　徐龙德　徐学进

　　　　李　青　阴文霖

序

　　川渝地区是世界上最早开发利用天然气的地区。作为我国天然气工业基地，西南油气田经过近 60 年的勘探开发实践，在率先建成以天然气为主的千万吨级大气田的基础上，正向着建设 $300×10^8m^3$ 战略大气区快速迈进。在生产快速发展的同时，油气田也积累了丰富的勘探开发经验，形成了一整套完整的气田开发理论、技术和方法。

　　随着四川盆地天然气勘探开发的不断深入，低品质、复杂性气藏越来越多，开发技术要求随之越来越高。为了适应新形势、新任务、新要求，油气田针对以往天然气工程技术培训教材零散、不够系统、内容不丰富等问题，在 2013 年全面启动了《天然气工程技术培训丛书》的编纂工作，旨在以书载道、以书育人，着力提升员工队伍素质，大力推进人才强企战略。

　　历时 3 年有余，丛书即将付梓。本套教材具有以下三个特点：

　　一是系统性。围绕天然气开发全过程，丛书共分 9 册，其中专业技术类 3 册，涵盖了气藏、采气、地面三大工程；操作技能类 6 册，包括了天然气增压、脱水、采气仪表、油气水分析化验、油气井测试、管道保护，编纂思路清晰、内容全面系统。

　　二是专业性。丛书既系统集成了在生产实践中形成的特色技术、典型经验，还择要收录了当今前沿理论、领先标准和最新成果。其中，操作技能类各分册在业内系首次编撰。

　　三是实用性。按照"由专家制定大纲、按大纲选编丛书、用丛书指导培训"的思路，分专业分岗位组织编纂，侧重于天然气生产现场应用，既有较强的专业理论作指导，又有大量的操作规程、实用案例作支撑，便于员工在学习中理论与实践有机结合、融会贯通。

　　本套丛书是西南油气田在长期现场生产实践中的技术总结和经验积累，既可作为技术人员、操作员工自学、培训的教科书，也可作为指导一线生产工作的工具书。希望这套丛书可以为技术人员、一线员工提升技术素质和综合技术能力、应对生产现场技术需求提供好的思路和方法。

　　谨向参与丛书编著与出版的各位专家、技术人员、工作人员致以衷心的感谢！

2017 年 2 月·成都

前　言

　　天然气增压是天然气工程技术领域中气田开发后期常用的措施之一。目前天然气压缩设备有往复活塞式压缩机、离心式压缩机、螺杆式压缩机（使用不多）。为适应技术、工艺、设备、材料的发展和更新，打造高素质增压操作人才，增强企业从事增压工作操作员工的技能、技巧，提高增压操作员工技术培训和考核的质量水平，《天然气工程技术培训丛书》编委会组织人员编写了《天然气增压》。

　　《天然气增压》内容主要根据天然气增压技术现状编写，以统一规划、充实完善为原则，注重内容的先进性与通用性，理论与实际相结合。本书主要对整体式、分体式压缩机组的基础知识、结构原理、操作维护保养、故障处理等内容进行详细阐述。为满足不同培训的需求，特别增加电驱压缩机、压缩机工况软件计算、增压站建设等知识介绍。与以往同类教材相比，本书具有知识全面、实际操作指导性强的特征，是增压操作人员的好帮手。

　　本书由王春禄任主编，由禹贵成、苟文安任副主编。全书共八章。其中，第一章由禹贵成、陈密、苟文安编写；第二章由陈密、章伯跃、李强、陈家文编写；第三章由王春禄、李强、蒋伟、苟文安编写；第四章由章伯跃、廖建编写；第五章由何鑫、张贻虎、王春禄编写；第六章由蒋伟、徐龙德、徐学进编写；第七章由蒋伟、徐龙德、阴文霖、李青编写；第八章由张贻虎、廖建编写。本书由阳梓杰主审，参加审查人员有艾天敬、陈桂平、熊中琼、谢凌等。

　　本书在编写过程中，得到有关领导和许多专家的指导、支持和帮助。在此，谨向所有提供指导、支持与帮助的有关同志表示诚挚的谢意！

　　由于编写人员的知识和能力有限，本书还存在疏漏与不足，敬请读者提出宝贵意见，便于今后不断完善。

《天然气增压》编写组

2016 年 12 月

目　　录

第一章

增压基础知识

第一节 石油、石油产品及天然气知识介绍

一、石油及石油产品知识

石油又称原油，是一种黏稠的、深褐色液体。地壳上层部分地区有石油储存，主要成分是各种烷烃、环烷烃、芳香烃的混合物。

石油的性质因产地而异，密度为 $0.8\sim1.0g/cm^3$，黏度范围很宽，凝点差别很大（30～60℃），沸点范围为常温到 500℃以上，可溶于多种有机溶剂，不溶于水，但可与水形成乳状液。不过不同油田石油的成分和外貌区别很大。石油主要被用作燃料油，是世界上最重要的能源之一。石油也是许多化学工业产品，如溶剂、化肥、杀虫剂和塑料等的原料。

石油产品可分为燃料、溶剂与化工原料、润滑剂、石蜡、沥青、石油焦 6 类。

汽油的沸点范围（又称馏程）为 30～205℃，密度为 $0.70\sim0.78g/cm^3$，主要用作汽车、摩托车、快艇、直升机、农林用飞机等的燃料。

柴油有沸点范围 180～370℃和 350～410℃两类。对石油及其加工产品，习惯上称沸点或沸点范围低的为轻，相反为重。因此上述前者称为轻柴油，后者称为重柴油。柴油广泛用于大型车辆、船舰。由于高速柴油机（汽车用）比汽油机省油，柴油需求量增长速度大于汽油，一些小型汽车也改用柴油。对柴油的质量要求是燃烧性能和流动性好。燃烧性能用十六烷值表示，越高越好，大庆原油制成的柴油十六烷值可达 68。高速柴油机用的轻柴油十六烷值为 42～55，低速的在 35 以下。

从石油制得的润滑油约占总润滑剂产量的 95%以上。除润滑性能外，润滑油还具有冷却、密封、防腐、绝缘、清洗、传递能量的作用。润滑油中产量最大的是内燃机油（占 40%），其余为齿轮油、液压油、汽轮机油、电器绝缘油、压缩机油，合计占 40%。商品润滑油按黏度分级，负荷大，速度低的机械用高黏度油，否则用低黏度油。

二、天然气知识

（一）天然气的组成

天然气是指在不同地质条件下生成、运移，并以一定压力储集在地下构造中，以碳氢化合物为主的可燃类气体。

天然气的成分因地而异，大部分是甲烷，其次是乙烷、丙烷、丁烷等，此外还含有少量其他气体，如氮气、硫化氢、一氧化碳、二氧化碳、水汽、氧气、氢气和微量惰性气体氦、氩等。天然气主要成分的物理化学性质见表1-1。

表1-1　天然气中主要成分物理化学性质

名　　称	分子式	相对分子质量	密　度 kg/m³	临界温度 K	临界压力 MPa	黏度 mm²/s
甲烷	CH_4	16.043	0.716	190.55	4.604	0.01（气）
乙烷	C_2H_6	30.070	1.342	305.43	4.880	0.009（气）
丙烷	C_3H_8	44.097	1.967	369.82	4.249	0.125（10 ℃）
正丁烷	$n-C_4H_{10}$	58.12	2.593	425.16	3.797	0.174
异丁烷	$i-C_4H_{10}$	58.12	2.593	408.13	3.648	0.194
氦	He	4.003	0.197	5.2	0.277	0.0184
氮	N_2	28.02	1.250	126.1	3.399	0.017
氧	O_2	32.0	1.428	154.7	5.081	0.014
氢	H_2	2.016	0.0899	33.2	0.297	0.00842
二氧化碳	CO_2	44.0	1.963	304.19	7.382	0.0137
一氧化碳	CO	28.0	1.250	132.92	3.499	0.0166
硫化氢	H_2S	34.076	1.521	373.5	9.005	0.01166
水汽	H_2O	18.015	1.293	647.3	22.118	

名　　称	自燃点，℃	可燃性限，%（体积分数）		热值，kcal/m³（15.6℃，常压）		气体常数 kJ/（kg·J）
		低　限	高　限	全热值	净热值	
甲烷	645	5.0	15.0	8900	8000	52.84
乙烷	530	3.2	12.45	15800	14400	28.2
丙烷	510	2.37	9.50	22400	20600	19.23
正丁烷	490	1.86	8.41	29000	25900	14.59
异丁烷		1.8	8.44	29000	25900	14.59
氦						211.79
氮						30.26
氧						26.49
氢	510	4.1	74.2	3050	2570	420.75
二氧化碳						19.27
一氧化碳	610	12.5	74.2	3020	3020	30.26
硫化氢	290	4.3	45.5			24.87
水汽						29.27

（二）天然气的分类

1．干气和湿气

一般来说，天然气中甲烷含量在95%以上的称为干气。甲烷含量低于95%而乙烷以上等烷烃的含量在50%以上的称为湿气。

2．酸性天然气和洁气

硫化氢和二氧化碳气体含量超过 $20mg/m^3$，需要进行净化处理才能达到管输标准的天然气称为酸性气体。硫化氢和二氧化碳含量甚微，不需要净化的天然气称为洁气。

3．气田气、石油伴生气、凝析气田气

（1）气田气：产自气田的天然气，一般以甲烷为主。

（2）石油伴生气：产自油田的天然气，主要成分是 $C_1 \sim C_6$ 的烷烃类。

（3）凝析气田气：产自凝析气田的天然气。

（三）天然气的主要物理化学性质

1．天然气的密度

单位体积天然气的质量称为天然气的密度。天然气的密度与压力、温度有关，在低温高压下与压缩因子 Z 有关。

2．天然气的相对密度

相同压力、温度下天然气的密度与干燥空气密度的比值，称为天然气的相对密度。

3．天然气黏度

天然气的黏度是指气体的内摩擦力。当气体内部有相对运动时，就会因内摩擦力产生内部阻力，气体的黏度越大，阻力越大，气体的流动就越困难。黏度就是气体流动的难易程度。

4．临界温度、临界压力

每种气体要变成液体，都有一个特定的温度，高于该温度时，无论加多大压力，气体也不能变成液体，该温度称为临界温度。对应于临界温度的压力，称为临界压力。

天然气是混合气体，为了区分单组分气体和混合气体的临界参数，将天然气各组分的临界温度和临界压力的加权平均值分别称为视临界温度（T_c'）和视临界压力（p_c'）。

第二节　常用增压术语及单位换算

一、常用增压术语

在增压专业中，有很多的增压专用名称，在此节中将对专业名词进行解释，以方便初学者掌握。

（1）压力（pressure）：单位面积上作用的力。单位：Pa，kPa，MPa，bar。

（2）大气压力（atmospheric pressure）：大气层对地球表面的压力，可根据海拔高度及温度推算大气压力值。其中，1个标准大气压（力）（1atm）约为（1.01×10^5Pa，北纬45°，温度15℃，大气层作用于海平面上压力）。

（3）表压力（gauge pressure）：压力表测得的压力，是容器中气体压力与大气压力之差。

（4）绝对压力（absolute pressure）：表压力与当地大气压力之和。

（5）进气压力（suction pressure）：吸入压缩机的气体压力，在第一级工作腔进气法兰接管处测得。多级压缩机各级存在级进气压力。进气压力可以是变值（如抽真空）。

（6）排气压力（discharge pressure）：最终排出压缩机的气体压力，由排气管网决定。多级压缩机各级存在级排气压力。排气压力可以是变值（如气体充瓶）。

（7）压力比（pressure ratio）：压缩机末级排气接管处压力（压缩机的名义排气压力）与第一级进气接管处压力（压缩机的名义吸气压力）之比，即压缩机的（名义）压力比，也叫总压力比。各级排气压力与其吸气压力之比称为级的（名义）压力比。某级压缩终了时工作腔内的压力与该级进气终了压力之比，活塞压缩机中称为该级实际压力比，回转压缩机中称为内压力比。

（8）进气温度（suction temperature）：压缩机第一级吸入气体的温度，在第一级吸气法兰接管处测得。多级压缩机各级的吸入气体温度称为该级的进气温度。

（9）排气温度（discharge temperature）：压缩机末级排出气体的温度。在末级排气法兰接管处测得。多级压缩机各级的排出气体温度称为该级的排气温度。由于压缩气体（R22、乙烯、乙炔高温分解，氯气电化、氧化腐蚀）、润滑油（黏度降低、积炭）、密封材料（膨胀变形、氧化）要求，排气温度一般都有所限制。

（10）压缩终了温度：工作腔内气体完成压缩过程，开始排气时的温度。

（11）工作容积：容积式压缩机中直接用来压缩气体的腔室，也称工作腔。压缩机的工作腔一般因为存在余隙容积而没有完全利用。

（12）余隙容积：排气过程结束后仍残留有高压气体的那部分空间。

（13）容积流量 q_v：压缩机单位时间排出的气体，折算到进口状态（第一级进气接管处的压力 p_1、温度 T_1）时的容积值；过去称为排气量，输气量；单位为 m³/min，m³/h，m³/s。

（14）标准容积流量 q_{vn}：压缩机单位时间排出的气体折算到标准状态（两种标准状态定义：化工行业1atm，0℃；空气动力1atm，20℃）时的容积值，也称供气量。常用单位：m³/min，m³/h，10^4m³/d。

（15）发动机标定功率：压缩机组驱动机的额定功率。

（16）风扇功率：用于驱动空冷器风扇所消耗的功率。

（17）压缩功率：实际用于压缩气体的功率。

二、常用单位换算

目前在西南油气田分公司中使用的很多压缩机组多为国外进口，在使用工况计算软件及平时的维护保养时会有公、英制单位的换算，为方便对压缩机组进行管理，下面对公、英制单位换算做一个简单的介绍。

长度单位：

1in＝2.54cm；

1ft＝12in＝0.3048m。

面积单位：

$1in^2 = 6.4516cm^2$。

体积单位：

$1in^3 = 16.387cm^3$；

1美制品脱＝0.473L；

1加仑＝2加脱＝8品脱；

1英制品脱＝0.568L。

质量单位：

1磅＝16盎司＝0.454kg。

压力单位：

1 psi＝6.89kPa；

1MPa＝145psi。

温度单位：

华氏温度=（9/5）×摄氏温度+32，或华氏温度=（5/9）×（华氏温度-32）。

流量单位：

$1MMSCFD=2.83×10^4m^3/d$。

第三节　气体热力学基础知识

一、气体状态方程

（一）气体分类

按照不同的分类方法，气体可分为不同的类型。

1．**单组分气体和混合气体**

根据成分的不同，可将气体分为单组分气体和混合气体。

单组分气体是指只含有一种组分、可用简单的分子式进行描述的气体，如氮气、氧气、甲烷、二氧化碳、硫化氢等。每种气体因其组分不同，物理化学性质也各有不同。

混合气体是指含两种及以上组分、不能用简单的分子式进行描述的气体，工业中的许多气体都是混合气体，如空气、天然气、煤气等。混合气体的物理性质不同于其中任何一种组分的性质，但其虚拟特征参数可以通过对纯组分特征参数的关联计算来求出。

2．**极性气体、非极性气体和量子气体**

根据分子间相互作用力性质的不同，实际气体可分为极性气体、非极性气体和量子气体。

由极性分子（即所带正负电荷的中心不重合的分子）组成的气体称为极性气体，极性气体分子具有永久偶极矩，相互作用力除色散力和诱导力外，静电力也较大。氢键气体也可以看成是极性气体的一种形式。

非极性气体是指由非极性分子（即所带正负电荷的中心重合的分子）组成的气体，分子没有偶极矩，相互作用力主要是色散力。

量子气体相对分子质量很小，低温时这些气体分子占据的能量级数很少，其能量变化是离散的而非连续的，具有显著的量子效应，因此称为量子气体。

3．实际气体和理想气体

实际气体的分子都占有体积，且分子间存在相互作用力——分子间作用力。分子间作用力又称为范德华力，可分为色散力、诱导力和取向力三种。色散力是指分子瞬时偶极间的相互作用力，在所有分子或原子间都存在；诱导力是指被诱导的偶极矩和永久偶极矩间的相互作用力，存在于极性分子与非极性分子之间以及极性分子之间；而取向力是指分子永久偶极矩间的相互作用力，仅存在于极性分子之间。

在有些化合物中，两个电负性很大而半径较小的原子通过氢原子为媒介，生成的一种特殊的分子间或分子内相互作用，这种结合方式称为氢键。氢键不同于范德华力，它既可以存在于分子间也可以存在于分子内，具有饱和性和方向性的特点。

所谓理想气体是指气体分子本身不占有空间，分子间除碰撞作用力之外，没有其他相互作用力的气体。即假定气体分子没有自身体积，仅将分子看成有质量的几何点；分子间无相互吸引或排斥，不计分子势能；气体分子在未碰撞时做匀速运动，分子间及分子与器壁间发生碰撞没有动能损失；气体的内能是分子动能之和。理想气体在自然界中是不存在的，从宏观上看理想气体是一种无限稀薄的气体，因此多数实际气体在压强不太高、温度不太低且体积足够大时，可视为理想气体来进行分析。

（二）气体的热力学参数

要研究压缩机的工作，首先要解决如何定量描述气体的状态以及如何确定状态变化的过程，这也是研究气体热力学必须首先解决的问题。气体在热力变化过程中某一瞬间所呈现的全部宏观物理状态称为其热力学状态，而描述这些宏观特性的物理量则称为状态参数。气体的状态确定，则其状态参数确定，反之亦然，其变化量与变化过程无关。

气体的状态参数按照能否用仪器仪表进行直接或间接测量，划分为基本状态参数和导出状态参数。

1．基本状态参数

能够用仪器仪表直接或间接测量的参数称为基本状态参数。

1）比体积、密度和重度

单位质量的物质所占有的体积，称为比体积，以符号 v 表示，若质量为 m 的物质占有的体积为 V，则其比体积为：

$$v = \frac{V}{m} \tag{1-1}$$

式中　　v——物质比体积，m^3/kg；

　　　　V——物质体积，m^3；

　　　　m——物质质量，kg。

单位体积内含有物质的质量，称为密度，以符号 ρ 表示，若质量为 m 的物质占有的体

积为 V，则其密度为：

$$\rho = \frac{m}{V} \qquad (1-2)$$

式中　ρ——物质密度，kg/m^3。

单位体积内含有物质的重量，称为重度，以符号 γ 表示，若质量为 m 的物质占有的体积为 V，则其重度 γ 为：

$$\gamma = \frac{mg}{V} \qquad (1-3)$$

式中　γ——物质重度，N/m^3；

g——重力加速度，$9.80665m/s^2$。

根据以上定义式可知，密度、比体积和重度都是说明气体在某一状态时分子的疏密程度，其中比体积和密度互为倒数。

2）压力和压强

垂直作用在物体表面上的力，叫作压力，其大小与受力面积无关；而压强则是指垂直作用在物体单位面积上的力，以符号 p 表示，即通俗所称的气体压力，它是大量气体分子对容器壁持续、无规则撞击产生的结果。由于外界环境的变化例如气候突变，气压计的读数也将发生变化，导致一般的表压不能与确定的状态相对应，因而它不是一个状态参数，在热力学中采用绝对压强（大气压与表压之和）作为状态参数。

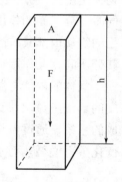

压强的单位是帕斯卡，简称帕，以符号 Pa 表示，采用 Pa 作为压强的单位在工程实用上显得太小导致数值太大，所以实际中采用千帕（kPa）或兆帕（MPa），以及常与国际单位制压强单位并用的压强单位巴（bar）作为压强的实用单位。

压强的大小有时用液柱的高度来表示，如图 1-1 所示，液柱的截面积为 A，高度为 h，液体的密度为 ρ，则作用于底面积 A 上的总作用力 F 应为该液柱的重量，即：

图 1-1　液柱示意图

$$p = \frac{F}{A} = h\rho g = h\gamma \qquad (1-4)$$

式中　p——压强，Pa；

F——液柱重量，N；

A——液柱面积，m^2。

由于液体的密度 ρ 为定值，所以液柱的高度与压强成正比，因此也常用汞柱或水柱高度来代表压强的大小，其中 atm 表示在纬度为 45°、大气温度为 0℃时的海平面上的大气常年平均压强，称为标准大气压。

$$1atm = 760mmHg = 10.332mH_2O = 0.101325MPa$$

3）温度

温度是表示物体冷热程度的物理量，微观上来讲，表示物体分子热运动的剧烈程度。在热力学中采用热力学温标 T 作为气体的温度状态参数，其单位为开尔文或简称为开，用符号 K 表示。

热力学温标是取水的三相点温度作为单一固定点，并规定水的三相点温度为 273.16K。所谓水的三相点温度是指水的固、液、气三态共存，并处于平衡状态时的温度，水的三相点温度比水的冰点温度高 0.01K，所以水的冰点温度在热力学温标中为 273.15K。

选取水的三相点而不是选用其冰点作为参考点，其原因在于：（1）实验装置中三相点的温度比较容易稳定，可长期维持在万分之一度内不变；（2）三相点不牵涉到外界条件，如大气压等。

2．导出状态参数

为方便计算，有时会把一些经常同时出现的状态参数并在一起，构成一个新的状态参数，这类参数不能通过仪器仪表直接或间接进行测量，称为导出状态参数。

1）内能

宏观物体所具有的能量即机械能通常分为动能和势能。动能的大小取决于物体的质量和运动速度；势能由地球的引力产生，取决于物体的质量和与地面的距离。在物质内部，物体是由大量分子组成的，分子在不停地做无规则热运动，温度越高，分子热运动越激烈；同时，分子间的作用力也因为分子间距离的不同，使其势能也发生变化。这种肉眼不能看见的物质内部具有的能量叫内能。因此，内能是指组成物体的分子的无规则热运动动能和其分子间相互作用势能的总和。

气体的内能与温度及比体积间存在一定的函数关系，对于理想气体，内能可认为是温度的单值函数，与其体积无关，一般用 U 表示，国际单位为焦耳（J）。对于一定量物质构成的系统，通过做功、热传递和与外界交换能量，引起系统状态变化而导致内能改变，其变化关系遵循热力学第一定律。因此，对于不存在宏观动能变化的系统：

$$\Delta U = W + Q \tag{1-5}$$

式中　ΔU——内能的变化量，J；

　　　W——外界对气体的做功量，J；

　　　Q——气体从外界的吸热量，J。

2）焓

流体在缓慢流动时，虽然宏观运动的动能很小，但是，后面的流体必须为抵抗前面的流体的压强做功，才能往前流动。这个推进功将转变成流体携带的能量，叫作流动能，它与推进的压强有关，等于压强 p 与体积 V 的乘积。在流动的流体内部，除了热力学内能 U 之外，还有这部分流动能。如果一定物质构成的系统在等压流动过程中，即系统只做体积功过程中吸收的热量为 Q_p，则根据热力学第一定律可知：

$$Q_p = \Delta U + p\Delta V \tag{1-6}$$

为了方便，在热力学中定义了一个新的状态参数——焓，用符号 H 表示，它是表征物

8

质系统能量的一个重要状态参数，其值等于该系统内能与流动能的总和，单位为 J，定义式为：

$$H = U + pV \qquad (1-7)$$

需要注意的是，焓作为一个状态参数，其引入基于只存在体积功的等压变化，因为只有在此条件下，焓才表现出它的特性，即体系吸热焓值升高，体系放热焓值降低。如果变化过程中体系不等压，则热力学能守恒，焓不守恒。

3）熵

熵是指体系内无序结构的总量，表示任何一种能量在空间中分布的均匀程度，能量分布越均匀，熵就越大。当体系内能量完全均匀分布时熵就达到最大值，也就是说，熵的增加代表着有效能量的减少。

熵最初是根据热力学第二定律引出的一个反映自发过程不可逆性的物质状态参量，其意义在于表明：

（1）热量总是从高温物体传到低温物体，不可能做相反的传递而不引起其他的变化；

（2）功可以全部转化为热，但任何热机不能全部地、连续不断地把所接受的热量转变为功；

（3）在孤立系统中，实际发生的过程总是使整个系统的熵值增大，即熵增原理。

在热力学中，熵同焓一样，是反映物质内部状态的一个物理量，用符号 S 表示，单位为 J/K，在热量相同的条件下，熵越大，物质的温度就越小，说明有热量转而做功。绝对熵就像绝对势能一样，没有太大应用价值，所以一般采用增量来表明热量转化为功的程度：

$$\Delta S = \frac{\Delta Q}{T} \qquad (1-8)$$

式中　ΔS——熵增，J；

　　　ΔQ——物质与外界热交换的量，J；

　　　ΔT——物质的热力学温度，K。

（三）理想气体状态方程

1. 玻意尔定律

玻意尔定律由英国化学家玻意尔在 1662 年根据实验结果提出，是人类历史上第一个被发现的定律，也是第一个描述气体运动的数量公式，为气体的量化研究和化学分析奠定了基础。玻意尔提出：在密闭容器中的定量气体，恒温条件下，气体的压强和体积成反比关系。

$$V = \frac{C}{p} \qquad (1-9)$$

式中　C——常数。

也即是说，温度恒定时，一定量气体的压强与其体积的乘积为常数 C（constant）。通过实验，玻意尔使科学界相信原子确实是存在的。

2．查理定律

当气体的体积保持不变时，一定质量的气体，其压强与其热力学温度成正比：

$$\frac{p}{T} = C \tag{1-10}$$

上式表明，在一定的体积下，一定质量的气体，温度每升高（或降低）1℃，它的压强比原来增加（或减少）1/273。这个规律由法国物理学家查理于1785年提出，称为查理定律。

3．盖·吕萨克定律

盖·吕萨克定律作为5个基本的气体实验定律之一，又称为气体热膨胀定律，由盖·吕萨克于1802年第一次发布，即压强不变时，一定质量气体的体积与其热力学温度成正比：

$$\frac{V}{T} = C \tag{1-11}$$

4．阿伏加德罗定律

通常条件下，气体分子间的平均距离约为分子直径的10倍，因此，当气体所含分子数确定后，气体的体积主要决定于分子间的平均距离而不是分子本身的大小。对于理想气体，由于忽略了气体分子本身的体积，在同温同压下，相同体积的任何理想气体都含有相同的分子数，这就是阿伏加德罗定律。

由实验测出，当温度为273.15K时，每摩尔的任一理想气体体积值都约为22.414L，所以，在法定计量单位中引入理想气体常数 R，它对所有气体都适用，R 也称为摩尔气体常数，表示1mol气体在一定压强下，温度升高1K所做膨胀功的数值，其值为8.314 J/（mol·K）。

5．理想气体状态方程

理想气体状态方程是描述理想气体处于平衡状态时，压强、体积、物质的量及温度间关系的状态方程，它建立在玻意尔定律、查理定律、盖·吕萨克定律等经验定律的基础上，表达式为：

$$pV = nRT \tag{1-12}$$

或
$$pv = R_g T \tag{1-13}$$

式中　p——压强，Pa；

　　　V——体积，m^3；

　　　n——物质的量，mol；

　　　R——摩尔气体常数，8.314J/（mol·K）；

　　　T——温度，K；

　　　v——比体积，m^3/kg；

　　　R_g——气体常数，kJ/（kg·K）。

其中，R_g 表示 1kg 气体在一定压强下温度升高 1K 所做膨胀功的数值，它与气体的种类有关，而与给定气体的温度和压强无关。

$$R_g = \frac{R}{M} \tag{1-14}$$

式中　M——摩尔质量，g/mol。

理想混合气体的摩尔质量等于各组分体积分数量与其摩尔质量乘积的总和，即

$$M = \sum \frac{V_i}{V} M_i \tag{1-15}$$

式中　V_i——混合气体中某一组分的体积，L；

　　　M_i——混合气体中该组分的摩尔质量，g/mol。

需要注意的是，在两个理想气体状态方程中，V 为气体体积，而 v 则为气体比体积，n 表示物质的量，其单位为 mol，1mol 任何物质含有阿伏加德罗常量即 6.022×10^{23} 个基本微粒。使用摩尔时的基本微粒应予以指明，可以是原子、分子、离子及其他粒子，或是这些粒子的特定组合体。

（四）实际气体状态方程

18 世纪，D·伯努利提出气体分子的刚球模型，考虑到分子自身体积的影响，把气体状态方程改为 $p(V-b)=RT$ 的形式。1847 年，H·勒尼奥做了大量实验，发现除氢气以外，没有一种气体严格遵守玻意尔定律。随着实验精度的不断提高，理想气体状态方程只对高温低密度的气体才近似成立，随着气体密度的增加，两者的偏离越来越大，由此引入了实际气体状态方程。

实际气体状态方程至今已经达到几百种，例如范德华方程、R-K 方程、BWR 方程、M-H 方程、P-R 方程、维里方程、马丁-侯方程等等。由于不同气体存在着不同的分子间聚集态，分子间力的变化错综复杂，每种方程都有一定的应用范围，应用范围广的精度相对较差，精度相对较高的应用范围相应就窄。

在众多的实际气体状态方程中，提出最早、影响最大的是范德华方程，由荷兰物理学家范德华于 1873 年提出，它能较好地表述高压强下实际气体状态变化的关系，推广后可以近似地应用到液体状态，是许多近似方程中最简单、使用最方便的一个。

$$\left(p + \frac{n^2 a}{V^2} \right)(V - nb) = nRT \tag{1-16}$$

式中　a——度量分子间引力的参数；

　　　b——对分子本身体积的校正。

在一般形式的范氏方程中，常数 a 和 b 因流体种类而异，但我们可以通过改变方程的形式，得到其他形式或者适用于流体的普适形式，在此就不详述。在压缩机组的日常管理工作中，往往可以通过进一步简化，得到较为便捷又准确的计算式，即：

$$pv = ZRT \tag{1-17}$$

或 $$pV = ZmRT \qquad (1\text{-}18)$$

式中 Z——压缩系数，无量纲量。

压缩系数表示实际气体偏离理想气体的程度，理想气体的 Z 值在任何温度、压强下恒为 1，因此也可以认为它是实际气体比体积与理想气体比体积的比值，它与气体的性质有关，可通过查图或者查表法确定其值的大小。当 $Z<1$ 时，表明实际气体比同等状态下的理想气体易于压缩；反之，当 $Z>1$ 时，表明实际气体比理想气体难于压缩。

二、气体压缩过程的热力学关系

压缩机运转时，气缸内气体的状态总是在不断变化的，分析气体在压缩过程中的热力学变化，也就是分析气体在压缩缸工作过程中的变化情况。

（一）示功图

为比较直观地表示压缩缸内气体的变化情况，研究人员引入了示功图。

示功图是指在压缩机的一个工作循环中，气缸内气体压力随活塞位移（或气缸内容积）而变化的循环曲线。循环曲线所包围的面积可表示压缩机所做的功或所消耗的功，故称为示功图，可用示功器进行测录。

实际工作中常用的示功图有 $p\text{-}V$（压力容积）图、$p\text{-}\theta$（压力转角）图、$p\text{-}t$（压力时间）图等。第一种示功图，曲线是封闭的，计算与分析相对比较简单；后两种示功图，曲线是展开的，但是可以利用分析的方法或作图的方法将之转换为封闭的曲线。

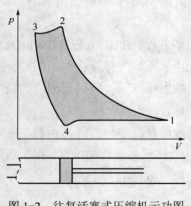

图 1-2 往复活塞式压缩机示功图

图 1-2 就是一个典型的往复活塞式压缩机 $p\text{-}V$ 示功图，示功图中曲线所包围的面积表示活塞式压缩机一个工作循环所消耗的功，其值等于该示功图面积与压力比例尺以及容积比例尺的连乘积。

（二）理论压缩循环

为了研究方便，首先对压缩机的工作过程作如下的简化和假设：

（1）气缸没有余隙容积，即被压缩的气体完全排出气缸；

（2）工作过程中缸内气体无泄漏损失；

（3）进、排气系统无阻力损失、无压力脉动、无热交换，即气体在吸排气过程中状态保持不变；

（4）压缩过程指数为常数。

符合以上假定的压缩机工作循环称为理论循环。

如图 1-3 所示，图上部为气缸内气体压强随气缸工作容积变化的变化曲线，图下部为压缩机气缸及活塞的示意图，左端为活塞运动的上止点，右端为活塞运动的下止点。0→1

为吸气过程，活塞向下止点运动，吸气阀打开；1→2 为压缩过程，活塞向上止点运动，吸、排气阀均关闭；2→3 为排气过程，活塞继续向上止点运动，排气阀打开；至 3 点即活塞运动至上止点时，气体全部排出气缸。在理论循环中，只有 1→2 才是热力学过程（热力学过程是指一个封闭系统由开始到完结的状态中所涉及的能量转变，是该系统从一个平衡态变化到另一个平衡态的过程），而在 0→1 及 2→3 过程中，气缸内的气量是不断变化的，因此都不是热力学过程。

据气体与气缸壁换热情况的不同，压缩过程可分为等温、绝热及多变过程，理论压缩循环也相应分为等温、绝热及多变三种。从图 1-4 示功图的面积可以看出，压缩机完成一个理论循环所消耗的机械功，为进气过程功、压缩过程功和排气过程功之和，活塞对气体做功为正，气体对活塞做功为负，则在三种压缩过程中，等温压缩消耗的压缩功最少，绝热过程消耗的压缩功最多。

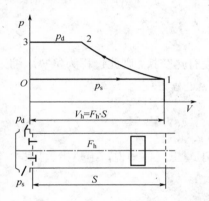
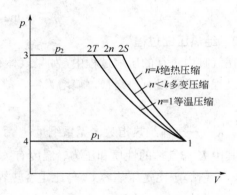

图 1-3 往复活塞式压缩机理论循环示功图   图 1-4 三种理论压缩循环

1. 等温压缩过程

在压缩过程中，如果将压缩过程所产生的热量全部传给外界，气体温度始终保持不变，这样的压缩过程称为等温压缩过程。

若压缩机气缸进气压力为 p_1，气缸吸入气体容积为 V_1，排气压力为 p_2，气缸排出气体容积为 V_2，吸气温度为 T_1，排气温度为 T_2，则在进气过程中进气过程功 W_s：

$$W_s = -p_1 V_1 \qquad (1\text{-}19)$$

由于此过程 T 始终不变，根据气体状态方程可知：

$$pV = C \qquad (1\text{-}20)$$

即在压缩过程中的任意一点都满足：

$$pV = p_1 V_1 = p_2 V_2 \qquad (1\text{-}21)$$

故在压缩过程中压缩过程功 W_p：

$$W_p = -\int_1^2 p\Delta V \qquad (1\text{-}22)$$

而在排气过程中排气过程功 W_d：

$$W_d = p_2 V_2 \tag{1-23}$$

则理想气体的等温压缩循环功 W_{is} 为：

$$W_{is} = W_s + W_p + W_d \tag{1-24}$$

$$W_{is} = p_1 V_1 \ln \frac{p_2}{p_1} \tag{1-25}$$

式中　　W_{is}——等温压缩循环功，J；

　　　　　p_1——吸气压力，Pa；

　　　　　p_2——排气压力，Pa；

　　　　　V_1——气缸吸气容积，m³。

其中 ln 为自然对数，表示以常数 e 为底的对数，e≈2.718281828459······表示当 n 趋近于∞时，$(1+1/n)^n$ 的极限，是一个无限不循环小数。

$$\ln e = \log_e e = 1$$

2. 绝热压缩过程

在气缸内进行的压缩过程中，如果气体和外界没有热交换，则此过程为绝热压缩过程。在此过程中由于没有热交换，熵增为零，故引出绝热过程方程：

$$pV^K = C \tag{1-26}$$

式中　　K——气体绝热指数，无量纲量。

其中 K 与气体的性质和压力、温度有关，而对于理想气体来说，绝热指数只与其温度有关，其值等于比定压热容 C_p 与比定容热容 C_V 之比：

$$K = \frac{C_p}{C_V} \tag{1-27}$$

比热容是热力学中常用的一个物理量，指单位质量的物质升高或下降单位温度所需要吸收或放出的热量，单位为 J/（kg·K）。比热容表示物体吸热或散热的能力；比热容越大，物体的吸热或散热能力越强。比定压热容是指单位质量的物质在压力不变的条件下，温度每升高或下降 1K 所吸收或放出的能量；比定容热容是指单位质量的物质在体积不变的条件下，温度升高或下降 1K 吸收或放出的能量。

理想单组分气体的绝热指数：单原子气体为 5/3，双原子气体为 7/5，三原子气体为 4/3。

理想混合气体的 K 值可通过下式进行计算：

$$\frac{1}{K-1} = \sum \frac{r_i}{K_i - 1} \tag{1-28}$$

式中　　K——混合气体的绝热指数；

　　　　　K_i——混合气体中某组分的绝热指数；

　　　　　r_i——混合气体中该组分的体积分数。

常用气体在不同的温度和压力下的值可通过查表或查图得到，一般天然气的 K 值在 1.2～1.4 之间，湿气略小，干气略大，并且随着温度的升高而降低。

根据理想气体的绝热过程方程和气体状态方程可推出，在绝热过程中，理想气体温度、压强以及体积存在如下关系：

$$\frac{T_2}{T_1} = \left(\frac{p_2}{p_1}\right)^{\frac{K-1}{K}} \quad\quad (1-29)$$

$$\frac{p_2}{p_1} = \left(\frac{V_1}{V_2}\right)^{K} \quad\quad (1-30)$$

$$\frac{T_2}{T_1} = \left(\frac{V_1}{V_2}\right)^{K-1} \quad\quad (1-31)$$

与等温压缩循环功分析过程相同，可分析推导得出绝热压缩循环功 W_{ad} 为：

$$W_{ad} = \frac{K}{K-1} p_1 V_1 \left[\left(\frac{p_2}{p_1}\right)^{\frac{K-1}{K}} - 1\right] \quad\quad (1-32)$$

式中　W_{ad}——绝热压缩循环功，J；

　　　K——绝热指数，无量纲；

　　　p_1——吸气压力，Pa；

　　　p_2——排气压力，Pa；

　　　V_1——气缸吸气容积，m^3。

3. 多变压缩过程

在压缩过程中，气体与外界有热交换但又不完全，气体有温升，这样的过程称为多变压缩过程，其过程方程为：

$$pV^n = C \quad\quad (1-33)$$

式中　n——多变过程指数，无量纲，$1 < n < K$。

等温和绝热过程都可以看成是多变过程的特例，当 $n=1$ 时，为等温过程；当 $n=K$ 时，为绝热过程。所以多变过程的方程基本与绝热过程方程相类似：

$$\frac{T_2}{T_1} = \left(\frac{p_2}{p_1}\right)^{\frac{n-1}{n}} \quad\quad (1-34)$$

$$\frac{p_2}{p_1} = \left(\frac{V_1}{V_2}\right)^{n} \quad\quad (1-35)$$

$$\frac{T_2}{T_1} = \left(\frac{V_1}{V_2}\right)^{n-1} \quad\quad (1-36)$$

$$W_{pol} = \frac{n}{n-1} p_1 V_1 \left[\left(\frac{p_2}{p_1}\right)^{\frac{n-1}{n}} - 1\right] \quad\quad (1-37)$$

上述压缩循环功都基于理想气体，当进行实际气体计算时，可以用压缩系数对其进行修正，如多变压缩过程循环功就为：

$$W_{pol} = \frac{n}{n-1} p_1 V_1 \left[\left(\frac{p_2}{p_1}\right)^{\frac{n-1}{n}} - 1\right] \frac{Z_S + Z_d}{2Z_S} \quad\quad (1-38)$$

式中　W_{pol}——多变压缩循环功，J；

　　　　p_1——吸气压力，Pa；

　　　　p_2——排气压力，Pa；

　　　　V_1——气缸吸气容积，m^3；

　　　　Z_s——气体在吸气状态下的压缩系数，无量纲；

　　　　Z_d——气体在排气状态下的压缩系数，无量纲。

　　同时，可以看到，当气缸冷却情况良好，气缸压比较大导致气体与缸壁温差较大等情况下，压缩过程中热交换越强，压缩气体也越省功；反之，当压缩机转速升高换热不及时，气缸尺寸增大导致气缸表面积与容积比减小等情况下，气体热交换减弱，压缩气体耗功越大。

　　需要注意的是，计算出来的压缩循环功单位采用焦耳（J）。能量的单位也常用卡（cal），其定义为将 1g 水在 1 标准大气压下提升 1℃所需要的热量，1cal 约等于 4.186J。

（三）实际压缩循环

　　三种理论循环过程在实际压缩机中是不存在的。如果往复活塞式压缩机实际循环示功图只是比理论示功图多一个膨胀过程，那么在实际示功图 1-5 中，4→1 为吸气过程，1→2 为压缩过程，2→3 为排气过程，3→4 为膨胀过程，4→1→2→3→4 为一个工作循环。但通过对往复活塞式压缩机正常工作过程中的实际 $p\text{-}V$ 示功图的解读，可以发现在示功图中，各个过程曲线都存在着较大的变化。

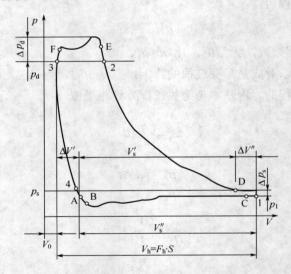

图 1-5　往复活塞式压缩机实际循环示功图

　　首先，从 4 点开始，缸内的气体压力开始低于理论进气压力，但直至 A 点进气压差才克服气阀弹簧力和阀片的运动惯性力打开进气阀开始进气，并在 B 点时缸内压力达到最低，之后缸内的压力一直在进气压力值以下波动；而吸气阀在 C 点关闭时，活塞此时并没有运动到下止点 1；即使活塞运动到 1 点，吸气终了时缸内的压力 p_1 仍然低于理论进气压力 p_s。

在压缩过程中，活塞向上止点运动，直到 D 点时缸内压力才达到理论进气压力 p_s，吸气终了压力 p_1 低于理论进气压力 p_s 直接导致吸气容积的减少 $\Delta V''$。而 D 到 E 的压缩过程中，压力和温度的变化也是一个复杂的过程，这里就不进行详述。

和吸气过程一样，活塞运动至 2 点时，缸内的压力达到理论排气压力 p_d，此时排气阀并没有立即打开，在弹簧力和阀片运动惯性力的影响下活塞到达 E 点才开始排气，之后达到最高排气压力，活塞运动到 F 点时排气阀关闭，排气终了，然后才运动至上止点 3。

由于余隙容积的存在，余气膨胀同样导致气缸工作容积的部分丧失，引起实际工作容积的再度减小 $\Delta V'$。

通过以上分析可看出，吸、排气阀的阻力、振动以及气流脉动等的存在，使得实际循环过程中的吸、排气线不是直线，而是带有弯曲和波纹形的曲线；同时在压缩机工作过程中，气体和气缸壁之间存在复杂的热交换，导致实际过程的压缩指数和膨胀指数并不是定值。吸气过程中气体被加热，温度升高，气体体积膨胀导致真实吸气量进一步减少。

$$p_1 = p_s - \Delta p_s = p_s\left(1 - \frac{\Delta p_s}{p_s}\right) = p_s\left(1 - \delta_s\right) \tag{1-39}$$

$$p_2 = p_d + \Delta p_d = p_d\left(1 + \frac{\Delta p_d}{p_d}\right) = p_s\left(1 - \delta_d\right) \tag{1-40}$$

式中　p_1——气缸内终了吸气压力，Pa；

$\quad\quad p_2$——气缸真实排气压力，Pa；

$\quad\quad \delta_s$——进气相对压力损失，无量纲；

$\quad\quad \delta_d$——排气相对压力损失，无量纲。

δ_s 和 δ_d 表明实际工作过程中进排气压力偏离名义吸排气压力的程度，进排气的总相对压力损失 δ_0 为：

$$\delta_0 \approx \delta_s + \delta_d \tag{1-41}$$

则实际压缩循环功为：

$$W_i = \frac{n}{n-1}p_1\left(1 - \delta_s\right)\lambda_V V_h\left\{\left[\frac{p_2}{p_1}\left(1 + \delta_0\right)\right]^{\frac{n-1}{n}} - 1\right\}\frac{Z_S + Z_d}{2Z_S} \tag{1-42}$$

式中　W_i——实际压缩循环功，J；

$\quad\quad n$——压缩过程指数，无量纲；

$\quad\quad p_1$——吸气压力，Pa；

$\quad\quad p_2$——排气压力，Pa；

$\quad\quad \delta_s$——进气相对压力损失，无量纲；

$\quad\quad \delta_0$——进排气总相对压力损失，无量纲；

$\quad\quad \lambda_V$——容积系数，无量纲；

$\quad\quad V_h$——气缸工作容积，m^3；

$\quad\quad Z_s$——气体在吸气状态下的压缩系数，无量纲；

$\quad\quad Z_d$——气体在排气状态下的压缩系数，无量纲。

（四）通过示功图变化分析机组故障

示功图的分析，其实是一种较好的压缩机故障诊断方法，相较于其他故障诊断手段有着很多的优势，为设备的预知维修提供了一种科学的检测分析方法。

例如，当排气阀发生泄漏时，吸气过程中排气管中的高压气体会不断进入气缸，导致膨胀过程的时间变长，膨胀过程线会右移，同时示功图面积减小；膨胀过程的右移也会直接引起吸气过程的变短，在吸气过程中缸内不断进入高压气体，导致吸气阀提前关闭，甚至在吸气过程的末端即活塞到达下止点前使缸内的压力高于理论进气压力 p_s；而在压缩过程中，排气管内的高压气体仍会不断进入气缸，导致压缩过程变短，使压缩过程线右移，示功图面积增大；压缩过程变短使得排气过程变长，排气阀提前打开、延后关闭，进一步引起示功图的变形。

总之，在压缩气缸的工作循环过程中，如果某一段时间工作容积内的气体向外漏失，则对应的膨胀过程线或者压缩过程线就会较正常时发生左移，而当管道内的气体向工作容积内泄漏时，则对应的膨胀过程线或压缩过程线就会较正常时发生右移，同时对吸气过程线与排气过程线产生相应的影响。

图 1-6 就是往复活塞式压缩机组发生故障时的一些典型变形示功图。

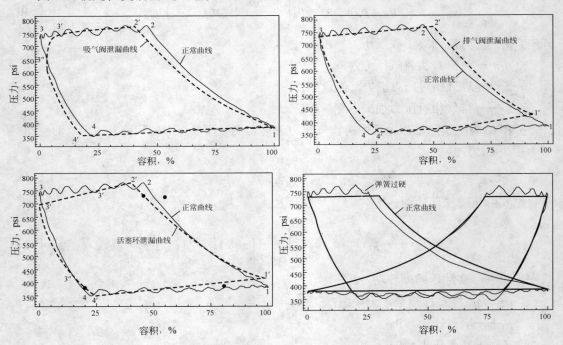

图 1-6　往复活塞式压缩机发生故障时的变形示功图

在表 1-2 中列举了压缩机部分典型故障下示功图的主要变化情况，作业人员可以按照举一反三的思路，自行进行一些更为详尽、细致的分析。通过对压缩机在不同工作状态下的不同示功图曲线的解读，除了可以得出压缩机做功或耗功的大小外，还能在较深层次诊断出压缩机的工作状态和故障原因，最终达到排除故障、改善气缸内工作过程和保障设备经济安全运行的目的。

表 1-2　压缩机按排气压力分类

故障原因	示功图的主要变化情况
吸气阀卡阻	开始吸气时卡阻，吸气阀开启缓慢；吸气终了时卡阻，部分吸入气体流出去，压缩线较正常位置左移
排气阀卡阻	开始排气时卡阻，排气阀开启缓慢；排气终了时卡阻，部分气体回流，膨胀线相较于正常位置右移
气缸余隙容积过大	膨胀线右移；吸气线较正常短；示功图面积比正常情况下小
吸气阻力异常增大	吸气时阻力大，吸气线较正常低
排气阻力异常增大	排气时阻力大，排气线比正常情况下高，示功图的面积增大

三、压缩机的热力性能参数及其影响关系

（一）排气量及其影响因素

1. 压缩机的排气量

压缩的排气量 Q_0 通常是指单位时间内压缩机最末级排出的气体，换算到第一级吸气状态（压力、温度和压缩系数）或基准状态（p_0=0.101325MPa，T_0=293.15K）时的气体体积值，是从用户的角度表征压缩机排出的气体的量；而压缩机的容积排量则是指压缩机单位时间排出气体的体积，是从压缩机制造商的角度表征压缩机能够提供或处理气体的能力：

$$Q = nV_h \tag{1-43}$$

式中　Q——容积排量，m^3/min；

　　　V_h——气缸工作容积，即活塞在一个行程所扫过的容积值，m^3；

　　　n——压缩机的转速，r/min。

图 1-7 即为往复活塞式压缩机理想状态下的容积排量与其不同结构形式的关系。

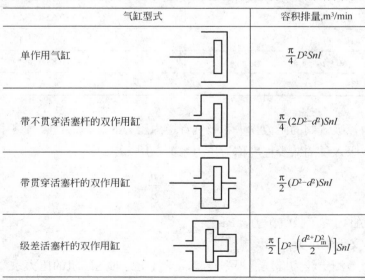

气缸型式	容积排量,m³/min
单作用气缸	$\frac{\pi}{4}D^2 SnI$
带不贯穿活塞杆的双作用缸	$\frac{\pi}{4}(2D^2-d^2)SnI$
带贯穿活塞杆的双作用缸	$\frac{\pi}{2}(D^2-d^2)SnI$
级差活塞杆的双作用缸	$\frac{\pi}{2}\left[D^2-\left(\frac{d^2+D_m^2}{2}\right)\right]SnI$

图 1-7　往复活塞式压缩机理想状态下容积排量与其结构形式的关系

D—气缸直径,m；d—活塞杆直径,m；n—压缩机转速,r/min；I—同级气缸数；

D_m—级差活塞小端直径,m；S—活塞行程,m

2．影响压缩机排气量的因素

决定压缩机排气量的因素除了气缸工作容积的大小、同级气缸个数以及压缩机的转速外，还包括余隙容积的大小、吸气终了的状态以及泄漏量等因素。

1）余隙容积的影响

压缩机余隙容积内残余的气体膨胀，使压缩机实际吸气量的减少程度称为容积系数，用 λ_v 来表示：

$$\lambda_v = 1 - \alpha \left(\frac{Z_s}{Z_d} \varepsilon^{\frac{1}{m}} - 1 \right) \tag{1-44}$$

其中 α 表示气缸相对余隙容积，是指气缸余隙容积与气缸工作容积之比；ε 为压比，表示气缸绝对排气压力与绝对吸气压力之比；m 为膨胀过程指数。相对余隙值一般由压缩机制造厂设计制造时确定，在生产管理计算时可从相关的产品说明书中查得。

根据容积系数的公式定义可知，相对余隙越大，压比越大，残留在余隙容积中的高压气体越多，容积系数越小。在压缩机组容积系数的实际计算中，如果将压缩的气体看成理想气体，则：

$$\lambda_v = 1 - \alpha \left(\varepsilon^{\frac{1}{m}} - 1 \right) \tag{1-45}$$

膨胀过程指数 m 表示余隙容积中的气体膨胀过程中与气缸间的热交换情况，理想气体的容积系数值可由通过表 1-3 进行计算，其中 K 表示理想气体的绝热指数。

表 1-3　理想气体在不同吸气压力下的膨胀过程指数

吸气压力 p_s	m 值
$p_s = 0.15$	$m = 1 + 0.5(K-1)$
$0.15 < p_s \leqslant 0.4$	$m = 1 + 0.62(K-1)$
$0.4 < p_s \leqslant 1.0$	$m = 1 + 0.75(K-1)$
$1.0 < p_s \leqslant 3.0$	$m = 1 + 0.88(K-1)$
$p_s > 3.0$	$m = K$

2）吸气终了状态的影响

吸气终了时，吸气阀的阻力损失和吸气管道内压力的脉动，使吸气终了压力比名义吸气压力低而导致吸入量的减少程度称为压力系数，用 λ_p 来表示：

$$\lambda_p = \frac{V_s'}{V_s''} \approx \frac{p_1}{p_s} \tag{1-46}$$

式中　p_1——气缸内终了吸气压力，Pa；

　　　p_s——名义吸气压力，Pa。

由于压力系数测定较为麻烦，根据经验，排气压力对压缩机的压力系数也有影响，单级压缩机或多级压缩机的Ⅰ、Ⅱ级取 0.95～0.98，Ⅲ级以上取值为 1。

3）吸气过程中气体温度的影响

吸入缸内的气体，在吸入过程因为摩擦发热及被温度较高的缸壁等加热，温度高于吸气管的气体温度，而这会导致吸气量的减少，减少程度称为温度系数，用 λ_T 来表示：

$$\lambda_T = \frac{T_s}{T'} \qquad (1\text{-}47)$$

式中　T_s——吸气管中内气体的热力学温度，K；

　　　T'——吸气终了时气缸内气体的热力学温度，K。

温度系数的大小与压缩机的级数、转速、气缸冷却情况、气体性质以及气阀的配置与结构等因素有关。精确求取其值较为困难，其近似值可按图 1-8 查得。

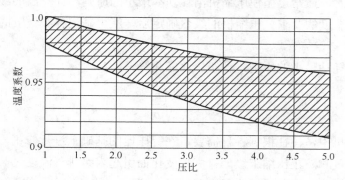

图 1-8　往复活塞式压缩机理想状态下温度系数与其压比的关系

4）泄漏的影响

无论设计制造多么完善的压缩机，都不可避免地存在气体的泄漏。泄漏包括内泄漏和外泄漏两种。因为气缸内气体泄漏导致压缩机排气量减少的程度称为泄漏系数或气密系数，用 λ_g 来表示：

$$\lambda_g = \frac{V_d}{V_s} = \frac{V_d}{V_d + V_g} \qquad (1\text{-}48)$$

式中　V_s——实际吸入压缩机气缸的气体容积，L；

　　　V_d——实际排出气缸的气体容积，L；

　　　V_g——气缸包括气阀、活塞环及填料等部位的总泄漏量，L。

5）其他因素的影响

对于多级压缩机，还必须考虑气体在中间冷却器中，因温度、压力的变化导致凝液产生而引起的排量减少，即析水系数，以及净化系数、抽气系数等等，在此就不一一介绍。

在压缩机的热力计算中，通常考虑由于余隙的存在、吸气终了状态变异、气体在吸气过程被加热以及气体泄漏等方面的影响，使气缸的有效吸气容积减少。考虑到上述 4 个因素对排气量的影响而引用的修正系数称为排气系数，用 λ 表示：

$$\lambda = \lambda_v \lambda_p \lambda_T \lambda_g \qquad (1\text{-}49)$$

则压缩机气缸在吸气状态下的实际排气量，即通常压缩机铭牌上标注的额定排量为：

$$Q = V_h \lambda_v \lambda_p \lambda_T \lambda_g nI \qquad (1\text{-}50)$$

其中，I 表示相同工作容积的一级气缸数量。

（二）排气压力及其影响因素

排气压力也是压缩机的重要热力性能指标之一。

（1）背压的影响。压缩机各级排气压力的大小并不是由该级自身的几何尺寸和工作状况所决定的，而是由该级之后排气管道中的压力（通常称为背压）来决定。其各级背压根据用户的需要和压缩机的经济性要求而确定。对于单级压缩机，完全由用户需求确定；而多级压缩机各级的排气压力，则根据级数的选择和各级压比的合理分配而定。

在选择级数时，通常遵循使压缩机消耗功率最小的原则，计算出的级数，必须满足天然气组分对排气温度的要求。压缩机的级数确定后，就可确定各级气缸的排气压力，即各级的压比。

按压缩机消耗功最小的原则，各级压比应相等，即

$$\varepsilon_i = \sqrt[i]{\frac{p_d}{p_s}} \qquad (1-51)$$

在实际压缩机中，往往根据各种需要，在等压比的基础上进行修正，如为了提高一级气缸的容积系数，和防止压缩末级因排气量变化而引起末级排气温度过高，通常取第一级压比和最末级压比比中间各级压比低 5%～10%，为了平衡活塞力，使压缩机受力均匀，提高机械效率，往往还应根据其结构对各级压力进行修正。

（2）吸气压力变化的影响。对于多级压缩机，吸气压力的变化将使各级压比重新分配；在压缩机背压不变的情况下，末级的压比变化最大，即倒数第二级的排气压力变化最大，压级越低变化越小。

（3）余隙容积变化的影响。余隙容积改变，实际吸入容积也相应发生改变，同时引起各级的吸气压力（即前级的排气压力）变化。余隙容积变化越大，前一级的排气压力变化也越大。

（4）泄漏（内漏）的影响。任意级的泄漏都将影响各级的排气压力，如一级泄漏，各级的排气压力均会降低，若中间级或末级泄漏，则该级的吸入容积减小，前面一级的排气压力升高，因为只有提高该级的吸气压力，前级排出的气体才能被该级减小的吸入容积所接纳；如果级间连接管道发生泄漏，将直接导致级间压力的降低。

（5）中间冷却及管阻影响。中间冷却器的冷却恶化，气温升高，前级排气压力升高；冷却器内管路阻力增大，前级排气压力升高。

（三）排气温度及其影响因素

排气温度同样是压缩机的重要热力性能指标之一。

限制压缩机排气温度的主要原因有：（1）排气温度过高会使润滑油黏度降低，当达到润滑油的闪点时润滑油中的轻馏分会迅速挥发，造成积炭现象，严重的积炭将使运动部件及气流的阻力增大，磨损加剧，失去密封作用，甚至造成爆炸事故；（2）当压缩机的填料、阀片等采用氟塑料和聚丙胺等材料时，排气温度过高会导致其变形失去密封作用和良好的工作性能；（3）被压缩的介质或对排气温度有特别限制的各种气体压缩机，其排气温度也

应限制在其各自的允许范围内。

根据排气温度的计算公式可知，影响排气温度的主要因素有：

（1）吸气温度。吸入温度通常由相应的工艺流程确定，但对多级压缩机，级间吸气温度则是由前级的级间冷却效果来确定，且与吸入管道和吸气腔的传热情况有关。改善吸气部位的冷却情况，使气体在吸入过程避免加热以及选择良好的中间冷却，对降低排气温度是有利的。

（2）压缩过程指数。它取决于气体性质和压缩过程的传热情况，加强气缸压缩容积的冷却有利于降低排气温度。

（3）压比。压比越大，排气温度越高，所以降低压比是工程上降低排气温度最有效的方法。当总压比一定时，采用较多的级数，固然能降低压比，但其经济性就需进行全面论证。降低吸、排气过程的压力损失是降低实际压比的最佳途径。在多级压缩机中，若要降低某一级的排气温度，可增大这一级的余隙容积，使这一段的压比下降，而把这一部分的压比分摊到前级中去。

四、压缩机的功率、效率及其影响关系

压缩机是耗功机械，它必须由驱动机不断地供给能量才能工作。计算压缩机的功率并分析其影响因素是为了给正确选配驱动机提供依据，并用以评价压缩机的工作性能，探讨节能降耗、提高经济性和效率的途径。

（一）压缩机的功率

1. 指示功率

压缩机一个实际循环中压缩气体所消耗的功称为指示功，单气缸压缩机指示功为该气缸 p-V 示功图 4 条过程曲线所圈闭的面积，多气缸压缩指示功为各气缸指示功之和。单位时间内压缩机压缩气体所消耗的指示功称为指示功率，多气缸压缩机指示功率为各气缸指示功率之和。

求单个气缸工作容积指示功率的方法有两种，一种是根据示功图的面积进行计算：

$$N_i = \frac{m_p m_v f_i n}{60} \times 1000 \tag{1-52}$$

式中　N_i——压缩机指示功率，kW；

m_p——指示图的压力坐标比例尺，MPa/cm；

m_v——指示图的气缸工作容积坐标比例尺，m³/cm；

f_i——指示图圈闭面积，cm²；

n——压缩机转速，r/min。

另一种是根据计算压缩机气缸的实际循环功 W_i 得出：

$$N_i = \frac{n W_i}{60} \times 1000 \tag{1-53}$$

其中，W_i 单位取 J 时，N_i 单位为 kW。

2. 理论功率

与压缩机的理论循环功相对应,压缩机的理论功率分为等温功率 N_{is} 和绝热功率 N_{ad}。

等温功率是指压缩机按第一级吸气温度等温压缩至排气压力时的理论循环指示功率;绝热功率是指压缩机在压缩过程中与外界没有热交换情况下的理论循环指示功率。

3. 轴功率和驱动功率

从压缩机的曲轴端输入的功率称为轴功率,即带动压缩机曲轴正常运转所需要的功率。轴功率 N 包括压缩机的指示功率 N_i 和运动零部件的摩擦阻力损失功率 N_f,以及驱动附属机构(如油泵、风扇)所消耗的功率 N_a 三部分:

$$N = N_i + N_f + N_a \tag{1-54}$$

驱动功率是指驱动机带动压缩机正常运行所需要输出的功率,通常用 P 或者 N_e 表示。驱动功率除用于提供压缩机轴功率外,还应考虑到压缩机的脉动载荷以及工况的波动影响,其次还需考虑传动装置的功率损耗,故驱动功率通常比轴功率留有 5%~15% 的储备量。即:

$$N_e > N > N_i > N_{ad} > N_{is}$$

其中, N_{ad} 表示绝热功率, N_{is} 表示等温功率。

(二)压缩机的效率

压缩机的理论循环功率与实际消耗功率的比值称为压缩机的效率,它是衡量压缩机工作完善程度和经济性的重要指标,用 η 来表示。

1. 等温效率和绝热效率

等温效率等于压缩机等温功率与实际循环轴功率之比:

$$\eta_{is} = \frac{N_{is}}{N} \tag{1-55}$$

它可以反映压缩机实际工作过程中的压力损失情况、单级压缩机气缸的热交换及泄漏情况,还可以反映多级压缩机级间冷却的完善程度。

绝热效率等于压缩机绝热功率与实际循环轴功率之比:

$$\eta_{ad} = \frac{N_{ad}}{N} \tag{1-56}$$

等温绝热效率等于压缩机等温功率与其绝热功率之比:

$$\eta_{is\text{-}ad} = \frac{N_{is}}{N_{ad}} = \frac{\eta_{is}}{\eta_{ad}} \tag{1-57}$$

不同级数的压缩机不能用绝热效率进行直接比较,当压缩机级数相同时,绝热效率能突出地反映压力损失,即气阀的工作状况以及泄漏的情况。

在评价压缩机的经济性时,常用等温效率来衡量水冷压缩机,用绝热效率来衡量冷却较差以及压缩高临界温度气体的压缩机,而通过等温绝热效率反映级数对于压缩机经济性的影响。

2．机械效率和传动效率

机械效率是指压缩机指示功率与轴功率之比，用来反映压缩机运行过程中的机械摩擦损失：

$$\eta_m = \frac{N_i}{N} \tag{1-58}$$

传动效率是指压缩机的轴功率与相连接的驱动机提供功率之比，反映驱动机与压缩机之间的传动形式及其功率损耗程度：

$$\eta_e = (1.05 \sim 1.15)\frac{N}{N_e} \tag{1-59}$$

压缩机组采用刚性联轴器或压缩机与驱动机同轴时，η_e=1，采用半弹性联轴器时约为 0.97～0.99，齿轮传动时约为 0.97～0.99，采用皮带传动约为 0.96～0.99。

3．比功率

压缩机的比功率 N_r 是指压缩机在一定排气压力时，单位排气量所消耗的轴功率（单位为 kJ/m^3）：

$$N_r = \frac{N}{Q} \tag{1-60}$$

式中　Q——单位排气量，m^3。

比功率是评价压缩机经济性的重要指标，但用比功率来评价压缩机的经济性时，压缩机的工作条件（包括进气条件、冷却水温度及循环水流量等）应相同。

通过以上介绍可以得出，改善压缩机运动过程中的相关影响因素，能够提高压缩机的管理水平和压缩机运行的经济性。即在压缩机运行过程中可以考虑如何降低摩擦损失（制造、装配质量、良好润滑）；减少压力损失（主要是气阀、气流脉动损失）；合理选择级数和压比；加强气缸冷却，减少传热损失；减少泄漏（特别是活塞环和填料处）；提高气体的回冷完善度及优化调整压缩机的结构参数等。

第四节　其他相关基础知识介绍

一、机械制图

（一）图线

图线分粗、细两种。粗线的宽度 b 应按照图的大小及复杂程度，在 0.5～2mm 之间选择，细线的宽度约为 $b/2$。

图线宽度的推荐系列为：0.18mm、0.25mm、0.35mm、0.5mm、0.7mm、1mm、1.4mm、2mm。制图作业中一般选择 0.7mm 为宜。同一图样中，同类图线的宽度应基本一致。

1．粗实线

粗实线应用范围：可见轮廓线、表示剖切面起讫的剖切符号。

2．细实线

细实线应用范围：尺寸线、尺寸界线、剖面线、指引线、重合断面轮廓线。

3．虚线

虚线应用范围：不可见轮廓线，如图1-9所示。

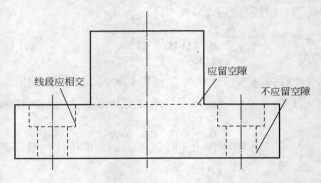

图1-9　线型图例

（1）虚线的每个线段长度和间隔应大致相等。

（2）当虚线成为实线的延长线时，在虚、实线的连接处，虚线应留出空隙。

（3）虚线与其他图线相交时，都应在线段处相交，不应在空隙处相交。

4．细点画线

细点画线应用范围：轴线、对称中心线，如图1-10所示。

图1-10　细点画线图例

（1）细点画线的每个线段长度和间隔应大致相等。

（2）细点画线和双点画线中的"点"应画成约1mm的短画，细点画线的首尾两端应是线段而不是短画。

（3）细点画线，应超出轮廓线2～5mm。

（4）细点画线与其他图线相交时，都应在线段处相交，不应在短画处相交。

（5）在绘制圆形时，必须做出两条互相垂直的细点画线作为圆的对称中心线，线段的交点应为圆心。

（6）在较小的圆形上绘制细点画线有困难时，可用细实线代替。

5. 波浪线

波浪线应用范围：断裂处边界线、视图和剖视图的分界线。

6. 双折线

双折线应用范围：断裂处边界线。

7. 粗虚线

粗虚线应用范围：允许表面处理的表示线。

8. 粗点画线

粗点画线应用范围：有特殊要求的线或表面的表示线。

9. 双点画线

双点画线应用范围：相邻辅助零件轮廓线、极限轮廓线、假想投影轮廓线。

（二）标注尺寸的基本规定

完整的尺寸标注包含下列4个要素：尺寸界限、尺寸线、尺寸数字和终端（箭头）。

1. 尺寸界线

尺寸界线的作用：表示所注尺寸的起始和终止位置，用细实线绘制，如图1-11所示。

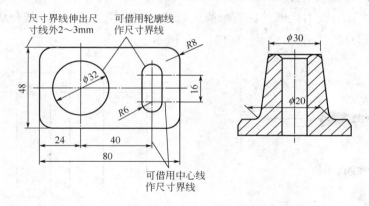

图 1-11 尺寸界线示例

尺寸界线由图形的轮廓线、轴线或对称中心线处引出，也可利用轮廓线、轴线或对称中心线本身作尺寸界线。

强调：尺寸界线一般应与尺寸线垂直，必要时允许与尺寸线成适当的角度；尺寸界线超出尺寸线 2mm 左右。

2. 尺寸线

尺寸线的作用：表示所注尺寸的范围，用细实线绘制。

尺寸线不能用其他图线代替，不得与其他图线重合或画在其延长线上，并应尽量避免尺寸线之间及尺寸线与尺寸界线相交。

标注线性尺寸时，尺寸线必须与所标注的线段平行，相互平行的尺寸线小尺寸在内，大尺寸在外，依次排列整齐。并且各尺寸线的间距要均匀，间隔应大于 5mm，以便注写尺寸数字和有关符号，如图 1-12 所示。

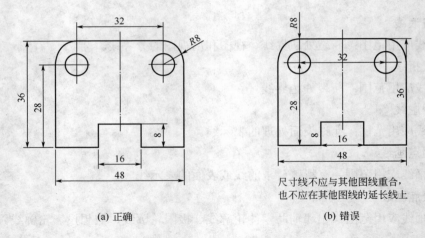

(a) 正确　　　　　　　　　(b) 错误

图 1-12　尺寸线示例

3．尺寸线终端

尺寸线终端有两种形式：箭头和细斜线。机械图样一般用箭头形式，箭头尖端与尺寸界线接触，不得超出也不得离开，如图 1-13（a）所示。

当尺寸线太短，没有足够的位置画箭头时，允许将箭头画在尺寸线外边；标注连续的小尺寸时可用圆点代替箭头，如图 1-13（b）所示。

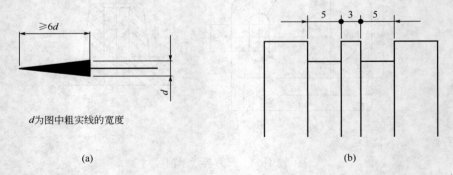

(a)　　　　　　　　　　　　(b)

图 1-13　尺寸线箭头

4．尺寸数字

尺寸数字的作用：尺寸数字表示所注尺寸的数值。

（1）线性尺寸的数字一般应写在尺寸线的上方、左方或尺寸线的中断处，位置不够时，也可以引出标注。

（2）尺寸数字不能被任何图线通过，否则必须将该图线断开。

（3）在同一张图上基本尺寸的字高要一致，一般采用 3.5 号字，不能根据数值的大小而改变。

（三）三视图的形成与投影规律

在机械制图中，通常假设人的视线为一组平行的，且垂直于投影面的投影线，这样在投影面上所得到的正投影称为视图。

一般情况下，一个视图不能确定物体的形状。如图 1-14 所示，两个形状不同的物体，它们在投影面上的投影都相同。因此，要反映物体的完整形状，必须增加由不同投影方向所得到的几个视图，互相补充，才能将物体表达清楚，工程上常用的是三视图。

1. 三投影面体系与三视图的形成

（1）三投影面体系的建立：三投影面体系由三个互相垂直的投影面组成，如图 1-15 所示。

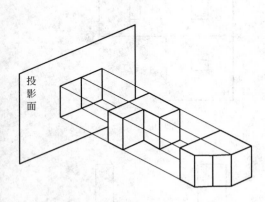

图 1-14　不同形状物体同一投影方向视图

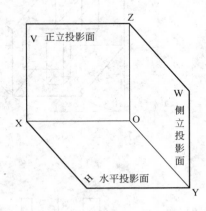

图 1-15　三投影面体系

在三投影面体系中，三个投影面分别为：

正立投影面：简称为正面，用 V 表示；

水平投影面：简称为水平面，用 H 表示；

侧立投影面：简称为侧面，用 W 表示。

三个投影面的相互交线，称为投影轴。它们分别是：

OX 轴：V 面和 H 面的交线，代表长度方向；

OY 轴：H 面和 W 面的交线，代表宽度方向；

OZ 轴：V 面和 W 面的交线，代表高度方向。

三个投影轴垂直相交的交点 O，称为原点。

（2）三视图的形成：将物体放在三投影面体系中，物体的位置处在人与投影面之间，然后将物体对各个投影面进行投影，得到三个视图，这样才能把物体的长、宽、高 3 个方向，上下、左右、前后 6 个方位的形状表达出来，如图 1-16（a）所示。三个视图分别为：

主视图：从前往后进行投影，在正立投影面（V 面）上所得到的视图。

俯视图：从上往下进行投影，在水平投影面（H 面）上所得到的视图。

左视图：从右往左进行投影，在侧立投影面（W 面）上所得到的视图。

（3）三投影面体系的展开：在实际作图中，为了画图方便需要将三个投影面在一个平面（纸面）上表示出来，因此规定：使 V 面不动，H 面绕 OX 轴向下旋转 90°与 V 面重合，W 面绕 OZ 轴向右旋转 90°与 V 面重合，这样就得到了在同一平面上的三视图，如图 1-16（b）

所示。可以看出，俯视图在主视图的下方，左视图在主视图的右方。在这里应特别注意的是：同一条 OY 轴旋转后出现了两个位置，因为 OY 是 H 面和 W 面的交线，也就是两投影面的共有线，所以 OY 轴随着 H 面旋转到 OYH 的位置，同时又随着 W 面旋转到 OYW 的位置。为了作图简便，投影图中不必画出投影面的边框，如图 1-16（c）所示。由于画三视图时主要依据投影规律，所以投影轴也可以进一步省略，如图 1-16（d）所示。

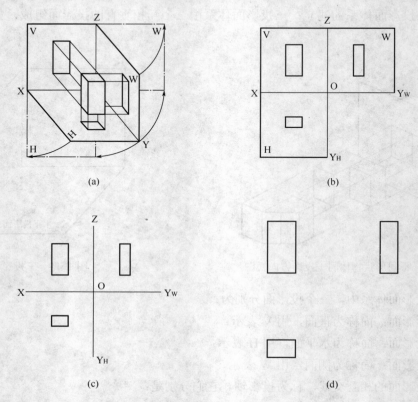

(a)   (b)

(c)   (d)

图 1-16   三视图的形成与展开

2．三视图的投影规律

从图 1-17 中可以看出，一个视图只能反映两个方向的尺寸，主视图反映了物体的长度和高度，俯视图反映了物体的长度和宽度，左视图反映了物体的宽度和高度。由此可以归纳出三视图的投影规律：

主、俯视图"长对正"（即等长）；

主、左视图"高平齐"（即等高）；

俯、左视图"宽相等"（即等宽）。

三视图的投影规律反映了三视图的重要特性，也是画图和读图的依据。无论是整个物体还是物体的局部，其三面投影都必须符合这一规律。

30

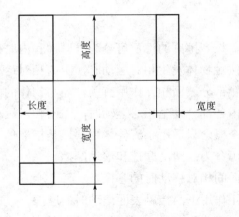

图 1-17　视图间的"三等"关系

3．三视图与物体方位的对应关系

物体有长、宽、高 3 个方向的尺寸，有上下、左右、前后 6 个方位关系，如图 1-18（a）所示。6 个方位在三视图中的对应关系如图 1-18（b）所示。

主视图反映了物体的上下、左右四个方位关系；

俯视图反映了物体的前后、左右四个方位关系；

左视图反映了物体的上下、前后 4 个方位关系。

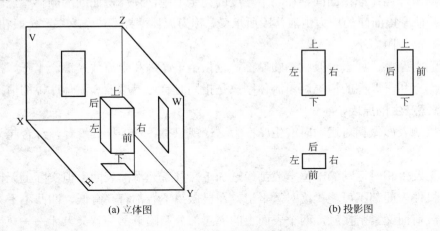

(a) 立体图　　　　　　　　　　　　　　　(b) 投影图

图 1-18　三视图的方位关系

注意：以主视图为中心，俯视图、左视图靠近主视图的一侧为物体的后面，远离主视图的一侧为物体的前面。

二、摩擦与润滑基础知识

（一）摩擦的基本知识

1．摩擦的概念及分类

摩擦——当两个相对运动表面，在外力作用下发生相对位移时，存在一个阻止物体相对运动的作用力，这种现象称为摩擦，这个作用力称为摩擦力。而两个成对的接触面称为摩擦副。

摩擦有许多分类方法，按摩擦副的性质可分为外摩擦和内摩擦。

外摩擦：当两个相互接触物体发生相对运动时，阻碍相对运动所产生的摩擦称为外摩擦。这种摩擦只与物体接触部分表面相互作用有关，而与物体的内部状态无关。

内摩擦：当某一物体内各部分发生相对运动时，阻碍相对运动所产生的摩擦称为内摩擦。一般来说，内摩擦这个概念只适用于流体，主要还是指液体。

按摩擦副的运动状态可分为：滑动摩擦和滚动摩擦。

滑动摩擦：当接触表面间相对移动时的摩擦。

滚动摩擦：物体在力矩作用下沿接触表面滚动时的摩擦。

按摩擦副表面润滑状况可分为：

干摩擦：摩擦副直接接触时发生的摩擦，即当两摩擦面间没有润滑剂情况下，所表现的动摩擦和静摩擦的总和，其摩擦系数一般在 0.3～0.7 之间。

边界润滑摩擦：摩擦副表面被润滑剂的分子膜所覆盖，即两物体表面被一层具有分子结构和润滑的边界膜分开的摩擦。其摩擦系数一般在 0.01～0.1 之间，其油膜薄到 0.6μm。边界润滑中，油脂与摩擦面的性质对摩擦系数和磨损有极大的影响，而润滑剂的极压性（或油性）起决定作用。

流体润滑摩擦：摩擦面间存在一定厚度的完全油膜，使摩擦面间的固体摩擦转变为液体摩擦，并使摩擦面间的压力由液体膜所承受，称为流体摩擦。其摩擦系数一般在 0.005～0.01 以下，摩擦阻力小。

混合润滑摩擦：属于过渡状态的摩擦，包括半干摩擦和半流体摩擦。半干摩擦是指同时有边界摩擦和干摩擦的情况。半流体摩擦是指同时有边界摩擦和流体摩擦的情况。

2. 摩擦产生的原因

对于接触表面做相对运动时产生摩擦力这一现象有各种各样的解释，综合起来有以下几点。

机械上发生相对运动的部位一般都经过加工，具有光滑的表面，但实际上无论加工精度多高，机件表面都不可能"绝对"平滑，在显微镜下看都有高有低、凹凸不平。如果摩擦面承受载荷而又紧密接触，两个表面上的突起部分和陷下部分就会犬牙——交错地嵌合在一起，两个接触表面做相对运动时，表面上的突起部分就会相互碰撞，阻碍表面间的相对运动。

另外，由于两个摩擦面承受载荷而又紧密接触，表面由若干突起部分支持着，支撑点处两表面之间的距离极小，处于分子引力的作用范围内，表面做相对运动时，突起部分也要跟着移动，因此就必须克服支撑点处的分子引力。

还有，由于碰撞点和支撑点都要承受极高的压力，使这些地方的金属表面发生严重的变形，一个表面上的突起就会嵌入另一个表面中去。碰撞和塑性变形都会导致局部瞬间产生高温，而撕裂黏结点要消耗动力。

（二）磨损的基本知识

物体工作表面的物质，由于表面相对运动而不断损失的现象称为磨损。

机械零件正常运动的磨损过程一般分为三个阶段，如图 1-19 所示。

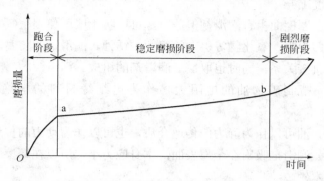

图 1-19　磨损量与时间关系示意图

1. 跑合阶段

新的摩擦副表面具有一定的粗糙度，真实接触面积较小，跑合阶段（又称磨合阶段）表面逐渐磨平，真实接触面积逐渐增大，磨损速度减缓，如图 1-19 中 O~a 线段。

2. 稳定磨损阶段

稳定磨损阶段磨损缓慢稳定，如图 1-19 中 a~b 线段，这一线段的斜率就是磨损速度，横坐标时间就是零件耐磨寿命。

3. 剧烈磨损阶段

b 点以后，磨损速度急剧增长，机械效率下降，功率和润滑油的损耗增加，精度丧失，产生异常噪声和振动，摩擦副温度迅速升高，最终导致零件失效。

根据磨损的破坏机理及机械零件表面磨损状态，磨损可大体分为以下几种类型。

黏着磨损：摩擦副相对运动时，由于固相焊合，接触表面的材料从一个表面转移到另一个表面的现象。

磨料磨损：硬的颗粒或硬的突起物，在摩擦过程中引起材料脱落的现象。

表面疲劳磨损：两接触表面做滚动或滚动滑动负荷摩擦时，在交变接触压应力作用下，使材料表面疲劳而产生物质损失的现象。表面疲劳磨损分为扩展性和非扩展性两种。

腐蚀磨损：在摩擦过程中，金属同时与周围介质发生化学或电化学反应，产生物质损的现象。

（三）润滑剂的作用

使用润滑剂的目的是为了润滑机械的摩擦部位，减少摩擦抵抗、防止烧结和磨损、减少动力消耗、提高机械效率等，主要作用归纳如下：

（1）减少摩擦。在摩擦面之间加入润滑剂，能使摩擦系数降低，从而减少摩擦阻力，节约能源的消耗。

（2）降低磨损。机械零件的黏着磨损、表面疲劳磨损和腐蚀磨损与润滑条件很有关系。

在润滑剂中加入抗氧、抗腐蚀剂有利于抑制腐蚀磨损，而加入油性剂、极压抗磨剂可以有效地降低黏着磨损和表面疲劳磨损。

（3）冷却作用。润滑剂可以减轻摩擦，并可以吸热、传热和散热，因而能降低机械运转摩擦所造成的温度上升。

（4）防腐作用。摩擦面上有润滑剂覆盖时，可以防止或避免因空气、水滴、水蒸气、腐蚀性气体及液体、尘土、氧化物等引起的腐蚀、锈蚀。润滑剂的防腐能力与保留于金属表面的油膜厚度有直接关系，同时也取决于润滑剂的组成。

（5）绝缘性。精制矿物油的电阻大，作为电绝缘材料的电绝缘油的电阻率是 $2 \times 10^{16} \Omega \cdot mm/m$。

（6）力的传递。油可以作为静力的传递介质，也可以作为动力的传递介质。

（7）减振作用。润滑剂吸附在金属表面，本身应力小，所以在摩擦副受到冲击载荷时具有吸收冲击能的本领。

（8）清洗作用。通过润滑油的循环可以带走油路系统中的杂质，再经过过滤器滤掉。清洗作用的好坏对磨损影响很大，在摩擦面间形成的油膜很薄，杂质停留在摩擦面会破坏油膜，形成干摩擦，造成磨粒磨损。

（9）密封作用。压缩机的缸壁与活塞之间的密封就是借助润滑油的密封作用。

（四）压缩机组中润滑油量

1. 整体式动力缸的润滑油量

合适的气缸润滑油量和类型是根据具体现场多年的操作经验而得到的，许多因素如燃料气、工况等对润滑油量和性能有很大的影响，过量的润滑是不经济的，易造成注油口的堵塞，也是造成积炭的一个重要原因。

动力缸润滑油量的估算公式：

$$Q_{\text{缸}} = 0.0202P \tag{1-61}$$

式中　$Q_{\text{缸}}$——动力缸润滑油量；L/d；

　　　P——发动机额定功率（kW）。

2. 压缩缸及活塞杆密封填料的润滑油量

压缩缸及活塞杆密封填料的润滑油量由缸径、冲程、转速、杆径、压力决定，过多的润滑可引起积炭而降低排气阀的寿命。

（1）没有安装润滑油分配器的机组润滑油估算。

压缩缸润滑油量的估算公式：

$$Q_{\text{缸}} = (0.023D_{\text{缸}} \times S \times n + 22852p_{\text{d}}) \times 10^{-6} \tag{1-62}$$

活塞杆密封填料润滑油量的估算公式：

$$Q_{\text{杆}} = (0.0345d_{\text{杆}} \times S \times n + 5147p_{\text{d}}) \times 10^{-6} \tag{1-63}$$

式中　$Q_{\text{缸}}$——压缩缸润滑油量，L/d；

　　　$Q_{\text{杆}}$——活塞杆密封填料润滑油量，L/d；

　　　$D_{\text{缸}}$——气缸直径，mm；

$d_{杆}$——活塞杆直径，mm；

S——冲程，mm；

n——转速，r/min；

p_{d}——排气压力，MPa。

为了方便实际运用，将"L/d"换算成直观的"滴/min"，换算的粗略经验方法是大约21滴/min等于1L/d。

（2）安装润滑油分配器的机组润滑油估算：

$$Q=6M/T \tag{1-64}$$

式中　T——分配器一个完整循环时间，s；

M——分配器分配块上标注数值总和，$1/1000in^3$；

Q——要求的注油率，pint/d。

（五）润滑油的分类

在压缩机中普遍使用润滑油来作为润滑剂。润滑油一般由基础油和添加剂两部分组成。基础油是润滑油的主要成分，决定着润滑油的基本性质，添加剂则可弥补和改善基础油性能方面的不足，赋予润滑油某些新的性能，是润滑油的重要组成部分。

润滑油基础油主要包括矿物基础油、合成基础油两大类，加入添加剂调和得到的相应成品分别称为矿物油、分成油。矿物油应用广泛，用量很大（约占润滑油用量的95%以上），但有些应用场合则必须使用合成油。

1．矿物油

矿物基础油由原油提炼而成。润滑油基础油主要生产过程有：常减压蒸馏、溶剂脱沥青、溶剂精制、溶剂脱蜡、白土或加氢补充精制。1995年我国修订了润滑油基础油标准，主要修改了分类方法，并增加了低凝和深度精制两类专用基础油标准。矿物润滑油的生产，最重要的是选用最佳的原油。矿物油的化学成分包括高沸点、高相对分子质量烃类和非烃类混合物，其组成一般为烷烃（直链、支链、多支链）、环烷烃（单环、双环、多环）、芳烃（单环芳烃、多环芳烃）、环烷基芳烃以及含氧、含氮、含硫有机化合物和胶质、沥青质等非烃类化合物。

矿物油目前运用比较广泛，如可在发动机、压缩机、内燃机、车床等多种设备中使用，是目前应用最多、最广泛的一种润滑油，价格比合成油便宜。

2．合成油

合成油是通过化学合成方法制备成相对分子质量较高的化合物，再经过调配或进一步加工而成的润滑油。它包括合成酯类、聚α-烯烃（PAO）、聚醚类、硅油等，其成分与石油烃类不同。半合成油指的是合成油与矿物油按一定比例混合制成的润滑油。由于合成油的原材料价格高，合成工艺复杂，投资高，因此合成油及半合成油的价格普遍比矿物油高。

合成油与矿物油相比具有以下优良特性：

合成油的黏度指数更高，所以黏温特性更好，高温时润滑更充足，低温下流动性好（室温条件下外观感觉比同级别矿物油稀）。同时用合成油调配的机油抗氧化性更强，大大地延长了换油周期，虽然在机油上增加了投入，但减少了更换机油和滤清器的次数。合成油因其蒸发损失小，所以机油消耗低，减少了添加机油的次数。此外，合成油适用于更高负荷的发动机，还拥有更强的抗高温、抗剪切能力，在发动机高速运转下，机油也不会损失黏度，对发动机的保护更全面。

随着目前机械的加工精度与使用寿命的延长，合成油的运用越来越广泛，如精密机床、仪表及汽车发动机等。

（六）选择润滑油的标准

润滑油要满足以下标准：

（1）较低的摩擦系数，使之减少摩擦副之间的运动阻力和设备的动力消耗，从而降低磨损的速度，提高设备的使用寿命。

（2）良好的吸附和楔入能力（即具有较好的油性），以便能较好地渗入摩擦副微小的间隙内，并牢固地黏附在摩擦表面上，不会被运动形成的剪切力刮掉。

（3）一定的黏度，以便在摩擦副之间结聚成油楔，能够抵抗较大的压力而不被挤出。

（4）较高的纯度与抗氧化性，不产生研磨现象和腐蚀性，不致因迅速与水或空气作用产生酸性物或胶质沥青质而使润滑剂变质。

此外，理想的润滑材料还应有较好的导热能力、较大的热容量、可靠的防锈和密封作用以及良好的洗涤作用。

（七）润滑油的选用依据

1．根据机械设备的工作条件选用

（1）载荷。载荷大，应选用黏度大、油性或极压性良好的润滑油。反之，载荷小，应选用黏度小的润滑油，间歇性的或冲击力较大的机械运动，容易破坏油膜，应选用黏度较大或极压性能较好的润滑油。

（2）运动黏度。设备润滑部位摩擦副运动速度高，应选用黏度较低的润滑油。若采用高黏度反而增大摩擦阻力，对润滑不利。低速部件，可选用黏度大一些的油。

（3）温度。温度分环境温度和工作温度。环境温度低，选用黏度和倾点较低的润滑油，反之可以高一些。工作温度高，则选用黏度较大、闪点较高、氧化稳定性较好的润滑油，甚至选用固体润滑剂，才能保证可靠润滑。至于温度变化范围较大的润滑部位，还要选用黏温特性好的润滑油。

（4）环境、温度及与水接触情况。在潮湿的工作环境里，或者与水接触较多的工作条件下，应选用抗乳化较强、油性和防锈性能较好的润滑油。

2．润滑油的其他选用依据

（1）油名。润滑油包括汽油机油、齿轮油等，选用的油品应与使用环境相符合。

（2）黏度。现在国内与国外一致，工业用润滑油按 40℃ 运动黏度值来划分牌号。润滑油的黏度，与机械设备的运转关系极大。一般来说，温度有些变化，或稍微大一些或小一些，影响不大。但如选用黏度过大或过小的润滑油，就会引起不正常的磨损，黏度过高，甚至发生卡轴、拉缸等设备事故。所以黏度通常是润滑油选用首先需要考虑的因素。

（3）倾点。一般要求润滑油的倾点比使用环境的最低温度低 5℃为宜，并保证冬季的气候不影响润滑油的正常加注和补充。

（4）闪点。高温下使用的润滑油，如压缩机油等，应选用闪点高一些的油，一般要求润滑油的闪点比润滑部位的工作温度高 20～30℃为宜。

（5）如果设备制造厂有推荐的选油型号，应尽量进行选用或参考。

（八）增压站油品管理要求

（1）应建立完善的设备润滑图册、手册，选用油品的参数必须满足相应机型的设备润滑要求，定期检查化验，不合格的及时更换。

（2）使用润滑油应实行"一沉淀、三过滤"的原则，防止杂物进入设备，润滑脂应采取小包装；实行"六定"管理（即定人负责、定期检测、定点润滑、定时加油、定量给油、定质换油）；做到油品对路（对号率为 100%），量足时准，加注清洁。

（3）油料的储存及保管。桶装油品要防止雨水、尘土进入桶内，油桶要排放整齐、分类存放；油桶应注明所存油品牌号、入库时间、厂家；油罐每年清洗一次，以清除杂质；油壶、油杯、油泵等加油用具做到专具专用，不得混用。

（4）油料有统计，消耗有定额；设备操作、保养、维修人员应熟悉各类设备用油牌号、性能及使用要点。

三、电工基础知识

（一）电路的组成及功能

1．电路的组成
电路是为了某种需要而将某些电工设备或元件按一定方式组合起来的电流通路，由电源、负载和中间环节 3 部分组成。

2．电路的主要功能
（1）进行能量的转换、传输和分配。
（2）实现信号的传递、存储和处理。

3．电流
电荷的定向移动形成电流。

电流指单位时间内通过导体截面的电量，电流强度用字母"I"表示，单位是"安培"，用符号 A 表示，常用的单位还有千安、毫安和微安，千安用符号 kA 表示，毫安用符号 mA 表示，微安用符号 μA 表示。各单位之间的关系如下：

$1kA=10^3A$；

$1A=10^3mA$；

$1A=10^3 \mu A$。

4．电压和电动势
如果电路中两点之间存在电场，电场则对电荷产生作用力，使电荷产生定向移动而做功，将电场力移动单位正电荷从导体的一端移到另一端做功的多少，叫作电路两端的电压，用字母"U"表示。

电压的单位是"伏特"用符号 V 表示，常用的单位还有千伏（kV）、毫伏（mV）和微伏（μV）。它们之间的关系如下：

1 千伏=10^3 伏特；

1 伏特=10^3 毫伏；

1 毫伏=10^3 微伏。

电压的实际方向规定：由电压高处指向电位低处。

5. 电阻

物体一方面具有允许电流通过的能力，另一方面又具有阻碍电流通过的能力，这种作用叫作电阻，用字母"R"表示。电阻的单位是"欧姆"，用符号 Ω 表示，常用的单位还有千欧（kΩ）、兆欧（MΩ）。他们之间的关系如下：

1 千欧=10^3 欧姆；

1 兆欧=10^3 千欧。

物体的电阻值与其长度 L 呈正比，与其横截面积 S 呈反比，并与材料本身的导电性质有关。

6. 功率

电场力在单位时间内所做的功称为电功率，简称功率，用字母"P"表示。

（二）电路模型

1. 电路模型的概念

为了便于对电路进行分析计算，常常将实际电路元件理想化，也称模型化，即在一定条件下突出其主要的电磁性质，忽略次要的因素，用一个足以表征其主要特性的理想元件近似表示。由理想电路元件组成的电路，称为电路模型。常见的电路元件有电阻元件、电容元件、电感元件、电压源、电流源。

2. 理想电路元件

1）电阻元件

电阻元件是一种消耗电能的元件。

根据伏安关系（欧姆定律），$U = IR$，则功率 P 为：

$$P = UI = I^2 R = U^2 / R \tag{1-65}$$

2）电感元件

电感元件是一种能够储存磁场能量的元件，是实际电感器的理想化模型。

只有电感上的电流变化时，电感两端才有电压。在直流电路中，电感上即使有电流通过，但 $U=0$，相当于短路。

（3）电容元件

电容元件是一种能够储存电场能量的元件，是实际电容器的理想化模型。

只有电容上的电压变化时，电容两端才有电流。在直流电路中，电容两端上即使有电压，但由于没有电流，相当于开路，即电容具有隔直作用。

3．电气设备的额定值及电路的工作状态

1）电气设备的额定值

额定值是制造厂为了使产品能在给定的工作条件下正常运行而规定的正常允许值。额定值有额定电压 U_N 与额定电流 I_N 或额定功率 P_N。

2）电路的工作状态

（1）负载状态：电路正常工作情况下的状态，其伏安特性可由图 1-20 表示。

（2）空载状态：电路处于开路状态，其伏安特性可由图 1-21 表示。

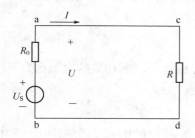

图 1-20　负荷状态电路图

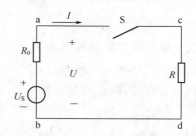

图 1-21　空载状态电路图

$$I = U_S/(R_0 + R) \tag{1-66}$$

$$U = U_S - IR_0 \tag{1-67}$$

（3）短路状态：电流没有经过负载，直接或间接将电路的正负及相连，其伏安特性可由图 1-22 表示。

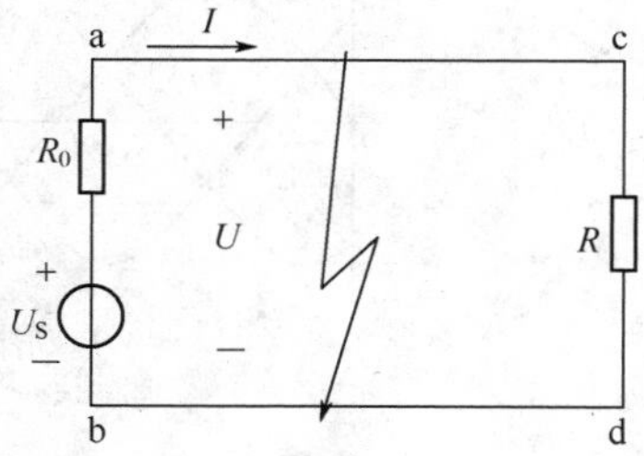

4．交流电的基本概念

1）单相正弦交流电的基本概念

随时间按正弦规律变化的电压、电流分别称为正弦电压和正弦电流。

振幅、角频率和初相称为正弦量的三要素。

2）波形

交流电的常见波形为正弦曲线（图1-23），生活中使用的市电就是具有正弦波形的交流电。但实际上还应用其他的波形，例如三角形波、正方形波等。

图 1-22　短路状态电路图

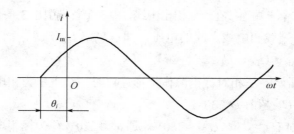

图 1-23　交流电波形图

3）周期与频率

周期 T：正弦量完整变化一周所需要的时间。

频率 f：正弦量在单位时间内变化的周数。

周期与频率的关系：

$$f = 1/T \tag{1-68}$$

4）角频率 ω

角频率指正弦量单位时间内变化的弧度数。角频率与周期及频率的关系如下：

$$\omega = 2\pi/T = 2\pi f \tag{1-69}$$

5．三相交流电的基本概念

由 3 个频率相同、振幅相同、相位互差 120°的正弦电压源所构成的电源称为三相电源。由三相电源供电的电路称为三相电路。

1）三相交流电的产生

三相电源由三相交流发电机产生。在三相交流发电机中有 3 个相同的绕组，3 个绕组的首端分别用 A、B、C 表示，末端分别用 X、Y、Z 表示。这 3 个绕组分别称为 A 相、B 相、C 相，三相电源相位图如图 1-24 所示，三相的频率、振幅均相同，只是相位互差 120°。

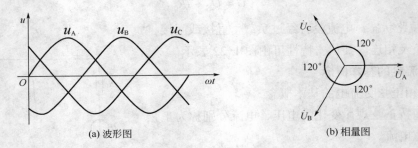

(a) 波形图   (b) 相量图

图 1-24　三相电源相位图

任一瞬间对称三相电源 3 个电压瞬时值之和或相量之和为零。

$$U_A + U_B + U_C = 0$$

2）三相电源的连接

（1）星形连接：3 个末端连接在一起引出中线，由 3 个首端引出 3 条火线，如图 1-25 所示。

相电压是指电源端线和中线之间的电压，即：U_A、U_B、U_C；而线电压是指电源端线之间的电压，即：U_{AB}、U_{BC}、U_{CA}。

如图 1-25 右图所示，三相对称电源作星形连接时，线电压为相电压的 $\sqrt{3}$ 或 1.73 倍。即：$U_线 = \sqrt{3} \times U_相$；$U_线$ 超前 $U_相$ 30°。

若 $U_相 = 220V$，则 $U_线 = \sqrt{3} \times U_相 \approx 380V$。通常，220V 称为民用电，380V 称为动力电（工业用电）。

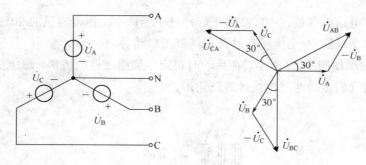

图 1-25 三相电路星形连接

（2）三角形连接：将三相绕组首、末端依次相连，从 3 个点引出 3 条火线，如图 1-26 所示。

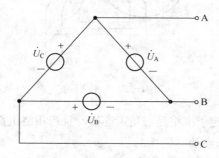

图 1-26 三相电路三角形连接

6．三相异步电动机的结构及转动原理

1）三相异步电动机的结构

三相异步电动机由定子和转子构成。定子和转子都有铁心和绕组。定子的三相绕组为 AX、BY、CZ。转子分为鼠笼式和绕线式两种结构。鼠笼式转子绕组有铜条和铸铝两种形式。绕线式转子绕组的形式与定子绕组基本相同，3 个绕组的末端连接在一起构成星形连接，3 个始端连接在 3 个铜集电环上，起动变阻器和调速变阻器通过电刷与集电环和转子绕组相连接。

2）三相异步电动机的转动原理

静止的转子与旋转磁场之间有相对运动，在转子导体中产生感应电动势，并在形成闭合回路的转子导体中产生感应电流，其方向用右手定则判定。转子电流在旋转磁场中受到磁场力 F 的作用，F 的方向用左手定则判定。电磁力在转轴上形成电磁转矩。三相绕组接通三相电源产生的磁场在空间旋转，称为旋转磁场，转速的大小由电动机极数和电源频率决定。转子在磁场中相对定子有相对运动，切割磁场，形成感应电动势。转子铜条是短路的，有感应电流产生。转子铜条有电流，在磁场中受到力的作用，转子就会旋转起来。

3）三相异步电动机的启动

（1）直接启动：利用闸刀开关或接触器将电动机直接接到额定电压上的起动方式，又叫全压启动。

优点：启动简单。

缺点：启动电流较大，将使线路电压下降，影响负载正常工作。

适用范围：电动机容量在 10kW 以下，并且小于供电变压器容量的 20%。

（2）降压启动包括 Y-△ 换接启动及自耦降压启动等。

Y-△ 换接启动如图 1-27 所示，在启动时将定子绕组连接成星形，通电后电动机运转，当转速升高到接近额定转速时再换接成三角形。

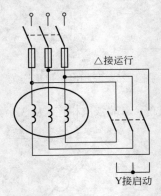

图 1-27　Y 接启动

适用范围：正常运行时定子绕组是三角形连接，且每相绕组都有两个引出端子的电动机。

优点：启动电流为全压启动时的 1/3。

缺点：启动转矩均为全压启动时的 1/3。

自耦降压启动如图 1-28 所示，利用三相自耦变压器降低电动机在启动过程中的端电压，以达到减小启动电流的目的。自耦变压器备有 40%、60%、80% 等多种抽头，使用时要根据电动机启动转矩的要求具体选择。

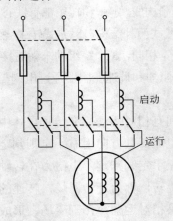

图 1-28　自耦降压启动

7. 安全用电

1）触电事故的原因

（1）违章操作：

① 违反"停电检修安全工作制度"，因误合闸造成维修人员触电。

② 违反"带电检修安全操作规程"，使操作人员触及电器的带电部分。

③ 带电移动电器设备。

④ 用水冲洗或用湿布擦拭电气设备。

⑤ 违章救护触电人员，造成救护者一起触电。

⑥ 对有高压电容的线路检修时未进行放电处理，导致触电。

（2）施工不规范：

① 误将电源保护接地与零线相接，且插座火线、零线位置接反使机壳带电。

② 插头接线不合理，造成电源线外露，导致触电。

③ 照明电路的中线接触不良或安装保险，造成中线断开，导致家电损坏。

④ 照明线路敷设不合规范造成搭接物带电。

⑤ 随意加大熔断丝的规格，失去短路保护作用，导致电器损坏。

⑥ 施工中未对电气设备进行接地保护处理。

（3）产品质量不合格：

① 电气设备缺少保护设施造成电器在正常情况下损坏和触电。

② 带电作业时，使用不合理的工具或绝缘设施造成维修人员触电。

③ 产品使用劣质材料，使绝缘等级、抗老化能力很低，容易造成触电。

④ 生产工艺粗制滥造。

⑤ 电热器具使用塑料电源线。

（4）偶然条件：

电力线突然断裂，狂风吹断树枝将电线砸断，雨水进入家用电器使机壳漏电等偶然事件均会造成触电事故。

2）电流对人体的作用

（1）人体触电时，电流对人体会造成电击和电伤两种伤害。

电击是指电流通过人体，影响呼吸系统、心脏和神经系统，造成人体内部组织的破坏乃至死亡。电伤是指在电弧作用下或熔断丝熔断时，对人体外部的伤害，如烧伤、金属溅出烫伤等。

（2）人体电阻因人而异，通常为 $10^4 \sim 10^5$ W，当角质外层破坏时，则降到 $800 \sim 1000$ W。

（3）电流对人的伤害。

人体允许的安全工频电流约 30mA，故工频危险电流定义为 50mA。

（4）电流频率对人体的伤害。

电流频率在 40~60Hz 对人体的伤害最大。实践证明，直流电对血液有分解作用，而高频电流不仅没有危害还可以用于医疗保健等。

（5）电流持续时间与路径对人体的伤害。

电流通过人体的时间越长，则伤害越大。电流的路径通过心脏会导致精神失常、心跳停止、血液循环中断，危险性最大。其中电流的流向从右手到左脚的路径是最危险的。

（6）电压对人体的伤害。

触电电压越高，通过人体的电流越大，就越危险。因此，把 36V 以下的电压定为安全电压。工厂进行设备检修使用的手灯及机床照明都采用安全电压。

3）触电方式

（1）接触正常带电体。

① 电源中性点接地的单相触电；

② 电源中性点不接地系统的单相触电；

③ 双相触电。

（2）接触正常不带电的金属体：

当电气设备内部绝缘损坏而与外壳接触，将使其外壳带电。当人触及带电设备的外壳时，相当于单相触电，大多数触电事故属于这一种。

（3）跨步电压触电：

在高压输电线断线落地时，有强大的电流流入大地，在接地点周围产生电压降。当人体接近接地点时，两脚之间承受跨步电压而触电。跨步电压的大小与人和接地点距离，两脚之间的跨距，接地电流大小等因素有关。一般在20m之外，跨步电压就降为零。如果误入接地点附近，应双脚并拢或单脚跳出危险区。

4）接地和接零

为了人身安全和电力系统工作的需要，要求电气设备采取接地措施。按接地目的的不同，主要分为工作接地、保护接地和保护接零。

（1）工作接地。

工作接地即将中性点接地，其目的是：

① 降低触电电压；

② 迅速切断故障；

③ 降低电气设备对地的绝缘水平。

（2）保护接地。

保护接地是为防止电气装置的金属外壳、配电装置的构架和线路杆塔等带电后可能危及人身和设备的安全而进行的接地，就是将正常情况下不带电，而在绝缘材料损坏后或其他情况下可能带电的电器金属部分（即与带电部分相绝缘的金属结构部分）用导线与接地体可靠连接起来的一种保护接线方式。当电气设备绝缘损坏造成一相碰壳，该相电源短路，其短路电流使保护设备动作，将故障设备从电源切除，防止人身触电。把电源碰壳，变成单相短路，使保护设备能迅速可靠地动作，切断电源。

（3）保护接零。

保护接零就是将设备在正常情况下不带电的金属部分，用导线与系统进行直接相连，就是其中某根电线接触物体时，让漏保开关能及时跳闸，不会击伤人。

保护接地即适用于一般不接地的高低压电网，也适用于采取了其他安全措施（如装设漏电保护器）的低压电网；保护接零只适用于中性点直接接地的低压电网。中性点接地系统不允许采用保护接地，只能采用保护接零；不准保护接地和保护接零同时使用。

第二章

驱动机与压缩机

第一节　机械传动基础知识

一、常用术语及解释

（1）机械：利用力学原理构成的装置，是机器和机构的总称。

（2）机器：有许多能相对运动的组成部分，能实现能量转换的组合体。

（3）部件：由一组协同工作的零件所组成的独立制造或独立装配的组合体，如变速箱、离合器。

（4）机构：传递运动和力或者导引构件上的点按给定轨迹运动的机械装置。机构的组成要素为构件和运动副，包括机架、原动件、从动件等。

（5）构件：机构中的运动单元，它可以是一个零件，也可以是由许多零件组合而成，如内燃机中连杆。

（6）运动副：两构件直接接触并能产生相对运动的连接。

（7）运动副元素：两个构件直接接触而构成运动副的部分，运动副元素不外乎为点、线、面。

（8）零件：机器中的制造单元，如内燃机中的一个螺钉。零件又有通用零件和专用零件之分。

（9）通用零件：在各种机器中都能用到的零件，如齿轮、带轮、螺钉等。

（10）专用零件：在特定类型的机器中才能用到的零件，如曲轴、吊钩、叶片、叶轮等。

（11）可靠度：机械在规定的时间内，在预定的环境条件下，能够正常工作的概率。

（12）失效：当机器/件由于某种故障而丧失最初规定的功能时，即称为失效。

机械零件失效形式主要有：整体断裂、过大的残余变形（塑性变形）、零件的表面破坏（主要是腐蚀、磨损和接触疲劳）、破坏正常工作条件（如润滑不足等）等。

（13）强度：力学上，材料在外力作用下抵抗破坏（变形和断裂）的能力。强度是机械零部件首先应满足的基本要求。

提高机械零部件强度的措施包括：选用高强度的金属材料；合理的零件结构、形状设计，避免应力集中；选用合理的热处理，消除材料内应力；降低表面粗糙度，提高表面质量，以消除初始裂纹存在的可能性；合理地配置机器中各零部件的相互位置，以降低作用于零部件上的载荷。

（14）刚度：材料或结构在受力时抵抗弹性变形的能力，是材料或结构弹性变形难易程度的表征。刚度分为整体变形刚度和表面接触刚度。

提高机械零件整体变形刚度的措施包括增大零件截面尺寸或惯性矩，缩短支撑跨距；提高机械零件表面接触刚度措施包括增大贴合面积以降低压力，精加工以降低表面不平度等。

二、机器的组成

一台现代化的机器中，常会包含着机械、电气、液压、气动、润滑、冷却、控制、监测等系统的部分或全部，但是机器的主体，仍然是它的机械系统，无论哪一台机器，它的机械系统总是由一些机构组成，每个机构又是由许多零件组成，所以，机器的基本组成要素就是机械零件。

机器一般由原动机（驱动机）部分、执行部分、传动部分、辅助部分等组成。

原动机部分是驱动整部机器以完成预定功能的动力源，通常一部机器只用一个原动机，并且一般情况下都是将其他形式的能量转换为可以利用的机械能，原动机的动力输出绝大多数呈旋转运动的状态，输出一定的转矩。

执行部分是用来完成机器预定功能的组成部分，一部机器可以只有一个执行部分，也可以根据机器的功能分解成几个执行部分。

传动部分是用来将原动机的运动、运动形式及动力参数转变为执行部分所需的运动、运动形式及动力参数的装置，如旋转运动变为直线运动，高转速变为低转速，小转矩变为大转矩等。

一般简单机器就只有这 3 部分组成，但随着机器功能越来越复杂，如机器只有以上 3 个基本部分，使用起来就会遇到很大的困难，所以现在机器又不同程度地增加了控制、润滑、冷却等辅助系统。

现代生产对机器的基本要求：

（1）使用功能要求，机器应具备预定的使用功能。

（2）可靠性要求，可靠性包括结构的安全性、适用性和耐久性，机器的可靠性高低用可靠度来衡量。

（3）经济性要求。

（4）劳动保护和环境保护要求。

三、机械的连接

机械的连接可分为动连接与静连接，在机械制造中，连接一般指机械静连接。

动连接指机械在工作时，被连接的零（部）件间可以有相对运动的连接，如各种运动副。

静连接指机械在工作时，被连接的零（部）件间不允许产生相对运动的连接。

静连接又分为可拆连接和不可拆连接，可拆连接是不需要损坏连接中的任一零件就可以拆开的连接，如螺纹连接；不可拆连接指至少必须损坏连接件中某一部分才能拆开的连接，如铆钉连接、焊接等。同时还有一种可以做成可拆或不可拆的过盈连接在机器中也十分常用，如有些机组压缩缸与缸套的连接。

机械的连接件包括：螺纹连接、键连接、花键连接、无键连接、销连接、铆接、焊接、胶接、过盈连接、联轴器连接等。可拆连接件一般要加预紧力，其目的是增强连接的可靠性和紧密性，防止受载后被连接件间出现缝隙或发生相对滑动。因螺纹连接应用最广，下面简单介绍下螺纹连接。

螺纹有内、外螺纹之分，它们共同组成螺旋副，起连接作用的称为连接螺纹，起传动作用的叫作传动螺纹。

常用的螺纹类型主要有普通螺纹、管螺纹、米制锥螺纹、梯形螺纹、矩形螺纹、锯齿形螺纹，前3种主要用于连接，后3种主要用于传动。

螺纹连接的基本类型包括：螺栓连接、双头螺柱连接、螺钉连接、紧定螺钉连接。

螺栓连接因结构简单，装拆方便，使用时不受被连接件材料的限制，因此应用广泛；当被连接件之一太厚不宜制成通孔，材质又比较软，且需要经常拆装，多用双头螺柱连接；螺钉连接多用于受力不大，或不需要经常拆装的场合；紧定螺栓连接是利用拧入零件螺纹孔中的螺钉末端顶住另一个零件的表面或顶入相应的凹坑中，以固定两个零件的相对位置，并可传递不大的力或转矩，如十字头销的固定。除上述4种基本类型连接外还有一些特殊结构的螺纹连接如地脚螺栓连接、T形槽螺栓连接等。

四、机械传动

机械按改变传动比的可能性分为：定传动比传动、变传动比传动（包括有级变速传动、无级变速传动）。

机械传动按传力方式分为：齿轮传动、曲轴连杆传动、联轴器传动、摩擦传动、链条传动、皮带传动、蜗轮蜗杆传动、棘轮传动、气动传动、液压传动、万向节传动、钢丝索传动、花键传动、螺旋传动。因曲轴连杆传动、联轴器传动将在压缩机部分进行介绍，所以本部分简单介绍下齿轮传动。

齿轮传动具有效率高、结构紧凑、工作可靠、寿命长、传动比稳定等特点，但其安装精度要求高，价格较贵，不宜用于传动距离过大的场合。

齿轮传动可做成开式、半开式、闭式。齿轮传动失效的形式分为：齿轮折断、工作齿面磨损、点蚀、胶合及塑性变形等。

齿轮折断：齿轮在工作中，其轮齿的受力状况相当于悬臂梁，齿根处受到的弯矩最大，所产生的应力集中。在啮合过程中，齿轮根部所受的弯矩是交替变化的，因此，在该处最容易产生疲劳裂纹而使轮齿折断，轮齿的这种失效形式称为轮齿的疲劳折断。齿轮的另一种折断是长期过载或受到过大冲击载荷时的突然折断，称为过载折断。

工作齿面磨损：齿轮在传动过程中，轮齿啮合表面间存在相对滑动。齿轮在受力情况下，齿面间的相对滑动使齿面发生磨损。

齿面点蚀：齿轮工作时，当啮合表面反复受到接触挤压作用，且由此所产生的压力过大或使用时间过长时，齿面会产生细微的疲劳裂纹。

齿面胶合：在高速重载的闭式齿轮传动中，齿面润滑较为困难，啮合面在重载作用下产生局部高温使其黏结在一起，当齿轮继续运动时，会在较软的齿面上撕下部分金属材料而出现撕裂沟痕，这种由于齿面黏结和撕裂而造成的失效称为齿面胶合。齿面出现胶合现象后，将严重损坏齿面而导致齿轮失效。闭式蜗杆传动中极易发生这种失效。

轮齿塑性变形：在低速重载的工作条件下，齿轮的齿面承受很大的压力和摩擦力，由于这些力的作用，材料较软的齿轮的局部齿面可能产生塑性流动，使齿面出现凹槽或凸起的棱台，从而破坏齿轮的齿廓形状，使齿轮丧失工作能力。齿轮的这种失效形式称为轮齿的塑性变形。

齿轮常用的材料有：钢（锻钢、铸钢）、铸铁、非金属等。

五、轴系零部件

轴承分类：根据摩擦性质不同，轴承可分为滑动摩擦轴承和滚动摩擦轴承。

滑动轴承分类：按其承受载荷方向的不同，滑动轴承可分为径向轴承和止推轴承。

轴瓦：轴瓦是滑动轴承的重要零件，常用的轴瓦有整体式和对开式两种结构。

轴瓦的定位：轴瓦与轴承座不允许有相对移动，为了防止轴瓦沿轴向和周向移动，可将其两端做出凸缘来做轴向定位，也可用紧定螺钉或销钉将其固定在轴承座上，或在轴瓦部分面上冲出定位唇以供定位用。

滑动轴承常用材料：轴承合金（巴氏合金）、铜合金、铝基轴承合金、灰铸铁及耐磨铸铁、多孔质金属材料、非金属材料（多为各种聚合物材料）。

滚动轴承：与滑动轴承相比，滚动轴承具有摩擦阻力小、功率消耗少、启动容易等优点，因此在现代机械中应用比较广泛。

滚动轴承分类：按照轴承承受的外载荷不同，滚动轴承可分为向心轴承、推力轴承、向心推力轴承3大类。主要承受径向载荷的轴承叫作向心轴承；只能承受轴向载荷的轴承叫作推力轴承，能同时承受径向载荷和轴向载荷的轴承叫作向心推力轴承。

滚动轴承组成：滚动轴承由内、外圈、滚动体、保持架等4部分组成，内圈用来和轴颈装配，外圈用来和轴承座装配，通常是内圈随轴颈回转，外圈固定，但也有外圈回转、内圈不动或内、外圈同时回转的场合。滚动体有球形、圆柱滚子、滚针、圆锥滚子、球面滚子、非对称球面滚子等几种，轴承内外圈上的滚道有限制滚动体侧向位移的作用。保持架的主要作用是均匀地隔开滚动体。

滚动轴承是标准件，为使轴承便于互换和大量生产，轴承内孔与轴的配合采用基孔制。

六、弹簧

弹簧是一种利用弹性来工作的机械零件，其在外力作用下发生弹性形变，除去外力后又能恢复原状。

弹簧在各类机械中应用十分广泛，其有控制机构的运动（气阀弹簧）、减振和缓冲、储存及输出能量、测量力的大小（弹簧秤中的弹簧）等作用，弹簧的参数包括弹簧丝直径、弹簧外径、弹簧内径、弹簧中径、节距、有效圈数、支撑圈数、总圈数、自由高、弹簧展开长度、螺旋方向、弹簧旋绕比等。

弹簧分类：弹簧按受力性质可分为拉伸弹簧、压缩弹簧、扭转弹簧和弯曲弹簧等，按形状可分为螺旋弹簧、碟形弹簧、环形弹簧、板弹簧、截锥涡卷弹簧以及扭杆弹簧等，弹簧常用的材料有：碳素弹簧钢、低锰弹簧钢、硅锰弹簧钢、铬钒钢等。

第二节　驱动机

一、驱动机的分类及特点

工业上将用于提供动力的设备称之为驱动机，其原理是将其他类型的能量转化为机械能。压缩机是从动机械，需要由驱动机进行驱动。天然气增压开采所选用的压缩机驱动机主要是内燃机和电动机。

（一）内燃机

内燃机是通过使燃料在机器内部燃烧，并将其放出的热能直接转换为动力的热力发动机。内燃机具有体积小、重量轻、便于移动、热效率高、启动性能好的特点；但是内燃机一般使用石油产品作为燃料，排出的废气中含有害气体的成分较高。

（二）电动机

电动机是把电能转换成机械能的一种设备。其原理是利用通电线圈（即定子绕组）产生旋转磁场并作用于转子，形成磁电动力旋转扭矩。电动机具有结构紧凑、体积小、运转平稳、便于自动控制、操作简单、工作可靠性高、寿命长的优点。其缺点是调速困难，并且当电源较远或电力不足时需要专门建设电站，使得投资费用增大，因此，电动机驱动只有在邻近电源、电价又便宜的情况下考虑。

二、基本概念和名词术语

（一）内燃机基本概念和名词术语

（1）工作循环：活塞式内燃机的工作循环由进气、压缩、做功和排气4个工作过程组成。通过周而复始地进行这些过程，内燃机才能持续地进行热能和机械能的转换。

（2）工况：内燃机在某一时刻的运行状况，以该时刻内燃机输出的有效功率和曲轴转速表示。

（3）负荷率：内燃机在某一转速下发出的有效功率与相同转速下所能发出的最大有效功率的比值，以百分数表示。负荷率通常简称负荷（load）。

（4）上止点和下止点：活塞在气缸中有上下两个极限位置，上极限位置叫上止点，它与曲轴中心线距离为最大；下极限位置叫下止点，它与曲轴中心线距离为最小。

（5）活塞行程：活塞从一个止点到另一个止点移动的距离称为活塞行程（或活塞冲程），一般用 S 表示。对应一个活塞行程，曲轴旋转180°。

（6）气缸工作容积：活塞从一个止点运动到另一个止点所扫过的容积，一般用 V_h 表示。

（7）燃烧室容积：活塞位于上止点时，活塞顶部与气缸盖和气缸套之间所包围的空间的容积一般用 V_c 表示。

（8）气缸总容积：气缸工作容积和燃烧室容积之和，一般用 V_a 表示。

（9）内燃机排量：内燃机所有气缸工作容积的总和，一般用 V_L 表示，$V_L=V_h×i$（i 为气缸数目）。内燃机排量表示内燃机的做功能力，在内燃机其他参数相同的前提下，内燃机排量越大，所发出的功率就越大。

（10）压缩比：气缸总容积与燃烧室容积之比，一般用 ε 表示。压缩比是发动机中一个非常重要的概念，它表示气体的压缩程度，即气体压缩前的容积与气体压缩后的容积之比。

（11）空燃比：空燃比 A/F（A 为 air，空气；F 为 fuel，燃料）表示空气和燃料的混合比，即可燃混合气中空气质量与燃料质量之比。空燃比是发动机运转时的一个重要参数，它对尾气排放、发动机的动力性和经济性都有很大的影响。

（12）理论空燃比：每克燃料完全燃烧所需的最少空气克数。各种燃料的理论空燃比是不相同的：汽油为 14.7，柴油为 14.3。空燃比大于理论值的混合气叫作稀混合气，气多油少，燃烧完全，油耗低，污染小，但功率较小；空燃比小于理论值的混合气叫作浓混合气，气少油多，功率较大，但燃烧不完全，油耗高，污染大。

（13）有效扭矩：内燃机通过曲轴或飞轮对外输出的扭矩，一般用 T_e 表示，单位为 N·m。有效扭矩是指燃料在气缸内燃烧发热、膨胀做功所产生的力，通过连杆、传给曲轴产生的扭矩，并克服了摩擦，驱动各辅助装置（水泵、油泵、风扇、发电机等）等损失之后，最后在飞轮上可以供给外界使用的净扭矩。

（14）有效功率：驱动机轴上净输出的功率，是驱动机扣除本身机械摩擦损失和带动其他辅机的外部损耗后向外有效输出的功率，一般用 N_e 表示，单位为 kW。

（15）有效燃料消耗率：内燃机发出单位有效功率所消耗的燃料量，即内燃机每发出 1kW 有效功率，在 1h 内所消耗的燃料量，用符号 g_e 表示，单位为 g/(kW·h) 或 m³/(kW·h)。显然，有效燃料消耗率越低，该内燃机的经济性越好。

（二）电动机基本概念和名词术语

（1）启动转矩：电动机能提供给被驱动机械由静止状态进入运行状态的转矩，一般用 M_S 表示。

（2）最大转矩：电动机所能提供的最大转矩，也称临界失速转矩，一般用 M_k 表示。负载大于此值，电动机便失效。

（3）额定转矩：电动机效率最高时的转矩，即直接供给驱动负载的转矩，一般用 M_e 表示。

（4）过载能力：电动机的最大转矩与额定转矩之比，一般用 λ_k 表示。

三、内燃机

（一）概述

内燃机起源于荷兰物理学家惠更斯用火药爆炸获取动力的研究，但因火药燃烧难以控制而未获成功。

1860 年，法国的勒努瓦模仿蒸汽机的结构，设计制造出第一台实用的煤气机。这是一种无压缩、电点火、使用照明煤气的内燃机。

1876 年，德国发明家奥托运用罗沙提出的四冲程循环原理，成功研制第一台往复活塞式、单缸、卧式的四冲程内燃机。

1881 年，英国工程师克拉克成功研制第一台二冲程的煤气机。

随着石油的开发，比煤气易于运输携带的汽油和柴油引起了人们的注意。

1883 年，德国的戴姆勒成功研制第一台立式汽油机。

1897 年德国工程师狄塞尔成功研制出压缩点火式柴油机，为内燃机的发展开拓了新途径。

内燃机有着悠远的历史，经历了一个又一个发展阶段，一次又一次的改进。发展至今，内燃机作为一种动力机械，已经广泛应用于航空、交通、农业、军事、机械、石油勘探与开发等领域，在世界经济发展中发挥着重要的作用。

1．内燃机的分类

内燃机按其主要运动机构的不同，分为往复活塞式内燃机和旋转活塞式内燃机两大类，其中往复活塞式最为普遍。

旋转活塞式内燃机是 20 世纪 50 年代才出现的新型发动机，它没有往复活塞式内燃机的往复运动机构和气门机构，而是依靠近似三角形的旋转活塞，在特定型面的气缸内做旋转运动。这种发动机功率高、体积小、振动小、运转平稳、结构简单、维修方便，但由于其燃料经济性较差、低速扭矩低、排气性能不理想，所以目前尚未普遍使用。

常用的往复活塞式内燃机分类方法如下：

（1）根据所用燃料分类，有汽油机、柴油机、天然气发动机、乙醇发动机等，另有双燃料发动机和灵活燃料发动机。

（2）根据缸内着火方式分类，有点燃式内燃机、压燃式内燃机。

（3）根据一个工作循环的冲程数分类，有二冲程内燃机、四冲程内燃机。

（4）根据用途分类，有农用、汽车用、工程机械用、拖拉机用、铁路机车用、船及发电用等内燃机。

（5）根据气缸冷却方式分类，有水冷式内燃机、风冷式内燃机。

（6）根据气缸数目分类，有单缸内燃机、多缸内燃机。

（7）根据内燃机转速分类，有高速内燃机（标定转速高于 1000r/min 或活塞平均速度高于 9m/s）、中速内燃机（标定转速 600～1000r/min 或活塞平均速度 6～9m/s）、低速内燃机（标定转速低于 600r/min 或活塞平均速度低于 6m/s）。

（8）根据进气方式分类，有自然吸气式内燃机、增压式内燃机。

（9）根据汽缸排列方式分类，可以分为直列、斜置、对置、V 形和 W 形。

2．内燃机的基本结构

内燃机是一种由许多机构和系统组成的复杂机器。无论是汽油机，还是柴油机；无论是四冲程发动机，还是二冲程发动机；无论是单缸发动机，还是多缸发动机，要完成能量转换，实现工作循环，保证长时间连续正常工作，都必须具备以下机构和系统。

1）曲柄连杆机构

曲柄连杆机构（图 2-1）是内燃机实现工作循环，完成能量转换的主要运动零件。它由活塞连杆组和曲轴飞轮组等组成。在做功行程中，活塞承受燃气压力在气缸内做直线运动，通过连杆转换成曲轴的旋转运动，并从曲轴对外输出动力；而在进气、压缩和排气行程中，飞轮释放能量又把曲轴的旋转运动转化成活塞的直线运动。

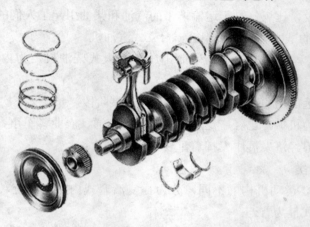

图 2-1　曲柄连杆机构

2）配气机构

配气机构（图 2-2）的作用是根据内燃机的工作顺序和工作过程，定时开启和关闭进气门和排气门，使可燃混合气或空气进入气缸，并使废气从气缸内排出，实现换气过程。配气机构大多采用顶置气门式配气机构，一般由气门组、气门传动组两部分组成。

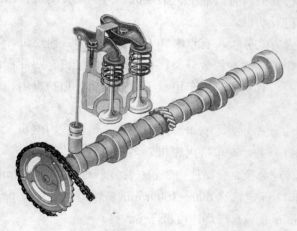

图 2-2　配气机构

3）供给系统

内燃机供给系统的功用是根据内燃机的要求，适量地按规定空燃比将可燃混合气供入气缸，并将燃烧后的废气从气缸内排出到大气中去。

4）润滑系统

润滑系统的功用是向做相对运动的零件表面输送定量的清洁润滑油，以实现液体摩擦，减小摩擦阻力，减轻机件的磨损，并对零件表面进行清洗和冷却。润滑系统通常由润滑油道、机油泵、机油滤清器和管路阀门等组成。

5）冷却系统

冷却系统的功用是将受热零件吸收的部分热量及时散发出去，保证发动机在最适宜的温度状态下工作。水冷发动机的冷却系统通常由气缸夹套、水泵、风扇、水箱、节温器等组成。

6）点火系统

在汽油机和燃气发动机中，气缸内的可燃混合气是靠电火花点燃的，为此在气缸盖上装有火花塞，火花塞头部伸入燃烧室内。能够按时在火花塞电极间产生电火花的全部设备称为点火系统。

7）启动系统

要使内燃机由静止状态过渡到工作状态，必须先用外力转动内燃机的曲轴，使活塞做往复运动，气缸内的可燃混合气燃烧膨胀做功，推动活塞向下运动使曲轴旋转，内燃机才能自行运转，工作循环才能自动进行。因此，曲轴在外力作用下开始转动到内燃机开始自动地怠速运转的全过程，称为内燃机的启动。完成启动过程所需的装置，称为内燃机的启动系统。

8）气缸和活塞组件

内燃机的气缸是一个圆筒形金属机件。各个装有气缸套的气缸安装在机体里，它的顶端用气缸盖封闭着。活塞可在气缸套内往复运动，并从气缸下部封闭气缸，从而形成容积做规律变化的密封空间。燃料在此空间内燃烧，产生的燃气动力推动活塞运动。

活塞组由活塞、活塞环、活塞销等组成。活塞呈圆柱形，上面装有活塞环，借以在活塞往复运动时密闭气缸。活塞销呈圆筒形，它穿入活塞上的销孔和连杆小头中，将活塞和连杆连接起来。连杆大头端分成两半，由连杆螺钉连接起来，它与曲轴的曲柄销相连。连杆工作时，连杆小头端随活塞做往复运动，连杆大头端随曲柄销绕曲轴轴线做旋转运动，连杆大小头间的杆身做复杂的摇摆运动（图2-3）。

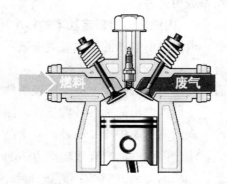

图2-3 气缸和活塞组件

3. 内燃机的特点

1）内燃机的优点

内燃机和外燃机相比较，具有很多优点：

（1）热效率高，即运转经济性好，燃料消耗率低，特别是在部分负荷运行时更为显著，目前汽油机的有效热效率为30%～35%，而柴油机的有效热效率已达46%，是所有热机中热效率最高的一种。

（2）功率和转速范围宽广，现代汽油机最小功率为 0.59kW，而柴油机的最大功率可达 35328kW，大型低速柴油机的转速只有 100～200r/min，而小型汽油机的转速可达 10000r/min 以上，故适用范围大。

（3）结构紧凑，比重量（内燃机重量与其标定功率的比值）较小，便于移动，车用和工程机械用柴油机的比重量可达 3.4～4.7kg/kW，而有的车用汽油机和军用高速柴油机的比重量可达 1.36kg/kW，这对于移动式动力装置特别有利。

（4）启动迅速，操作简便，并能在启动后很快达到全负荷运行状态，在正常情况下，一般的柴油机和汽油机能够在 3～5s 的时间内起动，并能在短时间内达到全负荷运转状态，而且操作比较简单安全。

在石油工业中，石油勘探工作都在野外，流动性大，对于驱动机的选择和要求是：具有足够大的功率、结构紧凑、重量轻、便于搬运和安装、燃料和水的消耗少。因此内燃机在石油勘探工作中得到广泛的应用。

2）内燃机的缺点

内燃机的缺点主要有：

（1）对燃料要求比较高，目前高速内燃机主要燃料仍然是汽油或轻柴油，并且对燃料的清洁程度要求严格，在气缸内部难以使用劣质燃料或固体燃料。

（2）由于不能消除往复运动质量带来的惯性力，因而振动较大，且转速难以进一步提高。

（3）低速时转矩小，内燃机动力机械一般都需配备变速装置。

（4）内燃机广泛应用于国民经济的各个领域，对环境的污染越来越严重，排气污染和噪声成为公害。

4．内燃机输出额定功率的标准环境条件

内燃机所输出的功率取决于吸入气缸的空气量，而吸入气缸的空气量直接与大气密度有关。这意味着大气状态变化，将全面影响内燃机的性能。因此，内燃机生产厂家在标定有效功率时，必须规定标准环境条件。

不同内燃机的标准环境条件，因其结构、用途以及吸气方式（自然吸气、涡轮增压中冷、涡轮增压不中冷）而异。以 ZTY265 压缩机组为例，驱动机为二冲程发动机，自然吸气、注气内混；标定有效功率为 265kW，对应额定转速为 400r/min；其规定的标准环境条件：环境温度为 15.6℃；海拔高度不高于 457m。当环境条件不符合标准时，功率按下述规定修正：

（1）海拔高度超过 457m 时，平均每升高 305m，功率递减 3%；

（2）环境温度超过 15.6℃时，平均每升高 5.6℃，功率递减 1%。

5．内燃机的燃烧理论

燃烧过程是燃料与氧化剂进行剧烈放热的氧化反应，是将燃料的化学能转变为热能的过程，包括着火和燃烧两个过程。

燃烧过程是影响内燃机动力性、经济性、排放污染、噪声及可靠性的主要过程。燃料的燃烧是否完全，将影响产生热量得多少，影响内燃机做功能力；而燃烧进行得是否正常，则直接影响内燃机工作稳定性和可靠性。

内燃机对燃烧过程的要求：

（1）燃烧完全，释放出尽可能多的热能，减少废气中的有害物质。

（2）燃烧及时，使放热集中在上止点附近，提高热功转换能力。

1）内燃机的燃烧过程

内燃机的燃烧过程（图2-4）分为以下3个阶段。

（1）滞燃期（Ⅰ）：从火花塞开始跳火（点1）到火焰中心形成（点2），这一时期称为滞燃期。滞燃期是燃烧的准备阶段，主要进行热量的积累，缸内的压力线与纯压缩线基本重合。当燃烧的混合气的温度升高到一定程度后，形成发火区，即火焰中心。

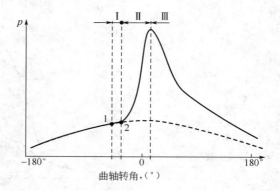

图2-4 内燃机的燃烧过程

（2）速燃期（Ⅱ）：从火焰中心形成到示功图上的压力达到最高点为止称为速燃期。可燃混合气约80%～90%在此期间燃烧完毕，温度、压力迅速升高，缸内最高压力点与最高温度点重合。

速燃期越短，越靠近上止点，发动机经济性、动力性越好。但可能导致压力升高率过高，工作粗暴。

（3）补燃期（Ⅲ）：从最高压力点到燃烧结束为补燃期。指速燃期以后在膨胀过程中的燃烧。

补燃期参加燃烧的燃料主要有：①火焰前锋过后，后面未及燃烧的燃料（燃烧室边缘和缝隙）再燃烧；②贴附在缸壁未燃混合气层的部分燃烧，壁面温度低，对火焰具有熄火作用，这样在壁面存在大量未燃烃，在随后的膨胀中部分未燃烃继续燃烧；③高温分解的燃烧产物（H_2、O_2、CO）等重新氧化。

2）点火提前角

从点火时间开始到活塞到达上止点这段时间，用曲轴转角来表示，称为点火提前角。

燃烧产生的最高压力过早会使压缩功增大，过迟则导致散热损失增大；过高产生振动、噪声，过低则使膨胀功减少。可燃混合气从点燃、燃烧到燃烧完有一个时间过程，最佳点火提前角的作用就是在各种不同工况下，使气体膨胀趋势最大段处于活塞做功行程。这样效率最高，振动最小，温升最低。

点火时间过早，会造成爆震，活塞上行受阻，效率降低，热负荷、机械负荷、噪声和振动加剧。点火时间过迟，则发动机输出功效率下降，燃料消耗增加，排气温度升高。

3）发动机的正常燃烧

在均质混合气中，当火焰中心出现后，与其临近的一层混合气首先燃烧，即形成极薄的火焰层，称之为火焰前锋。通过火花点燃的均质混合气的燃烧，具有火焰锋面从着火点点燃，不断向四周扩散的特性。当这种扩散持续到燃烧室尽头，其燃烧的速度、形状没有发生突变，则燃烧被称为"正常"燃烧。由图 2-5 可看出，发动机正常燃烧，燃料在上止点前开始着火，燃烧产生的最大爆发力出现在上止点后，这样有助于发动机持续并稳定地输出功率。

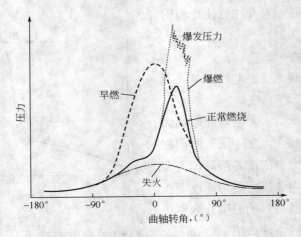

图 2-5　发动机各种燃烧现象的缸内压力变化

发动机正常燃烧，必须具备以下几个条件，如果下列条件都不具备，则将导致燃烧失控。

（1）适当的点火正时（在发动机的压缩冲程终了，活塞达到行程的顶点时，点火系统用火花塞提供高压火花以点燃气缸内的压缩混合气做功，这个时间就称为点火正时）和火花塞点火能量。

（2）适当的压缩压力和温度。

（3）适合的燃料（燃料品质、热值等）。

（4）适当的空燃比。

4）发动机的爆燃

爆燃是指火花塞点火后，在发动机燃烧室内正常焰锋起反应期间，未燃烧的混合气产生的自燃现象。

在火焰前锋到达之前，末端混合气的温度、压力超过其临界温度、压力而自燃，形成新的火焰中心，火焰传播速度加大（高达 800～1000m/s），使得缸内局部压力、温度急剧升高，压力来不及平衡，形成冲击波，冲击波反复撞击缸壁（在示功图上呈锯齿形，如图 2-5 所示），发出尖锐的敲缸声。

（1）发动机爆燃的危害。

发动机一旦发生强烈爆燃，将会产生以下危害：

① 强烈爆燃时的冲击波能使缸壁、缸盖、活塞、连杆、曲轴等机件的机械负荷增加，使机件变形甚至损坏。

② 传热量增加，热损失增加，发动机功率和经济性下降。

③ 润滑油和冷却水温度过高，导致发动机机体过热，润滑效果变差，运动件磨损

加剧。

④ 局部高温引起燃烧产物发生分解，容易形成积炭，破坏活塞环、火花塞、气门等零件的正常工作，使发动机可靠性下降。

（2）发动机的爆燃倾向。

发动机产生爆燃的倾向性依赖于进气湿度和可燃混合气的温度和压力。未燃烧的混合气的压力越大和温度越高，并且在这种高温强压下的时间越长，则发动机出现爆燃的概率就越大。

发动机的爆燃倾向性主要表现在：

① 气缸温度或冷却液温度较高。

② 燃料气抗爆性差。

③ 点火时间过早。

④ 压缩比较高。

⑤ 燃料气压力较高。

⑥ 进气温度较高。

⑦ 发动机转速较低。

⑧ 发动机负载较高。

⑨ 环境湿度较低。

（3）发动机爆燃的表征现象。

发动机是否产生爆燃，可以通过以下表征现象进行判断：

① 发出金属振音（敲缸声）。

② 在轻微爆燃时，发动机功率略有增加，强烈爆燃时，发动机功率下降。工作变得不稳定、转速下降、有较大振动。

③ 冷却系统过热（冷却水、润滑油温度均上升）。

④ 排气中断续出现黑烟和火星。

⑤ 气缸盖过热、漏水。

5）发动机的早燃

发动机的早燃是指可燃混合气在被火花塞点燃之前的先期燃烧（图 2-5）。其产生的原因是在燃烧室里有高温热点或炽热的积炭。

早燃被称为无声杀手。由于早燃，燃烧室产生急速温升而引起发动机损伤。

发生早燃时，由于炽热表面温度较高，混合气在进气和压缩行程中长期受到炽热表面加热，点燃的区域比较大，一旦着火，势必加快火焰传播速度，使得压力迅速升高，往往导致最高压力点出现在上止点之前，使得压缩功过大，发动机运转不平稳并发生沉闷的敲击声。同时，早燃的发生使传热量增加，造成发动机过热，有效功率下降，甚至在压缩过程末期的高温高压下造成机件损坏。

发动机早燃和爆燃均属不正常燃烧现象，但两种现象完全不同。早燃发生在火花塞点火前，爆燃发生在火花塞点火后；早燃时火焰传播速度正常，敲缸声比较沉闷，而爆燃时火焰以冲击的速度传播，有尖锐的敲缸声。

然而发动机早燃和爆燃之间又存在某种内在联系，早燃促使压力迅速升高、最高燃烧压力增大，增加爆燃倾向性，因此早燃往往能够引发爆燃；而严重的爆燃增加向缸壁的传热，使燃烧室内形成炽热点，又容易导致早燃。

6）发动机失火和回火

（1）发动机的失火：

失火是指过大的空燃比导致间或地火焰传播，通常讲就是断火或不点火。过多空气、燃料不足、点火系统故障和机械故障都可能导致发动机的失火。

（2）发动机回火：

回火是指发动机燃烧室正在燃烧的气体火焰引燃进气管中的可燃混合气的现象。其表现为进气管垫片损坏、混合器膜片撕裂、进气管内的压力和温度突然升高等。

产生回火的主要原因有：

① 排气门故障或排气口堵塞，废气不能及时排出产生"倒灌"。

② 进气门故障，进气门在开启状态下卡死或不能正常关闭。

③ 混合气过稀，会使燃烧速度减慢，若燃烧过程持续到下一循环，则会点燃正处于进气状态中的混合气。

④ 混合气过浓造成发动机回火，对于燃气发动机，混合气过浓所造成的回火最为常见。

⑤ 点火定时不当，或点火系统控制紊乱。

（二）四冲程燃气发动机

1．基本结构

发动机每个工作循环是由进气、压缩、做功和排气4个过程组成的，而四冲程发动机要完成一个工作循环，活塞在气缸内需要往返4个行程（曲轴旋转2周）来完成，即四冲程发动机每一个活塞行程内只进行一个过程。四冲程发动机属于往复活塞式内燃机，根据所用燃料种类的不同，又分为汽油机、柴油机和燃气发动机3类。

四冲程燃气发动机主要由气缸盖、进气门、排气门、气门盖、活塞、活塞销、气缸、连杆和曲轴等组成。

气缸内装有活塞，活塞通过活塞销、连杆与曲轴相连接。活塞在气缸内做往复运动，通过连杆推动曲轴转动。为了吸入新鲜空气和排出废气，在气缸盖上设有进气门和排气门。

2．工作原理

四冲程燃气发动机将空气与可燃气体以一定的比例混合成均匀的可燃混合气，在进气行程被吸入气缸，混合气经压缩、点火燃烧而产生热能，高温高压的气体作用于活塞顶部，推动活塞做往复直线运动，通过曲轴连杆机构对外输出机械能。四冲程燃气发动机在进气冲程、压缩冲程、做功冲程和排气冲程内完成一个工作循环。

图2-6即为四冲程燃气发动机的一个循环示功图。

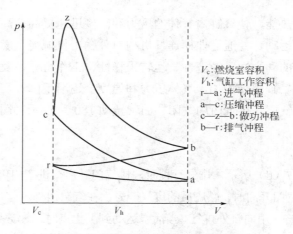

图 2-6　四冲程燃气发动机示功图

1）进气冲程

进气冲程如图 2-7（a）所示，活塞在曲轴的带动下由上止点运行至下止点。此时进气门开启，排气门关闭，曲柄转动 180°。在活塞移动过程中，活塞上方的气缸容积逐渐增大，缸内气体压力逐渐降低，气缸内形成一定的真空度，可燃混合气通过进气门被吸入气缸。在示功图上进气冲程为曲线 r—a（图 2-6）。

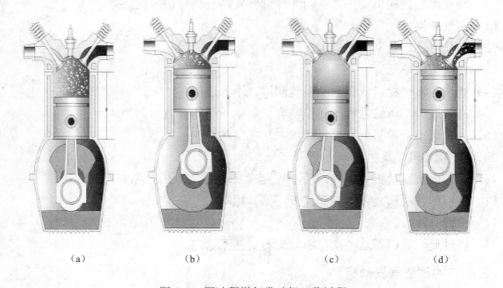

（a）　　　　　　　　（b）　　　　　　　　（c）　　　　　　　　（d）

图 2-7　四冲程燃气发动机工作过程

2）压缩冲程

压缩冲程如图 2-7（b）所示，压缩冲程时进、排气门同时关闭，活塞从下止点向上止点运动。活塞上移时，工作容积逐渐减小，缸内混合气受压缩后压力和温度不断升高，压缩终了时的压力可达 800～2000kPa。在示功图上，压缩冲程为曲线 a—c（图 2-6）。

3）做功冲程

做功冲程如图 2-7（c）所示，当活塞接近上止点时，由火花塞点燃可燃混合气，混合气燃烧释放出大量的热能,使气缸内气体的压力和温度迅速提高。高温高压的燃气推动活塞从上止点向下止点运动,并通过曲柄连杆机构对外输出机械能。燃烧过程进行的时间极其短暂,但对发动机的动力性、经济性、运转平稳性、工作可靠性及寿命等都有很大的影响。随着活塞下移,气缸容积增加,气体压力和温度会逐渐下降。

在做功冲程,进气门、排气门均关闭,曲轴转动180°。在示功图上,做功冲程为曲线c—z—b(图2-6)。

4)排气冲程

排气冲程如图2-7(d)所示,排气行程时,排气门开启,进气门仍然关闭,活塞从下止点向上止点运动。排气门开启时,燃烧后的废气一方面在气缸内外压差作用下向缸外排出,另一方面通过活塞的排挤作用向缸外排气。当活塞运动到上止点时,燃烧室中仍留有一定容积的废气无法排出,这部分废气叫残余废气。在示功图上,排气冲程为曲线b—r(图2-6)。

活塞经过上述4个连续过程后,便完成了1个工作循环。当活塞再由上止点向下止点运动时,又开始进行进气、压缩、做功、排气的第2个工作循环,如此周而复始,不断产生动力,推动活塞往复运行。

3.四冲程燃气发动机的特点

1)四冲程燃气发动机的优点

与二冲程燃气发动机相比较,四冲程燃气发动机具有很多优点:

(1)换气效果好。

(2)工作可靠,效率高,稳定性好。

(3)燃料消耗率低。

(4)低速运转平稳,依靠润滑系统润滑,不易过热。

(5)进气过程、压缩过程时间长,容积效率、平均有效压力高。

(6)热负荷小、排量大,可设计成大功率发动机。

2)四冲程燃气发动机的缺点

与二冲程燃气发动机相比较,四冲程燃气发动机有以下缺点:

(1)气门配气机构复杂,零部件多,保养困难。

(2)机械噪声大。

(3)曲轴旋转2周做功1次,所以旋转平衡不稳定。

(三)二冲程燃气发动机

1.基本结构

二冲程燃气发动机主要由动力缸及动力活塞组件组成(图2-8)。

1)动力缸

动力缸与缸盖、活塞形成气体压缩、燃烧和膨胀的空间和进排气通道以实现其工作循环过程;对活塞往复运动起导向作用;向周围冷却水传递一部分热量,以保证动力缸本身和活塞在高温高压环境中正常工作。

缸盖与活塞、动力缸构成燃烧室,在缸盖上留有用以布置燃气喷射阀及火花塞的孔口。

图 2-8　二冲程燃气发动机

2）动力活塞组件

动力活塞组件与动力缸、动力缸盖构成燃烧室，依靠活塞在气缸内往复运动，周期地改变气缸容积，从而实现其工作过程，承受燃气作用力，并通过十字头连杆传给曲轴；密封气缸，防止燃气泄漏及润滑油窜入燃烧室，将活塞顶部接受的热量，通过气缸壁传至冷却介质。

2．工作原理

二冲程燃气发动机的曲轴每旋转 1 圈，活塞上下往复运动 1 次，完成进气、压缩、做功和排气 1 个工作循环。其特点是利用可燃混合气或空气将废气自气缸内排出，即进气和排气是在同一时间完成的。

图 2-9 为二冲程发动机示功图。图中 a 点表示排气孔关闭，曲线 a—c 为压缩过程。曲线 c—z—b 为做功过程。在 b 点排气孔开启，b—f 为预先排气阶段。在 f 点扫气孔开启，f—d—h 段为扫气过程。在 h 点扫气孔关闭，h—a 段为继续排气阶段。从排气孔开始打开到完全关闭为二冲程发动机的换气过程，即示功图上的 b—d—a 段。

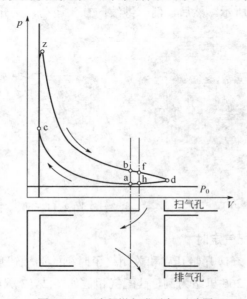

图 2-9　二冲程燃气发动机示功图

二冲程燃气发动机工作过程如下。

1）吸气、压缩冲程

当动力活塞向上止点运动时，活塞后腔形成瞬时负压，混合阀靠压差打开并吸入新鲜空气。活塞头部首先封闭进气口，然后再封闭排气口，继续运动这就是压缩冲程，如图2-10所示。

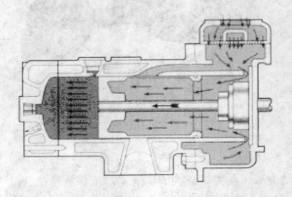

图 2-10　吸气、压缩冲程

2）做功冲程

封在动力活塞头部内的混合气体在接近压缩冲程终点前，由火花塞点燃，混合气体燃烧膨胀做功，迫使活塞向下止点运动，这就是做功冲程，如图2-11（a）所示。

3）扫气、排气过程

当动力活塞运动至不能封闭排气口时，燃烧后的废气就由排气口排出，活塞继续向下止点运动，进气口被打开，这时，活塞裙部与气缸形成一个扫气室，在压缩冲程中进入活塞后部的空气已被压缩到具有一定的压力，其形成扫气泵，在此压力下，新鲜的空气由进气口进入活塞头部空腔，并吹扫残留在缸内的废气，有助于废气的排出，这就是扫气、排气冲程，如图2-11（b）所示。然后，活塞继续向缸头运动，又开始一个新的工作循环。

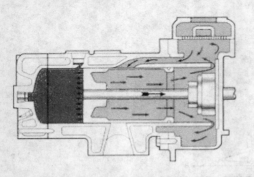 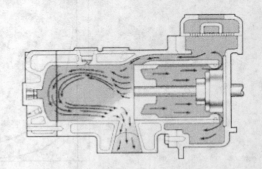

图 2-11（a）　做功冲程　　　　　　图 2-11（b）　扫气、排气冲程

3. 二冲程发动机的配气定时

二冲程发动机进、排气口开始开启和关闭终了时刻的曲轴转角位置，称为配气定时，也称作配气相位。以ZTY265机组为例，其配气相位如图2-12所示。从相位图上可知，进气口开启的持续时间为曲轴转过90°的时间，排气口开启的时间为曲轴转过136°的时间，

二冲程发动机与四冲程发动机比较，排气持续时间大于进气时间，是为了充分扫气，将废气尽可能地排干净。

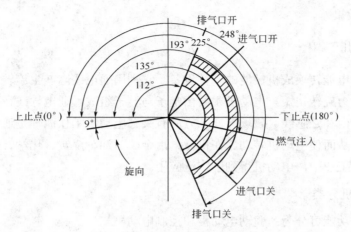

图 2-12 ZTY265 压缩机组配气相位

ZTY470 及以下机组燃料气注气定时（喷射阀开启时间）为下止点后 13°，注气时间 92°；ZTY630 机组注气定时为下止点后 2°，注气持续时间 92°。

燃料和空气进入气缸分两种情况进行说明：

一种是在吸气、压缩冲程中，气缸曲柄端扫气室形成局部真空，压差打开混合阀，新鲜空气被吸入到活塞的筒部，在排气、扫气冲程，活塞打开进气口后，新鲜空气进入燃烧室。而燃料气则是在吸气、压缩冲程中由气缸盖上的喷射阀向气缸内喷入（此时进、排气口均未关闭），与空气混合。目前，油气田燃气发动机多采用此种方式。

另一种由混合阀吸入的是燃料与空气混合气体，直到活塞到达冲程的点火端。活塞的动力冲程迅速严密地关闭进气混合阀，并压缩扫气室中的混合气到一定的压力，当打开气缸进气口时，则把稍微加压后的混合气送入气缸。

4．二冲程燃气发动机的特点

与四冲程燃气发动机比较，二冲程燃气发动机有以下主要特点。

1）二冲程燃气发动机的优点

（1）曲轴每转 1 周就有 1 个做功过程，因此，当二冲程燃气发动机工作容积和转速与四冲程燃气发动机相同时，在理论上其功率应为四冲程燃气发动机功率的 2 倍。

（2）二冲程燃气发动机因曲轴每转一周就有一个做功行程，在相同转速下工作循环次数多，故输出转矩均匀，运转平稳。

（3）二冲程燃气发动机结构简单，价格低，质量小，使用维修方便。

2）二冲程燃气发动机的缺点

（1）二冲程发动机，气缸壁上设有进、排气孔，故缩短了活塞一部分的有效冲程，故平均有效压力低（约为 4～5kg/cm²），加之废气清除得不干净，也影响了有效压力的提高，故功率只可能比四冲程提高 50%～70%。

（2）二冲程发动机的冷却和润滑难以达到完善状态，容易造成润滑油变质，影响机件

63

润滑，增加摩擦损失，造成润滑油的消耗量增加。

（3）设计在缸壁上的进、排气口会加速活塞环的磨损。

（4）换气效果差。

四、电动机

电动机是把电能转换成机械能的一种设备。它利用通电线圈产生旋转磁场并作用于转子而形成磁电动力旋转扭矩。电动机主要由定子与转子组成，通电导线在磁场中受力运动的方向跟电流方向和磁感线（磁场方向）方向有关。电动机工作原理是通电导线在磁场中受到力的作用，从而使电动机转动。在机械、冶金、石油、煤炭、化学、航空、交通、农业以及其他各种工业中，电动机得到了广泛应用。

（一）电动机分类

电动机按其功能可分为：驱动电动机和控制电动机。

电动机按电能种类可分为：直流电动机和交流电动机。

从电动机的转速与电网电源频率之间的关系来分类，电动机可分为：同步电动机与异步电动机。

电动机按电源相数分类，可分为单相电动机和三相电动机。

电动机按防护形式可分为：开启式、防护式、封闭式、隔爆式、防水式、潜水式。

电动机按安装结构形式可分为：卧式、立式、带底脚、带凸缘等。

电动机按绝缘等级可分为：E 级、B 级、F 级、H 级等。

交流电动机有异步电动机和同步电动机两大类，异步电动机又有三相和单相两种，其中三相异步电动机是最常用的一种，下面就对其进行简单介绍。

（二）三相异步电动机

1．基本结构

电动机主要由定子、转子、端盖、风扇、罩壳、机座、接线盒等组成，如图 2-13 所示。

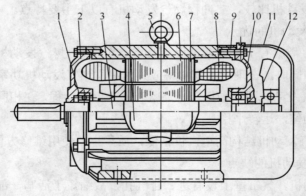

图 2-13　三相异步电动机结构示意图

1—轴承；2—前端盖；3—转轴；4—接线盒；5—吊攀；6—锭子铁芯；7—转子；8—锭子绕组；

9—机座；10—后端盖；11—风罩；12—风扇

定子用来产生磁场和支撑电动机,主要由定子铁芯、定子绕组和机座3部分组成。定子绕组镶嵌在定子铁芯中,通过电流时产生感应电动势,实现电能量转换。机座的作用主要是固定和支撑定子铁芯。电动机机座外表面一般设计为片状,以增大散热面积。

转子由转子铁芯、转子绕组和转轴组成。转子铁芯的作用是增强感应磁场强度;转子绕组的作用是感应电动势,通过电流而产生电磁转矩;转轴的作用是支撑转子、传递转矩、输出机械功率。

电动机接线盒内都有一块接线板,三相绕组的6个线头排成上下两排,并规定上排3个接线桩从左至右的编号为1(U1)、2(V1)、3(W1),下排3个接线桩从左至右的编号为6(W2)、4(U2)、5(V2),其接线方式有星形(Y)接法和三角形(△)接法两种。

2. 工作原理

三相异步电动机工作原理如图2-14所示。

当电动机的三相定子绕组(相位差120°),通入三相对称交流电后,将产生一个旋转磁场,该旋转磁场切割转子绕组,从而在转子绕组中产生感应电流(转子绕组是闭合通路),载流的转子导体在定子旋转磁场作用下将产生电磁力,从而在电机转轴上形成电磁转矩,驱动电动机旋转,并且电机旋转方向与旋转磁场方向相同。当电动机的三相定子绕组通入三相对称交流电后,将产生一个旋转磁场,该旋转磁场切割转子绕组,从而在转子绕组中产生感应电流(转子绕组是闭合通路),载流的转子导体在定子旋转磁场

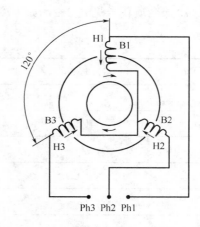

图2-14　三相异步电动机工作原理图

作用下将产生电磁力,从而在电机转轴上形成电磁转矩,驱动电动机旋转,并且电机旋转方向与旋转磁场方向相同。

3. 冷却方式

三相异步电动机的冷却方式有空气冷却、闭路循环气体冷却、表面冷却和内部冷却等。其中空气冷却又分为自冷式、自扇冷式、它扇冷式、管道通风式等。

三相异步电动机冷却方式代号主要由冷却方式标志(IC)、冷却介质的回路布置代号、冷却介质代号以及冷却介质运动的推动方法代号组成,即IC+回路布置代号+冷却介质代号+推动方法代号。

其中冷却方式标志代号是英文"国际冷却(International Cooling)"的缩写,用IC表示。

冷却方式代号的标记有简化标记法和完整标记法两种,优先使用简化标记法,简化标记法的特点:如果冷却介质为空气,则表示冷却介质代号的A在简化标记中可以省略;如果冷却介质为水,推动方式为7,则在简化标记中数字7可以省略。常见的冷却方式标志有IC01、IC06、IC411、IC416、IC611、IC81W等。

冷却介质的回路布置代号用特征数字表示,主要采用的有0、4、6、8等(表2-1)。

表 2-1　冷却介质的回路布置代号

特征数字	含义	简述
0	冷却介质从周围介质直接地自由吸入，然后直接返回到周围介质（开路）	自由循环
4	初级冷却介质在电动机内的闭合回路内循环，并通过机壳表面把热量传递到周围环境介质，机壳表面可以是光滑的或带肋的，也可以带外罩以改善热传递效果	机壳表面冷却
6	初级冷却介质在闭合回路内循环，并通过装在电动机上面的外装式冷却器，把热量传递给周围环境介质	外装式冷却器（用周围环境介质）
8	初级冷却介质在闭合回路内循环，并通过装在电动机上面的外装式冷却器，把热量传递给远方介质	外装式冷却器（用远方介质）

冷却介质代号见表 2-2，如果冷却介质为空气，则描述冷却介质的字母 A 可以省略。

表 2-2　冷却介质代号

冷却介质	特征代号
空气	A
氢气	H
氮气	N
二氧化碳	C
水	W
油	U

冷却介质运动的推动方法代号见表 2-3。

表 2-3　冷却介质的回路布置代号

特征数字	含义	简述
0	依靠温度差促使冷却介质运动	自由对流
1	冷却介质运动与电动机转速有关，或因转子本身的作用，也可以是由转子拖运的整体风扇或泵的作用，促使介质运动	自循环
6	由安装在电动机上的独立部件驱动介质运动，该部件所需动力与主机转速无关，例如背包风扇或风机等	外装式独立部件驱动
7	由与电动机分开安装的独立电气或机械部件驱动冷却介质运动，或依靠冷却介质循环系统中的压力驱动冷却介质运动	分装式独立部件驱动

（三）电动机的启动

电动机的启动方式包括直接启动和间接启动。

1．直接启动

直接启动（图 2-15）是利用闸刀开关或接触器将电动机直接接到额定电压上的启动方式，又叫全压启动。

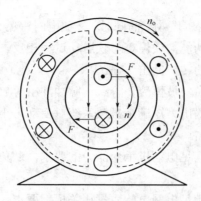

图 2-15　三相异步电动机的直接启动

适用范围：电动机容量在 10kW 以下，并且小于供电变压器容量的 20%。

2. 间接启动

间接启动的方式主要有以下两种。

Y-△换接启动（图 2-16）：在启动时将定子绕组连接成星形，通电后电动机运转，当转速升高到接近额定转速时再换接成三角形。

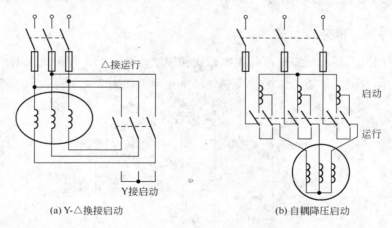

(a) Y-△换接启动　　　　　　　(b) 自耦降压启动

图 2-16　Y 接启动与自耦降压启动

自耦降压启动（图 2-16）：利用三相自耦变压器将电动机在启动过程中的端电压降低，以达到减小启动电流的目的。

3. 电动机软启动器

电动机软启动采用降压、补偿或变频等技术手段，实现了电动机及机械负载的平滑启动，减少了启动电流对电网的影响程度，得以保护电网和机械系统。软启器采用三相反并联晶闸管作为调压器，将其接入电源和电动机定子之间。这种电路（如三相全控桥式整流电路）使用软启动器启动电动机时，晶闸管的输出电压逐渐增加，电动机逐渐加速，直到晶闸管全导通，电动机工作在额定电压的机械特性上，实现平滑启动，降低启动电流，避免启动过流跳闸。待电动机达到额定转速时，启动过程结束，软启动器自动用旁路接触器取代已完成任务的晶闸管，为电动机正常运转提供额定电压，在降低晶闸管的热损耗、延长软启动器的使用寿命、提高工作效率的同时，又使电网避免了谐波污染和对电网的冲击。软启动器同时还提供软停车功能，软停车与软启动过程相反，电压逐渐降低，转数逐渐下降到零，避免自由停车引起的转矩冲击。

软启动一般有斜坡升压、斜坡恒流、阶跃、脉冲冲击等启动方式，其作用有：

（1）软启动使电动机的输出力矩满足机械系统对启动力矩的要求，保证平滑加速，平滑过渡，避免破坏性力矩冲击。

（2）软启动使启动电流满足电动机承受能力的要求，避免电动机启动发热造成绝缘破坏或烧毁。

（3）软启动使启动电流满足电网电能质量相关标准要求，减少电压暂降幅度，减少高次谐波含量等。

第三节　压缩机

一、压缩机的分类及特点

（一）按作用原理分

按作用原理的不同，压缩机可分为容积式和速度式两大类。容积式压缩机和速度式压缩机按工作结构的不同，还可做进一步划分，常见分类如图 2-17 所示。

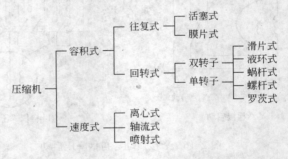

图 2-17　压缩机按工作结构分类

容积式压缩机依靠往复运动部件或旋转部件周期性运动，使工作腔内的气体体积缩小、压力提高，其特点是压缩机具有容积周期性变化的工作腔；速度式压缩机则借助于作高速旋转的转子，使气体流速提高，然后在特定容器内使气体的容积减小，将动能转变为压力能，其特点是压缩机具有使气体获得流动速度的转子。

活塞式压缩机依靠活塞在气缸中做往复运动而实现工作容积的周期性变化来吸排气体，实现对气体的增压和输送。

膜片式压缩机依靠液压或机械驱动，利用膜片的往复运动来完成吸排气体，从而实现对气体的增压和输送。

回转式压缩机利用转子在工作缸中的旋转过程实现工作容积的周期性变化来吸排气

体；根据转子结构的不同，回转式压缩机有螺杆式、滑片式、叶环式等。

离心式压缩机由旋转叶轮使气体获得离心方向的速度，而轴流式由旋转叶轮使气体获得轴向方向的速度。

喷射式压缩机也是速度式压缩机的一种，这种机械没有工作轮，没有运动部件，依靠一种流体的能量来输送另一种流体介质。

各类压缩机因其结构特点的不同，适用范围也有所不同，目前各类压缩机的压力和排量适用范围如图 2-18 所示。

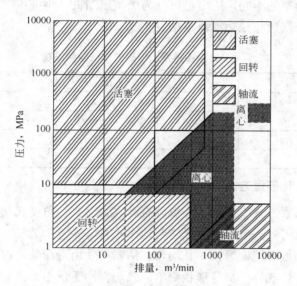

图 2-18　各类压缩机的压力和排量适用范围

（二）按排气压力分

按排气压力的不同，压缩机可分为低压压缩机、中压压缩机、高压压缩机和超高压压缩机，它们的压力范围见表 2-4。为区分压缩机和通风机、鼓风机，表中还同时列入了通风机和鼓风机的压力范围。

表 2-4　压缩机按排气压力分类

分　类	名　称	排气压力（表压）
风　机	通风机	<15kPa
	鼓风机	0.015～0.3 MPa
压缩机	低压压缩机	0.3～1.0MPa
	中压压缩机	1.0～10MPa
	高压压缩机	10～100MPa
	超高压压缩机	>100MPa

（三）按压缩级数分

按压缩级数的不同，压缩机可分为单级压缩机、两级压缩机和多级压缩机。

气体在压缩机内仅经过一次压缩就称为单级压缩；气体在压缩机内依次经过两次压缩称为两级压缩；同理，气体依次经过多级压缩，经过几次称为几级压缩。

需要注意的是，在容积式压缩机中，每经过一次工作腔压缩后，气体便进入冷却器中进行一次冷却；而在离心式压缩机中，往往经过两次或两次以上转子压缩后，才进入冷却器进行冷却，这时候常常会将经过一次冷却的多次压缩过程合称为一级。

（四）按排气量和轴功率分

按排气量或轴功率的不同，压缩机可分为微型压缩机、小型压缩机、中型压缩机和大型压缩机，它们的排气量与轴功率范围见表 2-5。

表 2-5　各类型压缩机的排气量和轴功率

类　型	排气量，m^3/min	轴功率，kW
微型压缩机	<1	<18.5
小型压缩机	1~10	18.5~55
中型压缩机	>10~100	55~500
大型压缩机	>100	>500

（五）按压缩气缸布置方式分

按压缩气缸的布置方式不同，压缩机分有卧式、立式、角度式和对称平衡型 4 种。

（1）立式压缩机：各列气缸中心线均与地面垂直。

其特点是活塞和气缸镜面磨损小且均匀，活塞环使用寿命长；占地面积小；多列结构惯性力平衡好，动力性能好；机身形状简单，轻巧，比重量小；最适宜迷宫密封和无油润滑结构。但对厂房的高度要求较高，且管道布置、装卸、操作和维修困难；横向振动大，管系防振效果差。

（2）角度式压缩机：各列气缸中心线之间相互成不等于 180° 的夹角。按其气缸中心线夹角的不同，又分为 L 形、V 形、W 形、扇形、星形等。除 L 形外，其余各形式的压缩机均为小型机组。各形式压缩机具体结构如图 2-19 所示。

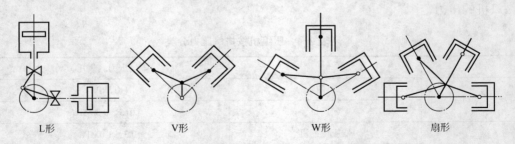

图 2-19　角度式压缩机的结构形式

角度式压缩机的特点是动力性能好，重量和体积相对较小；结构紧凑，布局合理，曲轴主轴承可采用滚动轴承，机械性能好。除上述优点外，L 形压缩机还具有独特的性能，当其采用两列并且往复运动质量相等时，运转较平衡；其立式列设置为大直径缸，水平列设置为小直径气缸时，大缸磨损较小，机身受力较好；中间冷却器和级间管道可直接安装

70

在机器上，结构更合理。但是，角度式压缩机身受力较复杂，不宜做成大型机器，管道架空安装，维修不便。

（3）卧式压缩机：各列气缸中心线与地面平行。按其气缸的布置卧式压缩机又可分为一般卧式、对置型和对称平衡型。

一般卧式压缩机又称普通卧式压缩机，其气缸中心线做水平布置，且都在曲轴的一侧。其特点是装卸、操作、检修较方便；对厂房高度要求低，辅机设备及管路的安装布置整齐、方便、美观；机身、曲轴结构简单，运动部件和气缸填料数目较少；但往复惯性力平衡性差，转速低，致使压缩机及其基础重量、尺寸较大，占地面积宽，特别是大型压缩机，往复运动部件重量大，装卸维修困难，活塞杆、活塞环、气缸套及填料易磨损，基础投资费用大。目前仅在小型高压的场合采用，如实验、科研用的高压压缩机。

对置型压缩机是曲轴中心线两侧皆分布有气缸和传动部件，两侧活塞做同向、同速运动或不对称运动的卧式压缩机，在多列气缸时能取得良好的动力平衡性能，但不及对称平衡型，故使用较少，仅为部分超高压压缩机采用。

对称平衡型压缩机的气缸布置在曲轴两侧，两相对列的曲柄错角为180°。这种结构形式是20世纪40年代出现的，优点显著，是油气田天然气压缩机中采用最为普遍的形式，常见的为D形、M形、H形等，具体结构如图2-20所示。

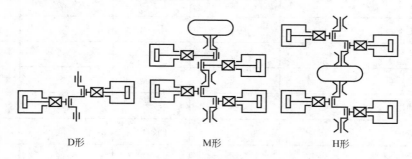

D形　　　　　　　　M形　　　　　　　　H形

图2-20 对称平衡型压缩机结构形式

对称平衡型压缩机的特点：Ⅰ、Ⅱ阶惯性力完全平衡，惯性力矩小，甚至为零，机器运转平衡，振动极小；每两个相对列的曲柄错角为180°。两侧活塞力基本全部抵消，主轴承受力良好，主轴瓦的使用寿命长；机器转速高，重量和体积都很小，造价低，基础重量轻、体积小；安装检修方便，对流程变化的适应性强；对驱动机械的性能要求不高。但运动部件和填料数量较多，维修工作量大；易损件的使用寿命低；两列的对称平衡型压缩机的总切向力均匀性差。

M形的特点：安装使用方便，便于改型，机组紧凑，占地面积小；便检修的技术要求高，安装、操作、检修的空间较小，曲轴支承轴多，检测不方便。

H形的特点：机器的列间距大，操作、检修方便，机身和曲轴尺寸小，支承合理，易于变形；但安装精度难于保证，且只能是四列以上的偶数列，比M形压缩机占地面积稍大。

其分类特性详见表2-6。

表 2-6 卧式、立式、角度式和对称平衡式压缩机特性比较

比较项目	卧式	立式	角度式	对称平衡式
1.相对占地面积	100%	45%	50%	62%
2.相对厂房高度	100%	200%	200%	100%
3.相对基础重量	100%	49%	49%	53%
4.相对转速	100%	200%	200%	200%
5.相对重量	100%	70%	68%	70%
6.零部件数量	少	较少	较少	多
7.备品备件	少	较少	较少	多
8.横向振动	大	小	较大	小
9.垂直振动	小	大	较大	小
10.稳定性	好	差	较差	好
11.噪声	中	中	中	较小
12.装卸工作	难	难	较易	易
13.维修工作	方便	不方便	中等	方便
14.管道工作	易	难	较难	易
15.电动机重量	大	较大	较小	小
16.电机通用性	差	较差	较好	好
17.电机成本	高	较高	一般	一般
18.压缩机成本	高	较高	较低	低
19.基建投资	大	较大	较小	小
20.流程适应性	差	较差	较好	好
21.最大部件重量	大	较大	—	较小
22.变型产品	难	难	较易	容易

（六）其他分类方式

除上述分类方式外，压缩机还可按重量分、按冷却方式分、按气缸润滑状况分、按压缩介质分等等，在此就不一一详述。

二、压缩机的主要用途

（一）压缩机的应用范围

各种压缩机根据其压缩介质的不同、工作压力范围的不同具有多种不同的用途，部分

分类介绍见表 2-7。

表 2-7　压缩机在不同压力范围下的不同用途

压缩介质	工作压力，MPa	用　途	压缩介质	工作压力，Mpa	用　途
氮、氢混合气 空气 氮气 氨气	15～60 3.5，7.0 2.5～3.5 1.5，3.5	合成氨	甲烷 氧、氮 二氧化碳 氯 氨 丙烷、乙炔	20～25 15 7～8 1.2～1.5 1.5 1.6～2.1	气体装瓶
二氧化碳	21	合成尿素	甲烷 城市煤气	7～10 0.3，0.5	管道输送
丙烯 生成气	2.0 1.6	合成橡胶			
乙炔 空气 二氧化碳	1.2 0.35～1.2 0.4	合成纤维	氟利昂 氨 二氧化碳	1.2～2.4 0.8～1.4 7.5	制冷
氮、氢、氧、 二氧化碳	5，8	合成甲醇	裂解气 空气 烃	0.95 0.25～0.4 2.75	石油炼制
氯气、乙烯	0.5	合成塑料			
乙烯、氧 空气	1.0 0.5	氯乙烯	空气	0.1～45	提供各种 动力源
丙烯 空气	2.0 0.2	丙烯腈	二氧化碳 空气	5～13	油田注气
合成气	3	正丁醛	空气	8	钻井

由上可看出，压缩机作为一种用来压缩气体，借以提高气压力或输送气体的工作机械，在现代工业应用非常广泛，其主要应用范围可概括为：

（1）压缩气体作为动力源。很多行业在生产中都会利用压缩气体作为动力源，以实现设定目标，如站场自动化控制仪表及自动化装置的仪表风，纺织工业中用于吹送纬纱，食品制药行业中用于搅拌浆液，交通运输业用于制动车辆，爆破作业中用的钻孔机械及风动工具等，此外还可用于潜艇沉浮、鱼雷、导弹发射等军事领域。

（2）压缩制冷剂用于制冷。有时，对气体的分离或吸收需要在低温下进行，或是为了让周围物质达到降温的目的而对气体进行压缩，如氨合成反应中氨气的分离，为裂化气的低温蒸馏而进行的乙烯制冷、丙烯制冷以及用于日常生活中的冰箱、空调、冷库等。

（3）压缩原料气用于合成与聚合。在化学工艺过程中，以气体为原料的化学反应通常需要将气体压缩至较高压力情况下完成，如将氮气和氢气合成氨需要将合成塔中的压力提高至 15～45MPa，将某些气体聚合成聚乙烯、聚丙烯需要将压力提高至 150～320MPa，炼油成套生产中要用到富气压缩机、循环氢压缩机和新氢压缩机等。合成与聚合特点是系统

73

流量较大，除要求控制流量外，往往对排气压力也有严格的要求。

（4）用于气体输送和装瓶。通过提高气体压力，利用有限的容积装入较多的气体，并且实现气体液化运输，或者通过提高气体内能实现对气体的远距离输送。其特点是压力等级比较高而压比较小，需控制吸、排气压差，而一般不需要控制流量。

（5）用于增压开采及气田注气。增压开采是借助于压缩机通过增加天然气的内能，从而提高气井生产压差及其带液能力，进而达到挖潜增效目的的一种油气田开发手段。而气田注气是将天然气增加压力后重新注回地层，达到战略性储备的一种新型油气田天然气处理方式。

（二）压缩机在油气田中的应用

1. 油气田站场天然气增压集输

一般在以下 4 种情况时油气田需要进行增压输送：

（1）油气田既有高压气井，又有低压气井，低压气需要进入高压集输系统；

（2）油气田随着开采时间增长，其压力、产量大幅降低，无法满足集输要求；

（3）油气田气体输送管线距离过长，压力损失过大，输送量无法满足下游需求；

（4）油田低压伴生气收集后需要输送至下游。

根据上述 4 种情况，油气田站场往往需要采用相对应的增压措施：

（1）单井增压生产。对低压、低产量单井或产层针对性地增压抽排，以降低其井口压力，提高产量，其工艺气生产流程一般如图 2-21 所示。

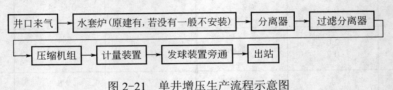

图 2-21　单井增压生产流程示意图

（2）集中增压生产。对片区井站或气藏进行集中增压，以维持气田生产规模、提高采收率，其工艺气生产流程一般如图 2-22 所示。

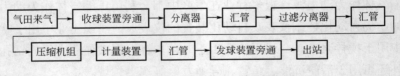

图 2-22　集中增压生产流程示意图

（3）长输管线增压输送。对长距离输送的气体进行增压，提高气体压力以弥补气体在输送过程中压力损失。

（4）油田伴生气采集。对油田伴生气等气体进行采集、增压，然后输送至下游。

2. 储气库增压生产

对外来气源注入指定气藏，以作为战备能源或对用户进行调峰填谷，常选用大型分体式压缩机组。

3．CNG 站场增压生产

对来气进行计量、过滤分离、调压、脱硫、增压、脱水后注入储气井或储气罐，并使用该储气装置对机动车辆加气，当储气装置存储量不足时，也可直接用脱水后的高压气为机动车辆加气，常选用高压、小排量的往复式压缩机组。

4．增压气举排水采气

产水气井需采用气举排水采气时，周边没有高压气源，压缩机将低压天然气增压后通过套（油）管注入井底，以提高气井带液能力、维持气井生产。

气举排水采气一般首先要经过修井作业（换油管、安装气举阀等），再采用车载压缩机组进行排水试举，若试举结果理想，则在站场安装固定式压缩机组，其工艺气生产流程一般如图 2-23 所示。

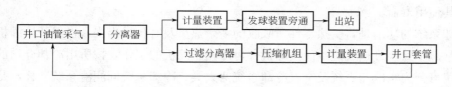

图 2-23　气举排水采气生产流程示意图

5．油田注气生产

将气体注入油层中，当积累到足够的压力时，油气被举升至输送管线，经分离后气体被回收并重新注入油田，原油则直接送至炼油厂或提炼厂。

6．欠平衡钻井作业

在钻井工艺中，钻开产层时可采用压缩气体（天然气或氮气）取代钻井液将钻屑带出井口，并冷却钻头，其优点是避免井底产层受到污染，使井底产层保持原有的渗透性，有利于气井的开发。

7．其他应用

除以上应用外，油气田也常利用压缩机将空气压缩、过滤、冷干后储存至储罐中，作为站场自动化装置、自动化控制仪表以及启动压缩机组的气源；利用制氮机从大气中分离出氮气，来进行油气田站场设备和管道的介质置换、吹扫、试压或应急抢险等，此时选用的压缩机通常为车载螺杆式。

三、油气田常用压缩机的基本结构和工作原理

（一）往复活塞式

1．基本结构

往复活塞式压缩机主要由运动机构（曲轴、轴承、连杆、十字头、传动装置）、工作机构（气缸、活塞、气阀等）和机身三大部分组成，此外还包括润滑油系统、冷却系统、仪控系统等辅助设施。

运动机构是一种曲柄连杆机构。曲轴与压缩机的连杆大头相连，连杆小头与十字头或

活塞销相连，十字头在机身上的十字头滑道内做往复运动，连杆摆动，将曲轴的旋转运动变为十字头的往复运动，十字头再通过活塞杆带动活塞在气缸内做往复运动。

工作机构是实现压缩机工作原理的主要部件。气缸上装有若干吸气阀和排气阀，活塞在气缸内做往复运动，被压缩介质由安装吸气阀吸入，经过活塞在气缸中压缩升压到排气压力后，通过排气阀排出，经冷却器降温后进入下一级或输到输气管路中。

机身用来支承和安装整个运动机构和工作机构，兼作润滑油存积池，曲轴用轴承支承在机身内，机身上的十字头滑道支撑十字头，压缩机气缸则固定在机身上。

润滑系统主要由油池、油泵、油滤器、各种阀门及润滑油管道等组成。其功用是将润滑油送到压缩机各运动部件的摩擦副表面上，以减小摩擦阻力和机械磨损，并带走摩擦产生的热量，起减摩、冷却、密封、防腐等作用，从而保证压缩机各运动零部件的正常工作并延长其使用寿命。

冷却系统的功用是将受热零件所吸收的多余热量及时传导出去，以保证压缩机工作时温度正常，不致因过热或过冷而损坏机件，影响压缩机的工作。按所用冷却介质的不同，冷却系统可分为水冷却系统及空气冷却系统两大类。冷却系统同润滑系统一样，是压缩机能够连续安全运行的基本保证。

2. 工作原理

往复活塞式压缩机（图 2-24）由曲柄连杆机构将曲轴的旋转运动转变为活塞的往复运动。气缸和活塞共同组成实现气体压缩的工作腔，活塞在气缸内做往复运动，使气体在气缸内完成进气、压缩、排气、膨胀等过程，由进、排气阀控制气体进入与排出气缸，从而达到提高气体压力的目的。

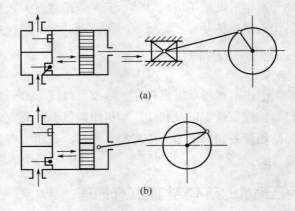

(a)

(b)

图 2-24　活塞式压缩机示意图

活塞式压缩机的压力范围十分广泛，其进气压力低至真空，排气压力可高达210MPa 以上。往复式压缩机的气缸有单作用、双作用和级差式 3 种。单作用是只有气缸一端才有进、排气阀，活塞往复运动 1 次，只能压缩 1 次气体；双作用则气缸两端都有进、排气阀，活塞往复运动时，两侧均可压缩气体；级差式则是利用活塞与气缸的配合形式不同，使气缸内一端或两端可以完成两个或两个以上不同级次压缩循环的特殊形式。

（二）螺杆式

1. 基本结构

与活塞式压缩机相比，螺杆式压缩机发展历程较短，是一种比较新型的压缩机，它主要由机体、转子、轴承、轴封等组成。

机体是螺杆式压缩机的主要部件，由中间部分的气缸及两端的端盖组成。具有凸齿的转子、与转子相啮合的具有凹齿的转子或星轮共同组成工作部件，并与机壳形成一个封闭的空间，即气缸；在压缩机机体两端，分别开设一定形状和大小的孔口，作为进、排气孔口。图 2-25 为两种常见的螺杆式压缩机，（a）为单螺杆式压缩机，（b）为双螺杆式压缩机。

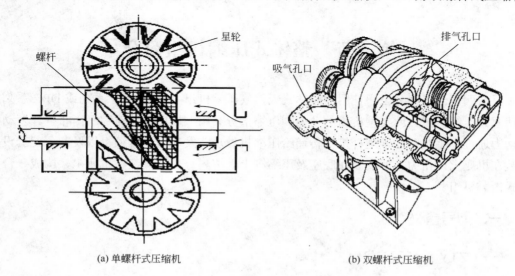

(a) 单螺杆式压缩机　　　　　　　　(b) 双螺杆式压缩机

图 2-25　螺杆式压缩机示意图

2. 工作原理

螺杆式压缩机的工作循环可分为吸气、压缩和排气 3 个阶段。随着转子的转动，工作部件每一对相互啮合的齿间容积不断发生变化，从而完成相同的工作循环。

转子开始运动时，某一对齿开始脱离啮合状态而形成齿间容积，随着这个容积的扩大，在其内部会形成一定的真空；当此齿间容积仅与吸气孔口连通时，气体便在压差作用下流入其中，直至齿间容积不再增加，此为吸气过程。

随着转子的旋转，这对齿开始啮合，齿间容积不断减小，被密封在其间的气体体积不断减小，压力升高，从而实现气体的压缩过程。

当齿间容积旋转至与排气孔口连通时，被压缩气体就由排气孔口被输送至排气管道，这个过程直至齿末端的型线完全啮合，齿间容积变为零，其间的气体也完全排出。转子继续旋转，这一对齿又开始逐渐脱离啮合状态，开始下一次循环。

第三章
整体式压缩机组

第一节　整体式压缩机组简介

目前西南油气田分公司使用的整体式天然气压缩机组主要为 ZTY 系列或 DPC 系列往复活塞式压缩机组，此类型机组的动力和压缩部分共用一根曲轴，对称平衡布置。发动机的动力通过十字头和曲轴连杆机构传递给压缩机做功。发动机和压缩机以及部分配套设施安装在机座上，压力容器安装在底座及压缩缸上，燃料分离器安装在机座上，构成一台整体式橇装机组。

一、型号含义

（一）ZTY 系列压缩机组

ZTY 系列压缩机组目前有 85、170、265、310、470、630 等型号的压缩机组，其压力等级分为低压、中压、中高压以及高压等 4 种，其型号具体含义以 ZTY265H7×5 为例进行说明。

ZTY265H7×5：Z 表示整体式；T 表示天然气发动机；Y 表示压缩机；265 表示功率为 265kW；H 表示高压（L 表示低压，M 表示中压，MH 表示中高压）；7 表示一缸缸径为 7in；5 表示二缸缸径为 5in。

（二）DPC 系列压缩机组

DPC 系列压缩机组型号标注以 1994 年为界，以前与以后标注略有不同。

1994 年以前以 DPC-360 为例进行说明。

DPC-360：DP 表示动力缸直接开有排气孔；C 表示压缩机；360 表示 360hp（还有 230、450 等表示 230hp、450hp）。

1994 年以后以 DPC-2803-LE-H7×5 为例进行说明。

DPC-2803-LE-H-2：DP 表示动力缸直接开有排气孔；C 表示压缩机；28 表示动力缸排量 28×100in³；03 表示动力缸数量为 3（02 分别表示 2 个动力缸、04 表示 4 个动力缸）；LE 表示低排放机组（不带任何字母表示非低排放机组）；H 表示高压（指压力范围，其含义与 ZTY 系列相同）；2 表示压缩缸数为 2（1 表示 1 个压缩缸，3 表示 3 个压缩缸）。

二、主要特点

（1）发动机基于 DEMA 标准，压缩机按 API 618—2007《石油化工和天然气工业用往复式压缩机组》、ISO 13631—2002《石油和天然气工业 整装往复式气体压缩机》标准设计和制造。

（2）重载低速，磨损件和机械寿命长，适应恶劣环境。

（3）可通过变转速、调整余隙缸余隙容积、改变压缩缸单双作用方式等措施，使其适应气田较大流量变化的条件要求。

（4）配套系统完善，冷却系统为闭式循环，有可靠的安全放空和排污系统。

（5）仪表自动控制完善可靠，能实现机组超速、超压、超温、超振动、超液位等全面自动保护，可实现无人值守。

（6）机组自成体系，无须外供电源，即可实现机组的正常运行。

（7）主要以天然气为燃料，利于气田应用。

（8）专有的抗硫设计和制造技术，使其在高含硫气田能够安全可靠地运行。

（9）结构简单，经济性好，维护维修方便，橇装整体便于转移、安装。

第二节　整体式压缩机组主要部件及结构原理

整体式压缩机组的主机如图 3-1 所示，主要包括动力部分、机体部分和压缩部分及机座。

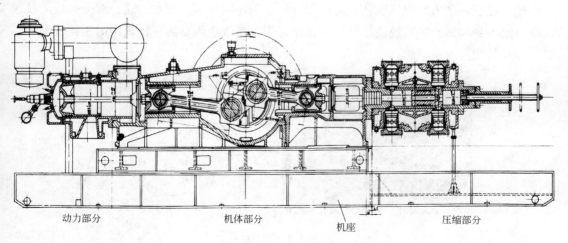

动力部分　　　　机体部分　　　机座　　　　压缩部分

图 3-1　整体式压缩机组

整体式压缩机组主要的一些零部件的位置、名称如图 3-2 所示。

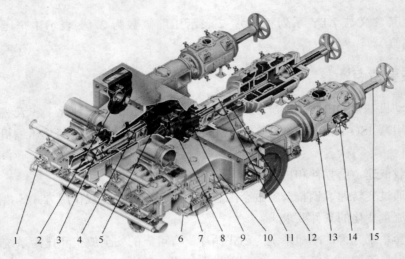

图 3-2 ZTY630 机组

1—喷射阀；2—曲轴；3—动力活塞；4—十字头；5—动力连杆；6—磁电机；7—柱塞泵；8—曲柄；9—压缩连杆；10—曲轴箱；
11—中体；12—活塞杆；13—压缩缸；14—活塞；15—余隙缸调节支架

一、动力部分

动力部分采用典型的二冲程发动机，由动力缸、缸盖、动力活塞组件、动力活塞杆填料总成等组成，曲轴每旋转 360°就做功一次。

（一）动力缸

动力缸（图 3-3）是发动机的核心部分，整体机组动力缸能承受高温应力（温度在 2000℃左右、压力在 30kgf/cm² 左右），它与缸盖、活塞形成气体压缩、燃烧和膨胀的空间以实现工作循环过程，动力缸对活塞往复运动起导向作用，向周围冷却水传递一部分热量，以保证动力缸本身和活塞在高温高压环境中正常工作。燃气机组动力缸由高级耐蚀铸铁制成，缸体和缸盖均为双层结构。

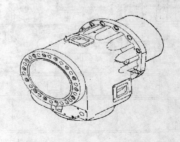

图 3-3 动力缸

缸体夹层由一横壁分隔成前后两半部，前半部夹层与缸盖夹层相连通，并通入冷却水，冷却水由缸体下部两侧进水法兰入夹套，再由缸盖上侧法兰口出。缸体后半部夹层与动力活塞筒体构成扫气室，由动力活塞杆填料总成（动力刮油环总成）将扫气室与曲轴箱隔开。

气缸内壁中部沿内径周边布满进、排气孔口，上部孔口为进气口，直接与扫气室相通，下部孔口为排气口，直通排气法兰，并通过排气管与消音器连通。进、排气孔口的位置、布置形式及角度直接影响动力缸的扫气效果及工作效率，此外缸体顶侧及两侧各设有 1 个润滑小孔，由注油器注油单泵压力注油，以润滑气缸镜面与活塞环。整体式压缩机组一般有 15in 缸和 13in 缸两种尺寸。

（二）动力缸盖

动力缸盖（图 3-4）与活塞、动力缸构成燃烧室空间，并用于布置燃气喷射阀、火花塞等。

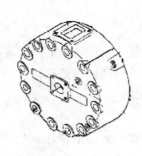

图 3-4　动力缸盖

缸盖通过强力螺栓与缸体连接，它们之间采用复合垫片，以防止高温下气水泄漏。缸盖中央设有一圆孔，用来安装燃料气喷射阀；该圆孔上下两侧缸盖上各留有 M18mm×1.5mm 的螺孔装火花塞；缸盖端面右上方还有 1 个 ϕ4mm 的示功孔，平时用丝堵堵住；缸盖右上侧设有 1 个直通缸内燃烧室的 G1（1/2）in 的螺孔，用于安装缸头放泄阀。

（三）动力活塞组件

动力活塞组件（图 3-5）由活塞、活塞杆、活塞环等组成。

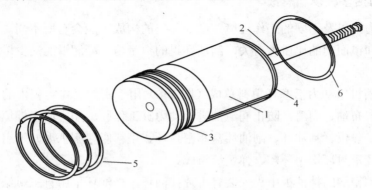

图 3-5　动力活塞组件

1—动力活塞体；2—动力活塞杆；3—燃烧室活塞环槽；4—活塞裙部活塞环槽；5—燃烧室活塞环；6—活塞裙部活塞环

1．动力活塞

动力活塞一般由高级耐蚀铸铁制成。活塞在气缸内往复运动，周期性地改变气缸容积，从而实现其工作过程。在工作过程中活塞承受高热应力，同时还必须承受往复惯性力和摩擦力，这就要求活塞具有足够的机械强度及耐磨性。

燃气机组动力活塞为一筒形结构，顶部呈冠状，以利于空气和燃料气的混合及燃烧，底部敞开，活塞杆插入与之相连接；筒体与缸体后半部构成扫气室，故新鲜空气对活塞顶部有一定的冷却作用，可降低热应力，并提高气缸充气效率，动力活塞在往复运动中，向缸盖方向运动时，燃烧室先后经历了空气被压缩、燃料气进入、燃烧对外做功等过程，向曲轴箱方向运动时，则对扫气室内的新鲜空气进行压缩，使之进入燃烧室起到扫气泵的作用。

2．活塞杆

活塞杆采用优质钢制成，整体经调质处理，表面高频淬火，既耐磨又具有足够的强度。活塞杆一端以螺纹与活塞体连接，拧紧后在端部铆死，另一端也以螺纹方式与十字头体连接，并用螺母锁紧。

3．活塞环

活塞体上布置有 4 道活塞环，其中活塞顶端 3 道，用于密封燃烧室，裙部 1 道用于密封扫气室。活塞环除密封缸内气体外，还起到帮助活塞体散热和控制气缸壁润滑的作用。活塞环采用合金铸铁制成，其外圆略带锥形（45°），直开口。

动力活塞安装及运行中应注意如下几点：

（1）缸体头部的 3 道环应将较小直径端对着气缸盖方向，裙部的 1 道环则将较小直径端对着曲轴箱方向，安装方向不得装反，否则会使气缸工作恶化，缩短使用寿命。

（2）活塞装入气缸时，应使相邻环的开口错开一定角度（120°），且开口尽量避免正对气缸进、排气孔口。

（3）应定期检查气缸与活塞的磨损情况。

（四）动力活塞杆填料总成

不同的动力缸以及不同的工作环境，刮油环组的构成可能会有所不同。刮油环的刮油能力与刮油环和镜面间的比压力有关，刮油环组的数量与飞溅润滑的油量以及刮油环的刮油能力有关。

整体式压缩机组动力活塞杆填料总成（图 3-6）用于密封工作容积内的气体，同时通过对活塞杆均匀布油、润滑，防止润滑油进入动力缸工作腔。动力活塞杆填料总成主要由压盖、挡油环、隔板、刮油环、刮油环盒和密封环、填料座（喇叭形）等组成。其中挡油环、刮油环以及密封环均由环瓣、弹簧等组成。

在靠近曲轴箱端的挡油板中央安装有 1 片挡油环，挡油环采用直三瓣结构，用来阻挡来自曲轴箱飞溅起来的润滑油。中央的刮油环盒中装有 3 片刮油环，具有刮油作用，环瓣朝向压力端，为平面倒直角形式，而在来油端开有多个径向油槽，并在其内沿开有一道油槽，从活塞杆刮出的油沿这些沟槽汇集到填料盒内，再通过填料盒下部开的小孔流回到曲

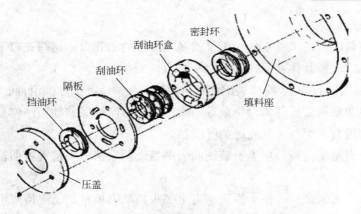

图 3-6　整体式压缩机组动力活塞杆填料

轴箱，刮油环对动力活塞杆起到上行布油、下行刮油的作用。刮油环盒外朝向动力缸端采用 2 个斜三瓣结构的密封环，两密封环的开口相互错开，以增强密封性能，密封环可防止动力缸扫气室内的气体窜向曲轴箱，同时防止曲轴内飞溅的润滑油沿活塞杆大量窜入扫气室。填料环外为喇叭形填料座。密封环、刮油环、填料盒及填料座等均用铸铁制成。

刮油环弹簧弹力不足，刮油总成回油不畅，活塞杆表面圆度及环在槽中间隙超差，刮油环方向误装，这些都会造成发动机润滑油耗量异常增加，所以应定期排放扫气室废油，除可排放多余废油外，还有助于发动机的工作状态检查。

二、机体部分

机体部分主要由机身、曲轴连杆机构组件、中体、十字头、卧轴传动机构、压缩刮油环总成等构成。

（一）机身

机身（图 3-7）包括曲轴箱、动力十字头滑道等。机身与动力缸由动力活塞杆填料完全隔开，防止扫气室的空气进入曲轴箱，同时避免曲轴箱润滑油进入扫气室。

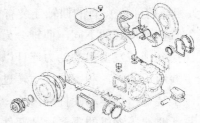

图 3-7　机身

1. 机身的作用

（1）为曲轴连杆机构、动力十字头组件提供相对密闭的工作空间；

（2）曲轴箱底部形成的凹弧形空间用于盛装润滑油；

（3）用于支撑机身部分各工作部件。

2．机身孔口

为便于安装与维护，机身本体加工了较多功能不同的孔口，这些孔口平时由盖板或其他部件盖住，孔口功能具体如下：

（1）机身顶部孔口：便于检修装配连杆、曲轴、主轴承及加注润滑油、测量油面高度，该孔口盖板也称曲轴箱盖板，为避免曲轴箱内产生气压，确保曲轴箱油位显示真实，在每个曲轴箱盖上均装有一个与大气连通的呼吸器。

（2）机身左右两端孔口：用于安装侧面大端盖，两端盖中央是支撑曲轴滚动轴承的轴承孔。

（3）动力缸端两侧孔口：便于拆装动力十字头、动力填料及清洗检查滑道等。

（4）动力缸端顶部孔口：安装混合阀、支撑空滤器等。

（5）动力端孔口：与动力缸体连接，中心圆孔用于安装动力缸刮油环及密封组件。

（6）压缩端孔口：与压缩中体连接，在孔内侧的上方伸出一个小油槽，用于将飞溅的机油集中起来润滑压缩缸十字头滑道。

3．曲轴箱

根据机组曲轴曲拐数的多少，在曲轴箱中还设有中间主轴承座。中间主轴承采用对分式滑动轴承，其轴瓦是一对浇有巴氏合金的铜背瓦，内孔开有油槽，与主轴颈的间隙用剖分面处的铜垫片进行调整。曲轴箱底部为油池，盛装飞溅润滑用的润滑油，由于设有中间轴承座，在其板壁的底部开有孔洞，可使板壁两侧的润滑油连通并自由流动。

此外，为便于清洗机身内部，曲轴箱底面内壁做成由动力缸侧和压缩缸侧向中心倾斜，倾斜最低处设放油孔，这样可使润滑油自由流向排油口，并将机身内的储油全部排净。机身动力缸侧有动力缸十字头滑道，滑道与曲轴箱连通，所以曲轴箱内飞溅来的润滑油可润滑十字头销及滑道。

（二）曲轴连杆机构

1．曲轴

一根曲轴（图3-8）至少具有3个部分，即主轴颈（安装主轴承的部位）、曲柄、曲柄销（与连杆大头相连的部位），有的曲轴还装有平衡铁，用于平衡旋转惯性力和往复惯性力。根据气缸数及气缸排列形式的不同，曲轴分为单拐曲轴和多拐曲轴。

曲轴通过曲拐分别与发动机的动力连杆以及压缩连杆连接，曲轴两端分别安装皮带轮和飞轮，飞轮主要用于储能，利用惯性力转过止点位置，并稳定机组转速、减小振动。在飞轮端曲轴轴颈上装有一个传动圆柱斜齿轮，用以驱动卧轴。

曲轴是往复活塞式压缩机的重要运动部件之一，它不仅应该有足够的疲劳强度，而且还应该有足够的刚性及耐磨性。由发动机输入的转矩通过曲轴传给压缩连杆、压缩十字头，从而推动活塞做往复运动。曲轴主要承受从连杆传来的周期性变化的气体力与惯性力等。

曲轴各部分几何形状尽量避免形状突变，以使应力分布均匀，提高抗疲劳强度，且应有足够的刚度。压缩机用得较多的是中碳钢锻造曲轴，现在球墨铸铁铸造、合金钢整体锻造曲轴的应用越来越多，特别在中、小型压缩机中得到广泛使用。

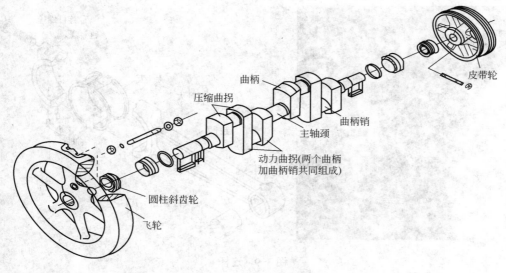

图 3-8　曲轴示意图

　　曲轴运转中，主轴颈与轴瓦、曲柄销与连杆大头瓦间由于存在相对运动，为避免过度磨损，故应有良好的润滑。整体机组曲轴连杆机构采用飞溅润滑的方式。

　　单拐曲轴上只有两点支承时，可用滚动轴承。多曲拐曲轴采用多点支承时，常采用滑动轴承。一般在相邻两主轴承间，只配置 1～2 个曲拐，以免曲轴产生过大挠度而导致轴承的不均匀磨损。

2．连杆

　　连杆（图 3-9）包括动力连杆与压缩连杆，动力连杆与压缩连杆结构基本一致，都主要由连杆大头、连杆小头、连杆体等组成。连杆大头是开式结构，即剖分式，大头在垂直于杆身方向被切成两半，连杆大头内孔装一副合金轴瓦，连杆盖内轴瓦有油孔和油槽，盖与瓦用销子定位以防止窜动，连杆盖下侧装有两个油匙，油匙为空心的，孔一直通到连杆瓦内径所开的油孔及油槽处，通过此油路从而实现对连杆大头的润滑。连杆盖与连杆体（连杆大头侧）以销子定位，并用优质合金钢制成的连杆螺栓连接。连杆小头为整体式的，内孔装锡青铜衬套（小头瓦），小头瓦采用温差法压入连杆小头，连杆小头、小头瓦开有油孔及油槽，其润滑油来源于中体滑道和十字头。

　　十字头与连杆的连接由十字头销来完成，十字头销分为浮动销和固定销两种。浮动销一般只用于中、小型压缩机和活塞力较小的压缩机。一般压缩机组采用固定的十字头销，固定销压紧在十字头体中，销两端应具有锥度，一般锥度为 1/20～1/30，它等于一个整体锥形销将中间部分加工成与连杆小头配合的圆柱体，这种结构既便于加工又能够保证与两端的销座贴合。固定销的紧固法一般有受拉紧固和受压紧固法两种，主要是用在分体式压缩机组上，而整体式压缩机一般使用紧定螺钉固定十字头销。连杆杆身截面呈工字形，这样既保证连杆具有足够的强度，同时又减轻了连杆重量，使惯性力降低。动力连杆与压缩连杆均用优质钢锻制而成。与压缩连杆相比，动力连杆杆身更长一些，连杆盖上的油匙更短一些，并且油匙的切口方向也不同，安装时必须斜口正对运动方向。

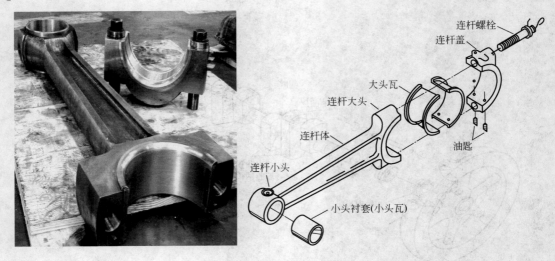

图 3-9　连杆

　　动力连杆小头与动力十字头连接，大头与曲轴动力曲拐的曲柄销连接；压缩连杆大头与曲轴压缩曲拐的曲柄销连接，小头与压缩十字头连接；把作用在动力活塞上的力通过曲轴连杆传递至压缩活塞上，机组运行时，连杆杆身做平面摆动，承受大小和方向呈周期性变化的气体力和惯性力的作用。

（三）中体

　　压缩缸中体（图 3-10）内设有十字头滑道，两侧分别开有 2 个孔，孔 1 主要作用是方便十字头与滑道间隙的检测，以及十字头和压缩刮油环总成的拆装。孔 1 用金属板加密封垫密封，以防止十字头滑道内润滑油外漏。孔 2 用有机玻璃盖板盖住，用于观察活塞杆及填料的工作情况。中体上部设有填料漏气放散孔和填料润滑油管路接入口，润滑油管路接入口与中体靠近压缩缸侧外接管相连，中体侧下方设有润滑油排放口。中体与机身连接后，其滑道的一部分伸入机身内，滑道上部开有油槽和油孔接收并集中机身内飞溅起来的润滑油，用以润滑十字头销和滑道。

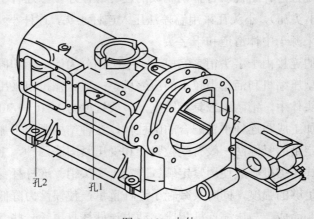

图 3-10　中体

（四）十字头

十字头（图 3-11、图 3-12）是连接连杆和活塞杆的机件，配合曲轴连杆机构在动力活塞的作用下，实现往复运动与旋转运动之间的转换。十字头分为动力十字头和压缩十字头，动力及压缩十字头都采用闭式整体型结构，即连杆小头配置在十字头内部，十字头上、下滑板与机身制成整体。活塞杆与十字头以螺纹连接，并用两侧的紧定螺钉定位，正上方用一个叉形卡板将活塞杆螺母定位以防松动。十字头销支承在十字头体两侧的销孔内，且两端销孔分别用两个紧定螺钉紧定销子外圆，实现对销子径向和轴向定位，使十字头销与十字头体之间无相对运动。十字头上、下滑板均开油槽及油孔，接收由曲轴箱内飞溅来的润滑油，对连杆小头衬套（小头瓦）、十字头销和十字头下滑道进行润滑。

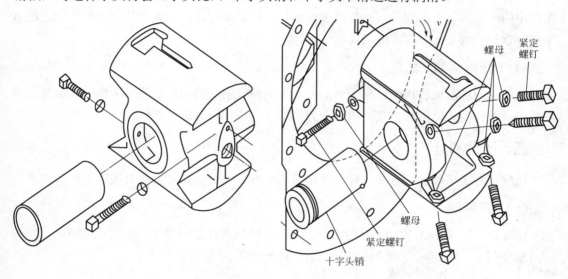

图 3-11　十字头装配图

图 3-12　十字头与十字头装配图

十字头体用球墨铸铁制成，十字头销用优质钢经表面强化热外处理后精磨而成。

十字头与活塞杆的连接形式除了整体机组常用的螺纹连接外，还有连接器连接、法兰连接等形式。螺纹连接是利用螺母定位和锁紧的结构，其结构简单，易调节气缸中的止点间隙，但在调整时需转动活塞，且十字头体上面螺纹经过多次拆装后极易磨损，不易保证精度，故这种结构常用于中、小型压缩机上。连接器和法兰连接方式，活塞杆只做轴向移动无须旋转，其使用可靠，调整方便，活塞杆与十字头容易对中，但结构复杂笨重，多用在大型压缩机上。

（五）卧轴传动机构

卧轴传动机构由连接在曲轴上的圆柱斜齿轮直接传动，无须外界提供动力。其主要作用是驱动燃料供给系统的柱塞泵、点火系统的磁电机、启动系统的启动气分配阀、调速机构的调速器及润滑系统的注油器，实现定时配气、定时点火、定时启动机组、稳定转速、及时润滑。

卧轴位于机身飞轮侧，由飞轮端盖横伸出来，与曲轴中心线垂直，为防止润滑油泄漏，在伸出的卧轴部分罩上套筒，套筒两端设油封。柱塞泵壳体、减速箱及注油器等均通过 1 个工字钢结构的支架固定在滑橇式底座上。

（六）压缩刮油环总成

压缩刮油环总成将压缩缸与中体隔开，避免曲轴箱内的润滑油流入中体，安装时压缩刮油环环槽朝向压缩缸侧，其结构与动力刮油环总成相似，这里不再进一步介绍。

三、压缩部分

压缩部分由压缩缸、活塞组件、气阀总成组件、填料密封总成、余隙缸组件等组成。

（一）压缩缸

压缩缸（图 3-13）的功能是与活塞、气阀、填料密封总成等形成密闭工作空间，在压缩活塞作用下，完成对介质的吸气、压缩、排气过程。

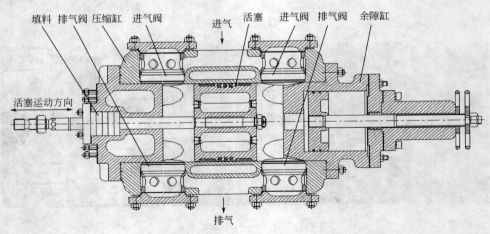

图 3-13　压缩缸

压缩缸按缸径变化分为可变径与不可变径（通过拆装缸套实现）2 种；按余隙变化分为可调余隙与不可调余隙 2 种；按压力高低可分为低压、中压、高压和超高压 4 种；按活塞在气缸中压缩气体的作用方式，分为单作用、双作用和级差式 3 种。按压缩缸冷却介质不同，可分为风冷式和水冷式 2 种。

整体式压缩机组压缩缸冷却大部分采用水冷式（小型低压移动式压缩机组以及分体式压缩机组多采用风冷式），其可做成双层壁和三层壁，且以后者居多，即压缩缸内层为气缸工作容积，中间一层为冷却水腔，外层为气体通道。

冷却水腔一般设置在进、排气阀室之间，以提高气缸的冷却效果，提高机组吸气量（若气缸温度过高，进机气体温度也增加并膨胀，使机组吸气量降低），但注意冷却水温度不宜过低，以免造成温差过大而产生应力使气缸开裂。

压缩缸与中体连接处装有填料密封总成，用于密封压缩活塞杆，避免压缩缸内的介质窜入中体。在缸头端，则根据需要选择安装余隙缸总成或直接装缸盖，装有余隙缸的压缩缸体通常还有一个小孔，用于安装平衡管，平衡管的另一端与余隙缸（余隙缸无压或低压腔侧）相连，以平衡余隙活塞两端压力，气缸在缸头端侧有一定的斜面，以便于活塞环顺利进入缸内，压缩缸缸头端下部一般安装有气缸支承座。

压缩缸体中部上、下两端分别开有孔口，通过法兰连接缓冲罐，上端连接进气缓冲罐，下端连接排气缓冲罐。曲轴端与缸头端根据设计需要分别加工有进、排气阀安装孔座。

缸体两侧中间分别有一个小孔，为润滑油进入压缩缸的通道，采用接管直接以螺纹旋入气缸（低压缸）或气缸套壁（高压缸）内，这样可以避免润滑油沿气缸体或气缸套之间的间隙泄漏。

根据压缩机组不同的压力、排气量、气体性质等需要，应选用不同的材料与结构形式的压缩缸。对压缩缸基本要求是应具有足够的强度与刚度；应具有良好的冷却、润滑及耐磨性；应尽可能地减少余隙容积和气体阻力；应有利于制造和便于检修；应符合系列化、通用化和标准化的"三化"要求，以便于互换，因此同一系列压缩机组每种压缩缸与中体接口尺寸是完全一致的。

一般情况下，工作压力低于 6MPa 的气缸用铸铁制造；工作压力在 6～20MPa 的气缸用稀土球墨铸铁或铸钢制造；更高压力的用碳钢或合金钢锻造。

与活塞外圆相配合的气缸(或缸套)的内壁表面称为工作表面，也称镜面。为增加气缸耐磨性和密封性，工作表面的加工要求较高，一般表面粗糙度不大于 0.4μm；中等直径（不大于 600mm）的气缸，表面粗糙度 0.4～0.8μm；大直径（大于 600mm）的气缸，表面粗糙度不大于 1.6μm。

（二）活塞组件

活塞组件包括活塞、活塞杆、活塞环以及支撑环，其作用是与压缩缸配合对气体吸气并做功。在安装的过程中要确保压缩活塞上止点间隙约为下止点间隙的两倍，这主要是考虑到活塞杆和活塞工作时温度将增加，使其向压缩缸缸头端侧热膨胀。另外，由于压缩活塞质量较大、支撑环磨损、压缩缸磨损等因素影响，压缩活塞组件易出现沉降，因此应定期检测压缩活塞组件磨损和对中情况。

1. 活塞

活塞与气缸构成压缩工作容积，是压缩机中重要的工作部件。活塞分为筒形活塞与盘形活塞两种。

1）筒形活塞

筒形活塞常作为单作用活塞，用于小型无十字头的压缩机，通过活塞销与连杆直接连接，筒形活塞的一般典型结构如图 3-14 所示，活塞顶部直接承受缸内气体压力。环部上方装有活塞环以保证密封。裙部下方装 1～2 道刮油环，活塞上行时刮油环起均布润滑油作用，下行时起刮油作用。筒形活塞裙部用于承受侧向力。

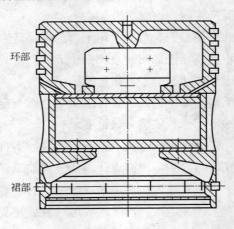

环部

裙部

图 3-14　筒形活塞

2）盘形活塞

盘形活塞用于中、低压双作用气缸。盘形活塞通过活塞杆与十字头相连，它不承受侧向力，盘形活塞结构如图 3-15 所示。为减轻往复运动质量，活塞可制成空心结构，两端面间用筋板加强。

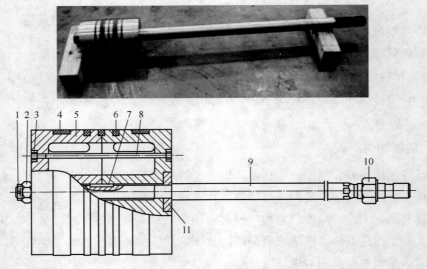

图 3-15　盘形活塞

1—锁紧螺帽固定销；2—活塞顶锁紧螺帽；3—分体式活塞连接螺帽；4—活塞支撑环；5—活塞体；6—活塞环；
7—活塞固定键；8—分体式活塞连接螺栓；9—活塞杆；10—活塞杆锁紧螺帽；11—轴肩垫

2．活塞杆

活塞杆前端通过锁紧螺母与活塞相连，另一端通过螺纹旋进，并加螺母锁紧与十字头相连，是重要的传动件。活塞杆选用优质合金钢，经高频淬火后表面渗氮处理，具有较高的强度和刚度。在压缩机工况选择时，压缩活塞杆的载荷能力是非常重要的参考指标。

3．活塞环与支撑环

活塞环与支撑环通常选用四氟塑料加工而成。

1）活塞环

活塞环是用来密封活塞与气缸间隙的元件，它安装于活塞环槽内。活塞环的往复运动还能使润滑油均匀润滑气缸。活塞环常用的切口形式有直切口、搭接切口和斜切口 3 种，切口的作用主要是提供预紧力、补偿磨损、预留热膨胀间隙。为减小切口间隙的泄漏，安装活塞环时，必须使相邻两环的切口互相错开 180° 左右。

活塞环的密封原理（图 3-16）：活塞工作时，活塞环在气体力的作用下使其外缘紧贴气缸镜面，同时活塞环背向高压气体一侧的端面紧压在活塞环槽端面上，从而实现对相应工作腔的密封；但是，普通的活塞环都具有切口，因此气体能通过切口泄漏，此外，气缸和活塞环都可能有不圆度、不柱度，环槽和环的端面也有不平度，这些都能造成工作腔出现泄漏。所以，活塞环常常不是 1 道，而是需要 2 道或更多道同时使用，使气体每通过 1 道环便产生 1 次节流作用，进一步达到减少泄漏的目的。

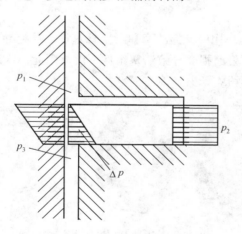

图 3-16　活塞环密封原理

可以这样说：活塞环密封是阻塞密封和节流密封的组合。

厄外斯（Eweis）所做的活塞环密封试验表明：（1）通过第 1 道环所造成的压力差最大，以后各环逐次减小，并且前面 3 道环承担了绝大部分压力差；（2）转速越高，第 1 道环所承受的压差越大，且其后各环达最大压力的角度滞后。

产生上述情况可以用"充满容积时间"来解释。因为气体通过 1 个间隙而向其后的空间泄漏，需要一定的时间才能使后面空间达到一定的压力；高压的气体通过第 1 道环的间隙向其后的空间泄漏，使该空间的压力逐渐提高，并开始通过第 2 道环的间隙向其后的空间泄漏，此后的各道环工作原理相同，以此类推。若泄漏时间足够长，且两端的压力差稳定，则通过各环后的压力降，将越往后越大。但是压缩机运行时，每转实现 1 次工作循环，每次泄漏时间都是有限的，因此活塞环前后压力来不及泄漏到平衡状态时，机组已进入下个工作循环，所以第 1 道环的压力差最大，以后逐环减小。

转速越高使气体越来不及泄漏，因此各环的压力差越大；并且使泄漏量也相应减少。试验表明，在 150r / min 时，为了使泄漏量减少 1/4，需将活塞环数由 2 道增加到 5 道；而当 450r / min 时，为了减少同样的泄漏量，只需增加到 3 道活塞环即可，此种情况，即使采用 4～5 道环，泄漏量与 3 道环几乎相等。

在高压缸中，其进气压力可能远大于泄漏所致的低压区的压力值，则末道环也可能出现较大的压力差。活塞环前后的压差，不仅影响气体的泄漏，而且也影响活塞环的耐久性。

活塞环安装后，单瓣的活塞环由于其本身的弹力，紧贴于气缸镜面，这一弹力称为活塞环的预紧密封力；而在气缸正常工作过程中活塞环作用于气缸镜面的压力，则主要是气体压差形成的。

如图 3-16 所示，若活塞环前的压力为 p_1，环后的压力为 p_3，环内缘的压力为 p_2，而活塞环外缘虽然紧贴气缸壁（镜面），但两者之间仍有一层气体分子或油分子，它的高压端作用压力为 p_1，低压端作用压力为 p_3，沿活塞环宽度方向的压力呈直线分布，其平均值为 $(p_1+p_3)/2$，因此活塞环工作时作用在气缸内壁的平均压力为 $(p_1-p_3)/2$（不考虑活塞环槽侧）。

2）支撑环

支撑环（图 3-17）的作用：支撑活塞和活塞杆重量，并起导向的作用，不过支撑环不起密封作用，支撑环的过度磨损会导致活塞组件下沉，因此，应选用质量好的支撑环，并且每年对其磨损情况进行检查。

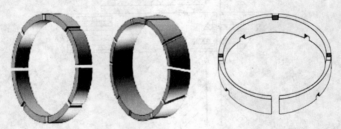

图 3-17　直切口与斜切口支撑环

（三）气阀总成组件

气阀总成组件包括：气阀总成、气阀盖、压阀罩、密封垫片、密封钢（垫）圈、连接螺栓与螺母等。

气阀与气缸阀腔止口面之间用密封垫片进行密封以避免内漏，气阀盖与气阀孔端面之间用密封钢（垫）圈密封以避免出现外漏。气缸阀腔止口面、密封垫片、气阀、压阀罩、气阀孔端面、密封钢（垫）圈、气阀盖之间通过螺栓压紧密封。当气阀压力小于 4.0MPa 时，密封垫片采用石棉等软垫片，大于该压力时采用铝、铜等金属垫片；气阀在中低压环境下一般使用密封垫圈，在高压工作环境下使用密封钢圈。安装气阀总成时，吸气阀是升程限制器朝缸内，而排气阀是阀座朝缸内安装。

1. **气阀**

气阀是往复活塞式压缩机组的重要部件，也是易损件之一。它的好坏直接影响压缩机排气量、功率消耗及运转的可靠性。目前，压缩机正向高转速方向发展，而限制转速的关键问题之一就是气阀。同时气阀在气缸上布置方式对气缸结构有很大影响，布置气阀的主要要求是力求获得最大的气阀安装面积，取得最大的阀隙通流面积，从而争取得到最小的阻力损失，力求获得最小的余隙容积，尽量不使进、排气阀过分邻近，以便提高温度系数；使气阀和气阀盖工艺简化；使气流弯折最少，以易于拆装。阀轴线与气缸轴线相垂直时，称为径向布置。目前整体式压缩机组多采用径向布置，即 2 个进气阀在气缸的正上方，2 个排气阀在气缸的正下方，并且其气阀一般采用"自动阀"，就是气阀的开启与关闭是依靠阀片两边的压力差和气阀弹簧或弹性元件来实现的，没有其他的驱动机构。

如图 3-18 所示压缩机的气阀种类很多。国内最常用的环状阀（图 3-19）由阀座、阀片、弹簧及升程限制器等零件组成，阀片是圆环形薄片，一般为 1～5 个环。阀座由几个同心的环形通道组成。升程限制器上有导向块，对阀片的启、闭运动起导向作用。限制器的凸台高度直接决定了阀片的开启高度。弹簧则安装在升程限制器上弹簧孔中。为便于安装及防止气阀工作时松动，用连接螺栓紧固，并有防松措施。

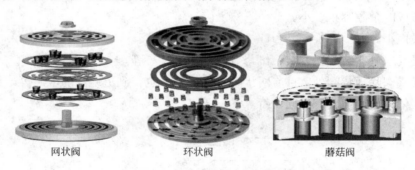

网状阀　　　　　　　环状阀　　　　　　　蘑菇阀

图 3-18　常见压缩机气阀结构形式

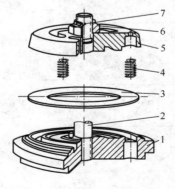

图 3-19　环状阀

1—阀座；2—连接螺栓；3—阀片；4—弹簧；5—升程限制器；6—螺母；7—开口销

图 3-20 是一个安装在气缸头端的进气阀的工作原理示意图。在进气过程中，活塞向下

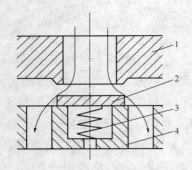

图 3-20 进气阀工作示意图

1—阀座；2—阀片；3—弹簧；

4—升程器

止点运动，使气缸内气体压力不断降低，当缸内压力低于进气管内压力，阀片两端的气体压差足以克服弹簧力及阀片的惯性力时，阀片便离开阀座开启。气体进入气缸，当活塞块接近下止点时，活塞速度和气流速度急剧变小，阀片上的压差也减小，直到压差不足以克服弹簧力时，阀片就离开升程限制器回到阀座上，气阀关闭。这样就完成了 1 次吸气过程。至于排气阀的启闭，道理与吸气一样，只是运动方向相反而已。

从气阀的工作原理来看，气阀工作性能将直接影响压缩机气缸的工作，因此对气阀有如下要求：

（1）阻力损失小。气阀阻力损失大小与气流的阀速及弹簧力大小有关。阀速越高，能量损失越大；弹簧力过大，阻力损失也大，其大小按气阀运动规律的合理性准则设计确定。

（2）气阀关闭及时、迅速，关闭时密封效果好，以提高机器的效率，延长使用期。

（3）寿命长，工作可靠。限制气阀寿命的主要因素是阀片及弹簧质量，一般对长期连续运转的压缩机，寿命应达 8000h 以上；对移动式、短期式间歇运转的压缩机，要求可稍低些。

（4）形成的余隙容积要小。

（5）噪声小。

此外还要求气阀装配、安装、维修方便，加工容易等。

压缩机气阀除环状阀外，目前网状阀（图 3-21）也得到更广泛的应用等，其作用原理与环状阀大体相同，但各有不同的特点。

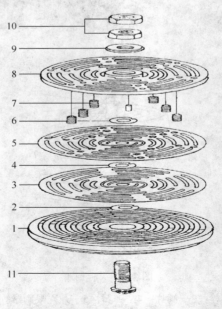

图 3-21 网状阀（排气阀）

1—阀座；2，4，6—垫片；3—阀片；5—缓冲片；7—弹簧；8—升程限制器；9—螺母垫圈；10—螺母；11—螺栓此外，现场中还运用蘑菇阀（图 3-22，多用于气质较差的场合）、条状阀、蝶状阀、舌簧阀等。

图 3-22　蘑菇阀

2．弹簧力、气流脉冲、压力不稳及气缸余隙对气阀动作的影响

1）弹簧力对气阀的影响

气阀弹簧力过强，气阀就会在升程限制器与阀座间来回跳动振荡，最后在活塞到达止点位置时，阀片或早或迟落到阀座上，实际上大多数是滞后，这将导致气阀与阀座强烈冲击。弹簧力过弱，阀片会长时间贴在升程限制器上，导致其滞后关闭，当活塞达到止点位置时，其尚未落到阀座上，而在压缩形成开始时，气缸会有气体反流，并将其重重地撞向阀座，这不仅会形成气量损失，且也会导致气阀过早失效。同时在选择气阀弹簧时，为了防止共振造成阀片与弹簧之间的冲击，应保证弹簧的自振频率大于 3 倍以上压缩机转速。

2）气流脉冲对气阀的影响

气流脉冲将扰乱阀片的正常动作与正常关闭，使其多次冲击阀座与升程限制器；往复式压缩机组的脉冲气流通过气阀时，除了做向升程限制器或阀座方向的平动外，由于气流的不均匀作用力，还易使阀片产生倾斜运动，一般情况下，气阀向下平动产生的冲击力很小，并不足以使气阀产生破坏应力，阀片破损的冲击应力主要取决于倾斜运动产生的撞击力，阀片碰撞过程所受应力与阀片的撞击速度（速度越大，应力越大）、倾斜运动的幅度（幅度越大，应力越大）、阀片的结构参数（阀片越厚重，应力越大）等因素有关；阀片最外圈的冲击速度最大，冲击次数最多，倾斜运动幅度最大，因而最易损坏。相对排气阀，气流脉冲对进气阀的影响更大。

3）压力不稳的影响

压力不稳定将影响阀片的正常动作，一般在此情况下多优选偏软的弹簧，因为其阀片开启情况良好，气流相对流畅，阻力小，虽然偏软的弹簧会造成阀片延迟关闭，对阀片产生冲击，但偏硬的弹簧往往也滞后关闭，因为不到止点位置落在阀座上的阀片，仍会因活塞继续吸气而使阀片又重新弹起，最后也在止点后完全关闭（阀座的撞击可能略小些），同时弹簧力过强，会形成气流振荡，阻力损失增加。

4）气缸余隙对气阀的影响

气缸余隙过大时，一般会造成气阀打开得很迟，并使气阀延迟关闭，气缸内反流的气体使阀片在剧烈的冲击力下关闭。

3．气阀阀片与弹簧损坏的主要原因

阀片损坏的原因：

（1）疲劳损坏。由于阀片承受着频繁的撞击载荷和弯曲交变载荷，阀片容易产生疲劳破坏。弹簧力不合理、气体压力不稳、不稳气流脉冲等造成阀片冲击力过大，引起其径向断裂。

（2）阀片磨损。阀片与导向环、阀座、升程限制器等工作面之间产生的摩擦磨损，减弱阀片强度，降低使用寿命。同时固体杂质、润滑不当或不足等也会加速阀片的磨损。

（3）介质腐蚀。压缩介质本身有腐蚀性或介质中含有水分，工作时冲刷阀片，破坏阀片表面保护膜，在阀片局部地方出现腐蚀麻点或空洞，引起应力集中，产生腐蚀疲劳破坏。

弹簧损坏的原因：

（1）弹簧从阀片全闭到全启，其载荷由预压缩力变化到最大压缩力，承受脉动循环载荷，引起疲劳破坏。

（2）弹簧变形时与弹簧孔壁发生摩擦磨损，弹簧因强度下降而断裂。

（3）介质对弹簧表面腐蚀，产生麻点、凹坑，引起应力集中，加速弹簧疲劳破坏。

（4）材质不符合要求，弹簧的加工、热处理有缺陷。

气阀弹簧材料一般用 50CrVA 或 60SiMnA，并经过热处理达到 HRC43-47 要求，若用于腐蚀气体可采用 1Cr18Ni9Ti。

（四）填料密封总成

活塞杆与气缸间隙采用填料密封总成密封，填料密封总成密封原理是靠气体压力使填料紧抱活塞杆并贴紧填料盒，阻止气体自压缩缸沿着活塞杆方向向机身内泄漏。填料密封总成主要由填料盒、填料环组、压紧法兰、密封垫圈、贯穿螺栓及螺母、法兰螺栓及螺母等组成。

填料密封总成（图 3-23）最重要的元件为填料，填料分为平面填料和锥面填料 2 种，锥面填料用于大压差密封场合，其对润滑有很高的要求，此外，还要注意冷却方面的问题。目前油气田站场使用的整体式压缩机组大部分使用的是贺尔碧格生产的平面填料，现对其进行介绍。

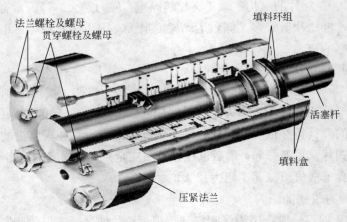

图 3-23　填料密封总成安装图

1. 平面填料的组成

平面填料由若干个填料环组成，填料环按作用一般分为以下 3 种。

（1）阻流环：用于高温高压的场合，防止非金属密封环（聚四氟乙烯）变形流失。

（2）密封环：起密封作用，其又可以分为径向密封环和切向密封环。

（3）减压环：起节流作用，用于高压高转速工况，减压环是最简单的填料环形式，分为 PA 型减压环和 P 型减压环 2 种，其作用是限制或控制泄漏的气流，降低进、排气压力波动对填料环的冲击负荷；现场常用的 P 型减压环，它有 3 道切口作为气体流路，流量控制由切口间的间隙形成的开口来完成，其内缘与活塞杆间没有间隙。

按作用形式分为双作用密封形式（图 3-24）和单密封作用形式（图 3-25）。

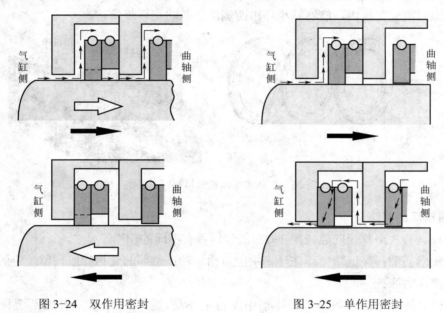

图 3-24　双作用密封　　　　　　　　图 3-25　单作用密封

（1）双作用密封形式：由两个切向环组成，用于低压和真空状况，可作为中间填料环以及刮油环组中的密封环。其密封原理为：两个切向环组合在一起，切口间隙相互覆盖，轴侧气缸排气时气体通过轴向间隙进入填料环槽内，气体压力使两个切向环作用于活塞杆表面及环槽端面并形成密封；轴侧气缸吸气时，填料环组在环槽的气缸侧形成密封，气体被封闭在填料盒中。

（2）单作用密封环形式：由一片径向密封环以及一片切向密封环组成。安装时径向环必须置于高压侧，具有轴向/径向分力，标准的主密封环形式，用于低压密封。其密封原理为：轴侧气缸排气时气体从轴向间隙和径向间隙进入填料盒的杯槽内，气体压力使切向环与活塞杆表面及环槽端面形成密封。轴侧气缸吸气时，填料盒中的气体通过径向环的切口间隙回流到气缸内。

2. 整体式压缩机组填料密封

目前整体式压缩机组填料密封是由若干个填料环组组成（图3-26），每组环组包含1个阻流环、1个径向密封环、1个切向密封环，各环均装配有弹簧，其作用是将各填料环分瓣组装在一起，当气体压力不存在时，弹簧力作用在填料环上，将环瓣围绕着活塞杆组合；阻流环与活塞杆表面的间隙为0.10～0.15mm，密封环开口间隙总量大于1.5mm，环组与填料盒轴向间隙为0.286～0.353mm；一般气缸工作压力越高，选用填料环组组数越多。

填料密封工作原理：填料环组可以在填料盒环槽中自由浮动以补偿活塞杆的径向跳动；密封环之间用销/孔结构固定相对位置，切口间隙相互覆盖，封闭泄漏路径；在压缩过程时，气体从轴向间隙和径向间隙进入填料盒的环槽内，由于切口间隙相互覆盖，封闭泄漏路径，作用在密封环外缘上的压力使密封环紧贴在活塞杆上而达到密封作用，气缸内压力越高，密封环在活塞杆上贴得越紧；同时在压力的作用下，填料环组与填料盒环槽端面也紧紧贴合，实现对压缩缸内气体的密封；在膨胀及吸气过程时，填料盒中的气体通过径向密封环的切口间隙回流到气缸内，能够减小环组两侧压差，防止环组垮落。

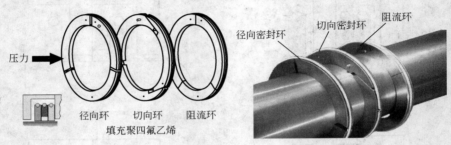

图 3-26　整体式压缩机组填料密封环组

3. 填料环的间隙

填料环具有 3 个重要间隙（图 3-27），分别具有不同的作用。

（1）轴向间隙：保证填料环在环槽中能自由浮动；给环的受热膨胀预留一定的空间，防止环在工作时胀死。

（2）径向间隙：保证填料环在环槽中能自由浮动，防止由于活塞杆的下沉使填料环受压。

（3）开口间隙：补偿填料环的磨损。

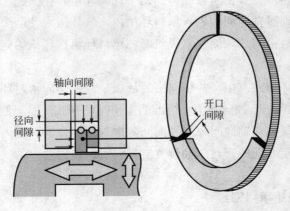

图 3-27　密封环组工作密封与各间隙

（五）余隙缸组件

余隙缸（图 3-28）安装在压缩缸的缸头端，通过调节余隙活塞的行程来调节余隙容积，即可实现机组的最大功率和最大排量的经济运行，也可满足部分变工况的要求。

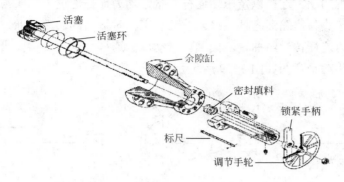

图 3-28　余隙缸结构图

余隙缸组件由余隙缸、余隙活塞、余隙活塞环、活塞杆密封填料、标尺、调节支架等组成。

余隙活塞结构形式与压缩缸活塞基本相似，并装有活塞环，但无支承环，活塞体采用抗硫铸铁制成，活塞环一般无开口间隙，采用填充氟塑料。活塞杆为不锈钢材料，一端与活塞体以螺纹连接，并用螺母背紧，另一端由调节架支承并装有调节手轮和锁紧手柄。杆身的密封填料采用油浸石棉绳或聚四氟乙烯（V 形），并用压盖压住。

四、底座

压缩机组底座由钢结构焊接而成，主要起到承载整个机组的重量的作用，在下部钻有地脚螺栓孔时用于将底座本身固定于混凝土基础上，上部钻有螺栓孔时用于固定机体部分。

整体式压缩机组为整体式橇装结构，可在现场方便地进行整体安装。安装前，调平螺栓孔及地脚螺栓孔处的基础应修平整，并对称地放好垫铁，机组就位、初步找正后即可向地脚螺栓孔内浇注 240 号混凝土（水泥：细砂：碎石=1：2：3），边浇边夯实。

主机的精确校平可在机身上顶盖及十字头滑道处进行检查，并调整底座下的垫铁，其纵、横向水平误差应不大于 0.20mm/m。在拧紧地脚螺栓后及二次灌浆前应注意核对其水平度，以免底座局部变形影响机组的可靠运行。

二次灌浆用水泥细砂浆或者环氧树脂将底座与基础间填满，并抹平，保证充分的接触支撑。底座以外的基础表面应有一定的斜度或设置油水沟，以便排放油水，待水泥凝固后松开调平螺栓，重新均匀拧紧地脚螺栓，并检查水平度。

第三节　整体式压缩机组的传动

整体式压缩机组的传动主要包括曲柄连杆传动、卧轴传动、风扇皮带传动、水泵皮带传动。

一、曲轴连杆传动

曲轴与发动机的动力连杆以及压缩连杆连接，动力连杆通过十字头与动力活塞连接，压缩连杆通过十字头与压缩活塞杆连接。发动机工作时输出的功率，通过动力活塞总成、动力十字头、动力连杆传递给曲轴，曲轴再带动压缩连杆、压缩十字头带动压缩活塞在压缩缸内做功。其传动示意图如图3-29所示。

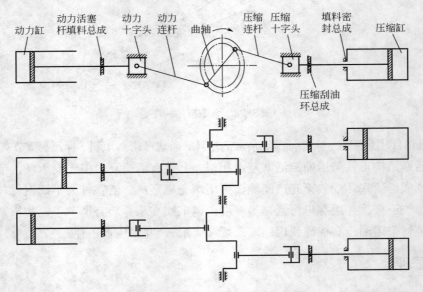

图3-29　两动力缸动力活塞通过曲轴带动压缩活塞做功示意图

二、卧轴传动

卧轴是此传动机构的核心，为一根优质钢制成的细长轴，上面通过键与圆柱斜齿轮连接（图3-30），圆柱斜齿轮与曲轴上的圆柱齿轮啮合并组成运动副，曲轴通过此运动副带动卧轴旋转，其传动比为1∶1。

图3-30　曲轴与卧轴之间的传动图

卧轴靠近动力缸侧还装有若干个（不同型号的机组安装数量可能不一致）凸轮、圆柱斜齿轮。凸轮主要用来驱动注塞泵、启动分配阀，凸轮的位置在出厂前已调定好，并用定位销固定在卧轴上，凸轮用优质钢表面渗碳高频淬火制成；齿轮主要用来驱动调速器、磁电机、注油器。

三、水泵皮带、风机皮带传动

曲轴上安装有皮带轮，皮带轮通过水泵皮带驱动水泵运转，以对动力缸夹套等进行冷却；皮带轮通过风机皮带、张紧轮驱动冷却器风机运转，以对冷却水以及高温工艺气降温。

第四节　整体式压缩机组的辅助系统

整体式压缩机组的辅助系统包括启动系统、燃料气供给系统（燃料气进气、液压、调速）、发动机进排气系统、点火系统、润滑系统、冷却系统、工艺气系统和仪表控制系统。

一、启动系统

整体式压缩机组启动方式分为缸头直接启动和气马达启动。

（一）缸头直接启动

1．系统组成

缸头直接启动系统主要由启动气管线控制阀、启动阀、分配阀、分配阀旁通阀、止回阀、放泄阀、放散阀、启动气管线等组成，流程如图 3-31 所示。

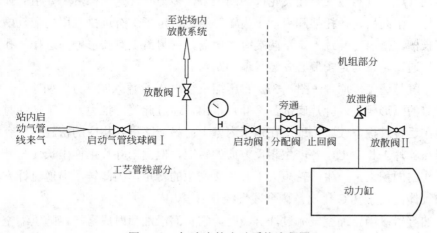

图 3-31　缸头直接启动系统流程图

按 API 618—2007 标准要求，启动气的气源可选用压缩空气或天然气，当采用压缩空气作为气源时，启动气上游工艺区一般配有空压机、过滤器、冷干机、储气罐等；当采用压缩天然气作为气源时，启动气工艺区根据需要可配有水套炉、调压阀、安全阀、高效过滤器等。机组的启动压力一般为 1.8～2.4MPa。

2．工作原理

启动气分配阀（每个动力缸对应一个分配阀）设置在卧轴箱体上，其阀杆由卧轴上的启动凸轮驱动，凸轮的升程角已在出厂时调定，恰好是在对应的动力活塞上止点稍过的位置。

未通入启动气时，启动气门在弹簧力的作用下处于常开状态，此时气门杆与启动气凸轮不接触。通入启动气后，如果凸轮未处于升程角，启动气门将在压差的作用下克服弹簧力关闭，若凸轮处于升程角，启动气门在关闭过程中被凸轮顶住（起），使其无法关闭，启动气就通过分配阀、止回阀、放泄阀向相应的动力缸内充气，推动活塞运行。

因此启机前盘车除了为了检查机组各运动摩擦副工作情况以及配合机组预润滑以外，还是为了将机组盘至启动凸轮的升程角，即动力活塞处于上止点稍过的位置，以实现机组的顺利启动。

（二）气马达启动

1．系统组成

气马达启动一般由启动球阀、Y形过滤器、继气器、油雾器、启动马达、启动气管线、放散管线等组成，如图3-32所示。

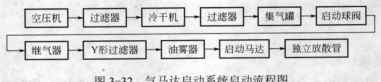

图3-32　气马达启动系统启动流程图

（1）气马达：气马达安装在飞轮齿圈的上方，多为叶片式结构，主要由壳体、定子、转子、叶片、中间齿轮、托架和启动小齿轮等组成，定子上有进排气用的配气槽或孔，转子上铣有长槽，槽内有叶片。定子两端有密封盖，密封盖上有弧形槽与进排气孔A、B及叶片底部相通。转子与定子偏心安装，偏心距为 e。

叶片式气马达工作原理（图3-33）：压缩空气由A孔输入时，分为两路，一路经定子两端密封盖的弧形槽进入叶片底部，将叶片推出，通过此气压推力及转子转动时的离心力叶片能够在运转过程中较紧密地抵在定子内壁上；另一路进入相应的密封工作容积。压缩空气作用在叶片1和2上，各产生相反方向的转矩，但由于叶片1伸出长（与叶片2伸出相比），作用面积大，产生的转矩大于叶片2产生的转矩，因此转子沿逆时针方向旋转，做功后的气体由定子孔C排出，剩余残气经孔B排出。

（2）油雾器：当压缩空气流过油雾器时，它将润滑油喷射成雾状，随压缩空气流入马达需要润滑的部件，起到润滑气马达的作用。

2．气马达启动系统工作原理（未安装继气器）

压缩机组启动时，打开启动管路上的球阀，启动气经Y形过滤器进入气马达，推动气马达的转子旋转，然后通过齿轮机构使小齿轮旋转。启动小齿轮用梯形螺纹安装在轴上，当启动小齿轮旋转后，在惯性力作用下小齿轮沿着梯形螺纹向外推出与飞轮齿圈啮合，并带动飞轮旋转。机组启动后，转速加快，当飞轮齿圈速度超过启动小齿轮速度时，在齿圈反向力以及弹簧力的作用下，启动小齿轮沿梯形螺纹反向退出。

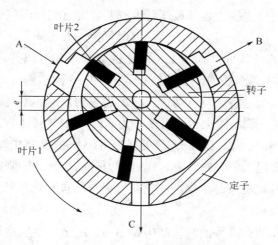

图 3-33 叶片式气马达（不完全膨胀式）

二、燃料气供给系统

燃料气供给系统主要包括燃料气进气系统、液压（注气）系统、调速系统，其主要作用是根据机组负荷情况，保证定时适量地供给动力缸燃料气。

（一）燃料气进气系统

1. 燃料气进气系统组成

整体式压缩机组燃料气进气系统（图 3-34）由燃料气过滤分离器、调压阀、安全阀、燃气电磁阀、燃气球阀、转阀、燃气管线、汇管、喷射阀等组成。机组燃料气进气系统的上游根据需要一般还配有水套炉、调压阀、安全阀、脱硫塔、流量计、电磁阀等。

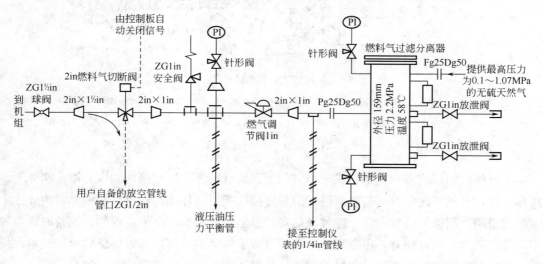

图 3-34 机组燃料气系统流程图

103

2．燃料气进气系统主要设备

（1）过滤分离器：燃料气过滤分离器是一个分为两层的筒状压力容器，两级分离室均装有液位计。上层内装可更换的超细玻璃纤维滤芯，能过滤掉燃气中的粉尘，该滤芯安装在中间隔板的支座上。筒体顶端装有法兰，以便更换、安装滤芯。容器下层是叶片式液体分离装置，被分离出的液体分别存于上、下层的底部，相互隔开。当上下两层压降达到0.034MPa 以上时，应对滤芯进行吹扫或清洗，经过 2～3 次清洗后，就需要更换新的滤芯。

（2）调压阀：其作用是将燃料气的进气压力调整到规定的燃气进缸压力，并使进入动力缸的燃料气压力稳定，调压阀上游压力一般为 0.5～1.0MPa，DPC2803、ZTY470 型机组调压阀下游压力为 0.056～0.14MPa，其余机型为 0.055～0.083MPa，调压阀压力调节是通过上面的调节螺钉来实现的，顺时针旋转螺钉压力升高，反之则降低。

（3）电磁阀：燃气电磁阀是用来控制燃料气通断的自动化基础元件，属于执行器，其详细介绍参见仪表控制系统。

（4）喷射阀安装在动力缸盖上，其结构如 3-35 所示，主要由气门总成和柱塞总成两部分组成，其中气门总成部分属于燃料气进气系统，柱塞总成属于液压系统。其作用是通过液压油传递来的压力顶开气门，为动力缸提供燃料气，待油压释放后，通过气门弹簧使气门复位。

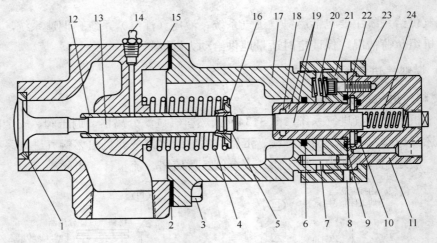

图 3-35　喷射阀结构图

1—气门座圈；2—石棉垫；3—连接螺栓；4—气门弹簧；5—卡簧；6—O 形圈；7—定位销；8—锁紧螺孔；9—O 形圈；
10—O 形圈；11—连接体；12—气门导管；13—气门；14—注脂嘴；15—阀体；16—卡簧座；17—阀室；18—D 形圈；
19—柱塞偶件；20—调节弹簧；21—压紧法兰；22—连接螺钉；23—调节环；24—缓冲弹簧

喷射阀气门用优质合金钢制成，与气门配合的气门座是用耐热钢制成并镶在阀体上，阀体一侧设有燃料进气口，与燃料进气汇管连接。喷射阀体侧面设有注脂嘴，可由此注入高温润滑脂，用以润滑气门杆。注气量的多少是通过调整调节环来实现的。调整时，将固定调节环的定位螺钉松开，用专用喷射阀调节扳手转动调节环，顺时针旋转增加气量，反之减少气量，通过调整进入动力缸的燃料气气量达到各缸工作平衡。

喷射阀柱塞总成由连接体、柱塞偶件、压紧法兰、缓冲弹簧及密封圈等组成。

① 连接体：

连接体底部的进、回油孔分别和液压油管路的进、回油管相连，顶部留有安装 O 形密封圈的环槽。

② 柱塞偶件：

由柱塞和柱塞套组成，偶件为精密配合件，不具有互换性。柱塞套内装有 D 形密封圈，用于密封腔体内的液压油，安装 D 形密封圈时，其平的一面应背离液压端（朝向缸内），柱塞套上还开有溢流孔，用于释放油压。

③ 压紧法兰：

用于连接柱塞偶件和连接体，其朝向连接体的一侧留有安装 O 形密封圈的环槽。此外，压紧法兰还钻有两个孔，和阀室的定位销配合定位。

④ 缓冲弹簧：

缓冲弹簧安装在连接体的中心腔体内，其作用是防止气门复位时带动柱塞直接撞击在连接体上。

（二）液压系统

1. 液压系统组成

液压系统主要由液压油罐、流量控制阀、柱塞泵、凸轮、液压油排空阀、液压油管线、喷射阀（柱塞总成部分）等组成，其流程如图 3-36 所示。

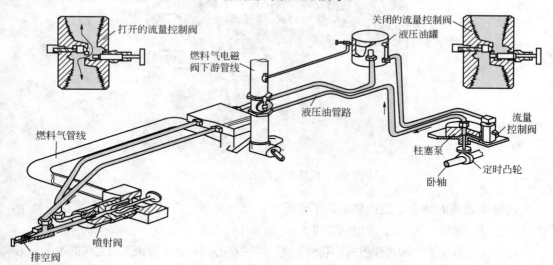

图 3-36　液压系统流程图

液压油要求：其黏度及稳定性不随温度而变化，油质应清洁无杂质，当液压油系统中有空气时，可用液压油排空阀排空。油罐内油面顶部应通入燃料气以平衡管路正常油压。柱塞泵由安装在卧轴上的凸轮驱动，每个动力缸对应一个柱塞泵。

105

2．液压系统工作原理

弹簧驱动柱塞下行时，因抽汲作用使柱塞泵腔体充满液压油，当凸轮旋转推动柱塞上行时，因流量控制阀为关闭状态（相当于止回阀），迫使流量控制阀至喷射阀进油孔处容积减小并形成高压，当此力克服气门弹簧力时，喷射阀柱塞将顶开气门，使燃气开始喷入缸内，当柱塞运行到溢流孔时（定时凸轮已转过高点），液压油泄放回液压油罐内，油管路泄压，在气门弹簧的作用下，气门、柱塞复位，燃气喷射终止。

（三）调速系统

整体式压缩机组在运行中，由于压缩缸的进排气压力变化等原因导致负荷变化，为保证机组在负荷轻微变化时转速保持稳定，必须用调速系统调节控制。

1．调速系统组成

调速系统主要由调速器、连杆机构、燃料气转阀等组成。

2．调速系统分类

调速器分为机械调速器、液压调速器、液压气动调速器和电子调速器等，整体式压缩机组常用前3种。

（1）机械调速器（图3-37）由卧轴齿轮驱动，当转速变化时，其利用飞铁产生的离心力与调速弹簧张力之间的不平衡力，通过关节轴承、连杆机构带动转阀转动，进而改变机组进气量来调节、稳定转速。

图3-37　机械调速器调速系统现场图

机械调速器的特点是结构简单、工作可靠、维修方便，广泛用于中、小型压缩机组，但其工作能力较小，不能实现恒速调节。

（2）液压调速器（间接作用式）利用飞铁产生的离心力与调速弹簧张力之间的不平衡力来操纵液压伺服器，利用液压作用产生的动力改变机组进气量，进而调节、稳定机组的转速。

（3）液压气动调速器主要由油泵、减压阀、动力油缸组件（伺服系统）、飞锤头控制阀组件、补偿系统和气动转速设定装置等组成。DPC2803或ZTY470机组多采用PG-PL型调速器。气动转速设定装置分为正向调节与反向调节2种，正向调节指在最小空气压力下获得最低转速，最高空气压力下获得最高转速压力；反向调节则刚好与正向调节相反。

液压气动调速器工作原理与液压调速器相似，当减小调速器转速设定值时，飞锤上方调速弹簧所产生的向下的压力减小，飞锤移出，抬高导向阀柱塞，并将控制孔打开，油从缓冲系统流入油箱中，使缓冲系统油压降低，动力弹簧将向下推动动力活塞使燃料减少，并使机组转速降低；反之同理。

液压调速器对液压油温及油量的要求：一般要求油的工作温度为60～93℃，环境温度为-30～93℃，油温检测时可取调速器外壳下部的测量温度加6℃；可以在机组空载时加油，将油装至液位计上的标记处，若是有两条刻线，则加至两条刻线之间，油位不得超过警戒线，以免因飞锤旋转搅拌产生泡沫，机组运行时应定期检查油位。

液压调速器及液压气动调速器具有转速调节范围广、调节精度高、稳定性好、通用性强等优点，但其结构复杂，调试及维护所要求的技术较高，广泛用于大、中型压缩机中。

3．调速连杆机构

调速连杆机构由拉杆、关节轴承等组成，是调速器与转阀的连接机构，可以通过关节轴承调节拉杆的长短。

4．燃气转阀

燃气转阀安装在燃料气进气管路上，通过连杆机构与调速器相连，阀的开度大小直接由调速器控制，正常情况下空载时转阀开度约为1/3量程，满载时转阀开度约为1/2量程。转阀外的摇臂与阀芯连接在同一轴上，摇臂开、闭的极限位置由两个销子限制，摇臂上钻有几个等距的小孔，可通过拉杆连接不同的孔位和调节关节轴承达到确定转阀初始位置的目的。

三、发动机进排气系统

（一）发动机进排气系统组成

发动机进排气系统主要由空气滤清器、进气汇管、混合阀、排气管、波纹管及消声器等组成，其作用是为发动机提供清洁的空气并排出废气。

1．空气滤清器

空气滤清器分为湿式滤清器、干式滤清器。

（1）湿式滤清器（图3-38）：湿式滤清器有三级过滤，在机组启动前，应在空气滤清器的底盘内加入规定量（油平面位置）轻质机油，机组运行时，空气先后经过粗过滤网、预过滤器、精过滤滤芯进入空气进气汇管，当空气通过滤清器的阻力损失超过400mmH$_2$O柱时，应清洗滤芯，底盘中的机油内如含有约1/4的沉渣时，则应更换机油。

图3-38　湿式滤清器

（2）干式滤清器：其滤芯一般为纸质材料，并根据使用地点的气候条件选用一级过滤或二级过滤。为了检测空气滤清器与大气压力的差值，常在滤清器外部接入透明的 U 形水管，当水柱高度差超过 25.4mm 时，需对滤清器进行吹扫或更换。

2．混合阀

混合阀（图 3-39）安装在机身上，每个动力缸有一个，它是一种自动单向阀，靠阀片两侧气体压力差开启，靠弹簧复位关闭，阀体由铸铁制成，阀座上装有条形阀片，通过升程限制器及弹簧将阀片压贴在阀座的密封面上。

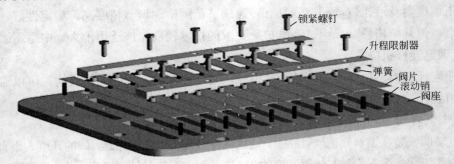

图 3-39　混合阀示意图

3．排气管及波纹管

每个动力缸配有一根排气管，排气管为圆形截面，两端焊有两个弯管头，弯管头均有法兰，分别与动力缸的排气口和消声器进气法兰相连，靠近动力缸端的弯管处，有一锥螺纹接头，用以安装热电偶，可直接测得动力缸排温，并观察动力缸工作是否平衡，排气管中部一般各安装一个波纹管，用于补偿热膨胀和减小消声器振动。排气管应保持良好散热。排气管与消声器要直线连接，尽量不用或少用弯头，以减少背压。排气管使用弯头时，要求其曲率半径应大于 2 倍排气管直径。

4．消声器

消声器是允许气流通过，却又能阻止或减小声音传播的设备，是消除空气动力性噪声的重要设施。通过降低、衰减排气压力的脉动来消除噪声，同时还能防止燃烧不好引出的火星直接释放到地面。消声器筒体内有数根导管交错布置，导管壁上钻有无数小孔（对废气有消声阻尼作用），筒体外侧上部一般有一对吊耳，可作吊装和支承用。

排气管及消声器的正确安装十分重要，安装时，一方面要考虑到它们受热后膨胀伸长变形所产生的位移，另一方面要做好尺寸及重量都较大的消声器的支承。注意：排气管及消声器完成安装后，排气管不得承受安装及变形所产生的附加载荷，否则当机组运行时，此力传至动力缸后，会造成严重后果。此外，不要在消声器表面加盖绝热覆盖层，否则会影响机组的热效率。

（二）进排气系统的工作原理

进排气系统的工作示意图如图 3-40 所示，当活塞上行时，由于扫气室容积增大，使其内部压力降低，在压差作用下，新鲜空气经空气滤清器、进气汇管、混合阀进入扫气室，同时燃料气气门被打开（ZTY470 及以下机组在下止点后 13°打开气门，ZTY630 机组在下止点后 2°打开气门），当活塞运行至关闭排气口后，燃烧室内的混合气体被压缩，然后被点火做功，推动活塞下行；活塞下行时，底部排气口首先被打开，进行废气排放，同时扫气室空气被压缩（混合阀相当于止回阀，使气体不能返回至进气汇管内），当进气口打开后，空气经顶部进气口进入燃烧室，吹扫燃烧后的废气并经排气口、排气管、消声器排出废气。

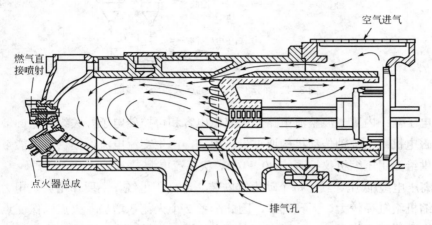

图 3-40　两冲程发动机进排气示意图

四、点火系统

（一）点火系统组成

点火系统主要由磁极、触发线圈、电子盒、磁电机、低压导线、点火线圈、高压电缆、火花塞等组成，其系统连线如图 3-41 所示，两动力缸机组点火系统接线法如图 3-42 所示。

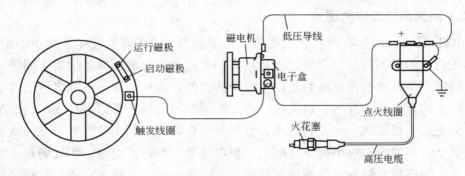

图 3-41　动力缸点火系统连线图

（1）磁极：安装在飞轮上，每个动力缸对应一对磁极，每对磁极包括一个运转磁极和一个启动磁极（上止点稍过）。

（2）触发线圈：每个动力缸对应一个触发线圈，安装在飞轮内侧，其作用是切割磁力线，以产生感应电动势。

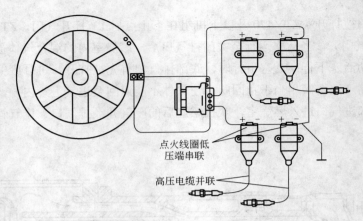

图 3-42　两动力缸机组点火系统接线图

（3）电子盒：内置半波整流电路，由储电电容和可控硅电子开关组成。

（4）磁电机：由卧轴传动机构通过齿轮驱动，产生交流电流，提供点火能量，同时可根据需要供给专用压缩机仪控系统 80～160V 伏直流电源。

（5）高压电缆/低压导线：每个动力缸安装 2 个高压电缆，主要作用就是电力传输。因为整体压缩机组缸径较大，无预燃室，因此配备 2 个火花塞增加着火点以保证点火充分。

（6）点火线圈：每个动力缸对应 2 个点火线圈，两线圈（低压端）为串联，其把由电容释放的低压电转换成高压电，从而实现火花塞点火。

（7）火花塞：每个动力缸安装 2 个火花塞，两火花塞为并联。

飞轮上的磁极与触发线圈之间的间隙应控制在 3.2mm 内，屏蔽型火花塞电极间隙（防爆）应保持在 0.32mm 左右、非屏蔽型（非防爆）应保持在 0.76mm 左右，火花塞必须保持清洁，应经常检查其绝缘体是否损坏，电极间是否严重积炭，电极间隙是否适当。

（二）点火系统工作原理

磁电机由卧轴驱动，并将产生的电能在电子盒中整流后储存在电子盒中的电容内，当嵌在飞轮上的磁极掠过一个靠近飞轮内表面附近的触发线圈时，触发线圈感应出一个交流感应电压，此电压整流后足以使电子盒内的可控硅导通，电容器内的能量向装在动力缸上的点火线圈释放，点火线圈将此能量变为高压，并通过高压电缆送至火花塞，在火花塞电极间产生火花将缸内混合气体点燃。每个动力缸设置有 2 个火花塞，并对应 1 个触发线圈，每个火花塞配用 1 根电缆及 1 个点火线圈，各缸的点火时间由装在飞轮上的磁极和触发线圈的位置确定（上止点前 9°），磁极已在出厂前装好，触发线圈固定在有 3 排固定孔的支架上，3 排固定孔依次对应机组点火提前角为（ZTY265机组）7°、9°、11°。

双缸机组各缸点火顺序为 1、2，点火相位差 180°；三动力缸机组各缸点火顺序为 1、3、2，点火相位差 120°；四动力缸机组各缸点火顺序为 1、4、2、3，点火相位差 90°。

五、润滑与预润滑系统

（一）压缩机组润滑方式

压缩机组润滑方式主要有：飞溅润滑、油浴润滑、压力润滑以及人工脂润滑。

1．飞溅润滑

机组的曲柄、主轴承、连杆大头、连杆小头、十字头、十字销等采用飞溅润滑的方式。

飞溅润滑的工作原理（图3-43）：机组工作时，曲轴带动连杆大头做旋转运动，当转至下部时，击打油面，使油液飞溅，带起油雾来满足主轴承、十字头等的润滑。连杆大头端装有油匙，以增加飞溅效果。

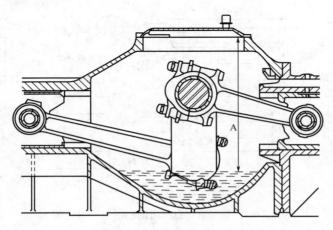

图 3-43　曲轴飞溅润滑示意图

飞溅润滑需控制曲轴箱内油面的高度，润滑油过多将会增加功率的消耗，并使润滑油油温过热；油面过低时，则会使润滑不足，所以应定期检查曲轴箱内油面的高度，油面至箱顶平面的高度保持在710mm为宜。

曲轴箱内的油面高度由曲轴箱机身油位计显示，机身油位计与高位油箱通过管路相通，曲轴箱内机油消耗后，可由高位油箱通过机身油位计自动补充，当曲轴箱油面低于一定高度时，机组将自动保护停机。

机组运行后，润滑油中会沉积一些沉淀物，在机组中体及机身安装刮油环的前后均设有机油沉淀槽，机身底部油池则是一个天然的沉淀槽，槽底均有管口并用油管接至机座边沿，在需要时可手动控制排放。

为保证机组的正常工作，应严格注意润滑油的清洁，在工作初期，润滑油中会含有大量的金属微粒和污垢，因此新机组初次工作100h后，应进行第1次更换，继续工作1000h后，应进行第2次更换，以后可每工作4000h或者按照对润滑油相应指标检测结果更换；加注新油前应彻底清洁内部。

2．压力润滑

机组的动力缸、压缩缸、填料等采用压力润滑的方式。

　　压力润滑方式主要由高位油箱、润滑油管线、球阀、润滑油滤网、浮子开关、油位低检测装置、注油器（包括箱体、注油单泵）、过滤器、润滑油分配器、无油流开关、平衡阀、润滑油路、止回阀等组成。

　　整体式压缩机组注油器上游油路系统基本相同，注油器至润滑点之间可以采用点对点润滑（图3-44），也可以采用润滑油分配器集中分配润滑（图3-45）。

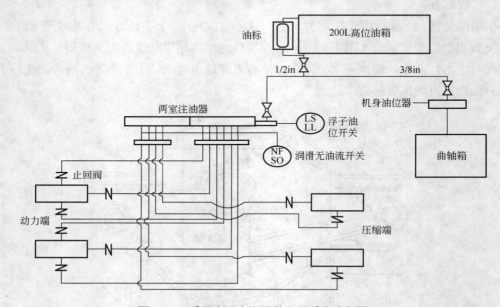

图 3-44　采用点对点润滑的润滑系统流程图

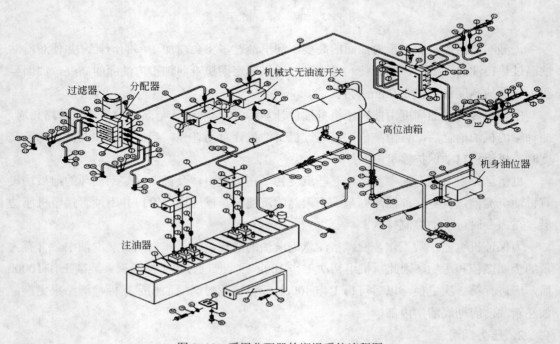

图 3-45　采用分配器的润滑系统流程图

　　每个动力缸有 3 个润滑点，压缩缸和填料根据需要（由填料组数以及运行压力确定）设置 1 个或 2 个润滑点；注油器与油箱连通，内有浮子开关可自动补充润滑油，其油位由注油器上的油位计显示，当油位低于注油器油位 2/3 时，注油器内的油位检测装置发出信号，机组将自动停机；当某润滑点无润滑时，机组的无油流开关发出信号，机组也将自动停机。

　　压力润滑的主要设备有注油器、分配器与平衡阀等。

　　1）注油器

　　注油器（图 3-46）由壳体、主轴、变速箱、凸轮轴、凸轮、单泵等组成，其由卧轴通过齿轮、涡轮蜗杆（带动注油器主轴旋转）、变速齿轮组驱动凸轮轴旋转，凸轮轴通过其上的凸轮驱动注油单泵向各压力润滑点泵油。

图 3-46　注油器

　　注油单泵（图 3-47、图 3-48）为注油器的核心部件，常用的有两种，一种是真空吸油式注油单泵，其直接从注油器吸油，另一种是压力供油式注油单泵，其从曲轴箱压力供油或通过外置油箱直接供油。整体式机组采用真空吸油式注油单泵，其由调节螺母、连接螺母、排油接头总成、连接轴套总成、钢珠（单向球）、单片钢制油泵体、组合式缸、摇臂、吸油管等组成。

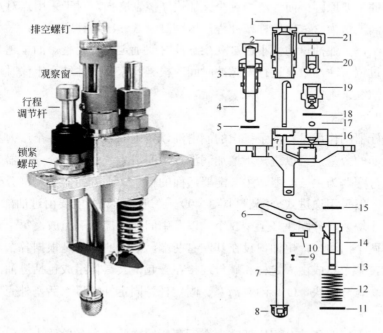

图 3-47　Premier P-55U 形注油单泵结构图

1—排空螺钉；2—观察窗；3—空心调节螺栓；4—行程调节杆；6—摇臂；7—吸油管；8—滤网；9—开口销；
10—摇臂销；11—弹簧挡片；12—弹簧；13—柱塞；14—组合式缸；5，15，18—密封垫片；16—油泵体；
17—钢珠；19—排油接头总成；20—连接轴套总成；21—连接螺母

113

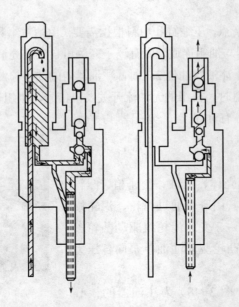

图 3-48　注油单泵结构及工作流程图

　　润滑油注油量是通过调整注油单泵来实现的，调节时首先调松锁紧螺母，然后旋转空心调节螺栓，顺时针方向旋转减少供油，反之则增加供油。调整完毕后，必须把锁紧螺母拧紧，滴油量可以从设置在注油器上的滴油管上精确地读出。缸内润滑油过量不经济，且也是造成积炭的主要原因，而润滑油过少又加快摩擦副磨损。对于采用点对点润滑方式的机组，动力缸滴油量为 2～3 滴/柱塞冲程，压缩缸为 3～4 滴/柱塞冲程；采用集中分配器润滑方式的机组，其注油量的大小通过观察脉冲时间确定（时间越短油量越大），油量大小调节也是通过调节注油单泵进行，脉冲时间应根据厂家要求并结合年保时机组相关运动副磨损和积炭情况来确定。

　　2）润滑油分配器

　　润滑油分配器的作用是将油泵排出的润滑油以精确的量输送到各个压力润滑点，同时通过增加分配器的数量，可以进一步增加润滑点，润滑系统使用多个分配器时，润滑油泵后面的第一级分配器为主分配器，主分配器后面的任意一个分配器为二级分配器。

　　压缩机组一般采用递进式分配器（图 3-49），递进式分配器主要由进油部分（起始块）、终端部分（终止块）、分配块（至少 3 个）以及中间连接部分等组成，每个分配块均有一个工作活塞和两个出油口，出油口设在其左右两端，活塞的尺寸是根据各个润滑点所需油量预先确定的，整个总成由固定杆和螺母连接在一起，其具体组成包括进油部分、终端部分、中间连接块、分配块、O 形圈、活塞、固定杆、固定杆螺母、活塞外壳堵头、指示器孔堵头等。

　　分配块的正面标明了该分配块活塞每个循环所输送的油量（单位为 $10^{-3}in^3$）以及出口数；其中标注"T"的分配块表示两端出油，此时不可以堵住其任意出油口，否则将会出现超压停机；标注"S"的分配块，其内部钻有孔，使活塞两端的出口合二为一，需将两端的孔堵住一个，使另一个单独出油。

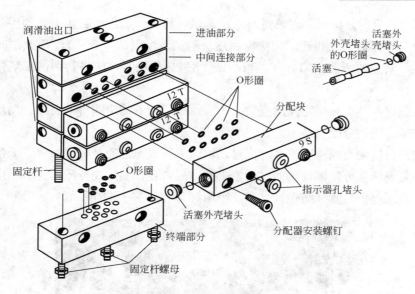

图 3-49　分配器结构图

如果压力润滑系统中分配器、单向阀、润滑油管路等出现堵塞，分配器中的活塞将停止移动，系统将出现超压并通过与分配器配合的压力指示器显示，同时与分配器配合的无油流开关发出信号，机组将停机并报警。

分配器工作原理（图 3-50）：分配器入口通道连接着所有分配块里的活塞腔，各个分配块的活塞腔彼此相通，活塞对称布置，两边的活塞对连接各个通道的润滑油做功，中间活塞分别对分配器各入口进行开、关作用；润滑油从上部的进油口进入，通过油槽到达相应活塞并推动活塞移动，使活塞容腔中的润滑油依次定量从出油口处排出，并对相应各润滑点进行润滑。

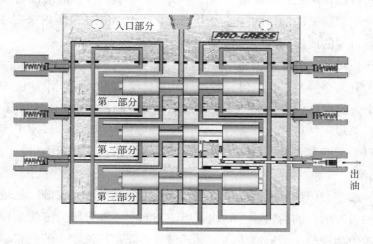

图 3-50　分配器工作原理

分配器的旁通与检测：分配器所有分配块都是金属对金属密封表面连接，同时活塞与内孔之间也必然存在的间隙，因此至少每 2 年对所有分配块进行 1 次旁通压力测试，当分配器工作压力较高时，应每年对其进行 1 次测试。检测一般选用带压力表的手动油（气）枪，将其与分配器进油孔相连，先排空后逐块测试，当测试"T"分配块某侧时，另一侧出口应堵住，其他的所有出口打开，当测试"S"分配块时，应将其两侧都堵住，其他的所有出口打开。

分配器选型：首先要确定注油点数、各点油量，接着确定润滑油总量、循环时间，最后根据工作压力确定分配器型号。

与分配器直接配合的主要设备有：过滤器、机械式无油流开关或数字式无油流极性开关（前者一般安装在分配器前端的过滤器上游，后者直接安装在分配器上）、电磁可视循环指示器、超压保护装置（防爆片）以及平衡阀等，如图 3-51 所示。

图 3-51　分配器及其配合设备

（3）平衡阀：其作用是使分配器在高压差条件下精确地分送润滑油而不发生旁通，它是通过将所有分配器活塞出油口的排油压力差平衡在 10.3MPa 范围内来实现的，它是一种弹簧动作、现场可调的放泄阀。

平衡阀工作原理：在分配器低压出油管线上增按一只平衡阀（增加此油路压力），当平衡阀上游压力升高至弹簧设定值时，平衡阀阀座才会打开，使润滑油流过平衡阀泵入润滑点，以使整个分配阀总成的任意分配块排油压力差控制在 10.3MPa（最好 4.1MPa）范围内，以使分配器总成正常运转，减少旁通。平衡阀应该竖直安装，以便平衡阀正常动作并利于排空，每只平衡阀都安装一块压力表，以便对各润滑点泵油压力进行监控与设置。

3．油浴润滑

油浴润滑：摩擦表面部分或完全浸没在润滑油中的润滑方式。卧轴凸轮、调速器、卧轴齿轮（与曲轴齿轮啮合的齿轮除外）均采用油浴润滑，通过动力缸侧盖板上的油杯（油杯中润滑油来源为曲轴箱飞溅的润滑油）对其进行补充。注油器内的凸轮、变速齿轮等也是油浴润滑，其润滑油通过高位油箱进行补充。

4．人工脂润滑

人工润滑又称脂润滑，机组的风扇轴承、张紧轮、喷射阀气门杆等均采用人工脂润滑；

人工润滑非常重要，应按要求定期进行。风扇轴承、张紧轮与喷射阀气门杆的润滑脂不同，因此要求对油枪做出标记，切不可混淆加注。

（二）预润滑

机组飞轮旁安装有手摇泵，还可以根据需要配置预润滑加热过滤泵，其主要作用是在机组启动前对机组主轴承、轴瓦、十字头等进行预润滑，同时预润滑加热过滤泵还可以对润滑油进行过滤以及加热，避免机组因润滑不良而造成十字头、主轴瓦等异常磨损。

六、冷却系统

冷却系统主要包括水冷和风冷系统，其主要作用是降低压缩介质的温度，提高压缩机效率，降低压缩机工作温度，提高使用寿命。

（一）水冷系统

1. 系统组成

水冷系统流程如图 3-52 所示，主要由水泵、皮带、管路阀门、节温器、冷却器、膨胀水箱等组成。

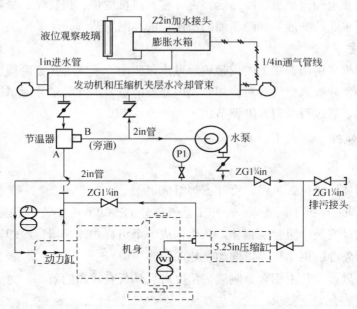

图 3-52　水冷系统流程示意图

2. 工作流程

水泵通过皮带轮由曲轴驱动，将冷却后的循环水泵入水管路，再分别经过动力缸、压缩缸水套（由下部进入，上部流出）后汇合，并进入节温器，若节温器内水温高于某一值（设为 X，由选用的节温器确定），则冷却水全部经过节温器 C 路进入冷却管束，经冷却后再返回水泵，如此循环运行为冷却水大循环；若节温器内水温低于某一值（设为 Y，由选用的节温器确定），则冷却水全部经过节温器 B 路直接返回水泵，如此循环运行为冷却水小循环；若节温器内水温在 X、Y 之间，则冷却水一部分走大循环，另一部分走小循环。冷却器上部装有膨胀水箱，可由此向系统内加水，也可由此向外排除系统产生的水蒸气，高位水箱水位一般要求在 2/3 液位以上。

3．水质要求

压缩机组对水质有严格的要求：冷却水应是无腐蚀性的清洁水，pH 值 6.5～8.5（20℃）、硬度（以 CaO 计）为 40～80mg/L，有机物质和悬浮机械杂质均不大于 25mg/L。可按照使用地区的具体情况加入适当的防腐剂和防冻剂，防冻剂必须与冷却水混合均匀后再加入。

4．冷却水进缸设计

冷却水进出缸的理念：在气缸最低处进水，在气缸进口对角线最高点出水。

此设计理念的目的是让水能够充满整个水腔；对角线是要让热交换时间延长，这有利于水在水腔中形成对流。冷却水在接管处的流速一般为 1～1.5m/s。

（二）风冷系统

1．系统组成

风冷系统主要由轴流风机、冷却器、百叶窗、风机皮带、张紧轮、导流罩等组成，主要用来冷却循环水（防冻液）和经压缩缸增压后的高温工艺气。

2．工作流程

整体式压缩机风扇由曲轴上的皮带轮通过皮带驱动，其皮带张紧度通过张紧轮调节，风机一般从冷却器外吸入空气（对冷却管束内介质降温），并经过导流罩排至厂房外；工艺气冷却效果可以通过百叶窗开度调节。

（三）主要部件

1．冷却器

冷却器由箱体、管束、风机、百叶窗等组成。

（1）冷却管束：根据不同需求，冷却工艺气部分的冷却器可安装一组或两组管束箱体，冷却循环水一般只安装一组管束箱体，从而构成一个组合式冷却器。冷却器为列管式，冷却器列管用钢管外缠绕铝翅片，以增加换热面积。

（2）风机：风机叶片由铝合金制造，角度可调，具有较高的效率。对于整体式压缩机组冷却器风机安装有如下要求：

① 风机轴承与传动轴之间的同轴度应不大于 0.08mm，轴向移动要求在 0.10～0.15mm；

② 皮带轮和张紧轮装配时应保证轮槽中央平面在同一平面上，偏移量不超过 1mm；

③ 皮带轮和张紧轮两轴的平行度在每米长度上不超过 0.5mm。

2．水泵

水泵使冷却水产生一定的压力，保证压缩机工作过程中冷却水能不断循环，一般多采用离心式水泵。

3．节温器

节温器是控制冷却液流动路径的阀门，它通过感温组件的热胀冷缩来改变液体的流动通道，压缩机组上的节温器一般共有 3 个通道。

七、工艺气系统

（一）组成

整体式压缩机组工艺气系统一般由进气分离器、进气缓冲罐、压缩缸总成及密封元件、余隙缸组件、排气缓冲罐、工艺气冷却器、工艺管线及相关阀门（加载旁通阀、止回阀、安全阀等）等组成。

1．进气分离器

进气分离器的主要作用：分离原料气中的固液杂质，预防因气质过差，造成固体杂质进入压缩缸加速气缸、活塞、活塞环、气阀阀片等的磨损；同时避免液体杂质进入压缩缸，造成其润滑系统失效。多级压缩时，经过中间冷却后，气体会形成冷凝液滴，因此每级进气前都应该设置分离器，以将固液杂质分离。

分离器按作用原理可分为重力式、过滤式以及旋风式 3 种。重力式分离器主要是靠液滴和气体分子密度的不同，通过内设弯管、挡板等改变气体通道使气流转折，利用重力进行分离；过滤式分离器主要依靠液滴和气体分子大小的不同，使气体通过多孔性过滤填料，液滴聚集于填料中而实现分离；旋风式分离器则是利用液、固体和气体做旋转运动时所受到的离心力不同来实现分离。一般情况下，当气体进机压力较低时，多采用经过一次或两次转弯的重力式分离器，当气体进机压力较高时，采用多次转弯的重力式分离器，对于高压气体采用旋风式分离器，当压缩机对气质要求较高时，多采用重力和旋风组合型的分离器。

2．进排气缓冲罐

进排气缓冲罐的主要作用：稳定压缩缸的进排气压力，减小气体扰动。每个气缸前、后都安装缓冲罐，并且其安装位置靠近压缩机的进排气口处，缓冲罐的结构形式是，低压时为圆筒形，高压时为球形；有的机组在缓冲罐内加装芯子以进一步构成声波过滤器，也有的在缓冲罐连接法兰处安装节流孔板，以减少气流脉动；绝大多数缓冲罐直接配置在气缸上，个别缓冲罐与气缸之间安装了中间管道，中间管道的面积比气缸接管的面积大 50% 左右；缓冲罐容积一般应为压缩缸容积的 5 倍以上。大型机组的排气缓冲罐一般安装有可调支撑座，应在加载并且压缩缸排温稳定后调整支撑座的位置，以免缓冲罐因热膨胀作用使压缩缸承受过大的多余应力。

3．压缩缸总成及密封元件

压缩缸总成及密封元件的主要作用是吸入工艺气并对其压缩做功，提高气体压力，其结构与组成详见第三章第二节中的压缩部分内容。

4．余隙缸组件

余隙缸组件安装在压缩缸缸头端，通过调整余隙缸余隙容积可以改变机组的工况，其结构与组成详见第三章第二节中的压缩部分内容。

5．工艺气冷却器

工艺气冷却器的主要作用是对压缩后的高温工艺气进行冷却，降低排气温度，以减小对下游管道防腐层及其他设备的影响。

6．安全阀

压缩机各级管路上如无其他压力保护设备都必须安装安全阀，当压力超过规定值时，安全阀能自动开启并排放气体，当压力降至某一值时，其又能自动关闭并停止气体排放。机组对安全阀的要求为按调校起跳压力准时开启，开启时应平稳并且无障碍、无震荡，排出瞬时气量等于机组瞬时处理量，当压力略低于工作压力时，安全阀应能自动关闭，并且保证关闭状态下密封可靠。

安全阀按排出介质的方式可分为开式和闭式两种。开式安全阀是把工作介质直接排向大气，且无反压力，多用于空气压缩机组上；闭式安全阀是把工作介质排向密闭管路系统中，目前油气田站场用于天然气增压生产的压缩机组都用此类安全阀，但在连接放空管线时注意高中低压分开。

安全阀按压力控制元件的不同又分为弹簧式和重载式，目前，压缩机组多采用弹簧式安全阀。

（二）压缩机组常见的作用方式

1．气缸单双作用

单作用是指只有缸头端或曲柄端参与对压缩介质增压做功的工作方式；双作用是指压缩机曲柄端和缸头端都参与对压缩介质增压做功的工作方式，双作用如图 3-53 所示。

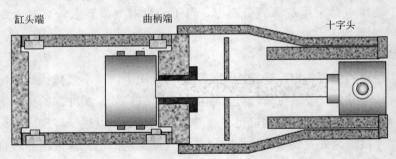

图 3-53　压缩缸双作用示意图

2．气缸串并联

气缸并联即一级压缩，是指工艺气仅经过一次压缩、冷却过程就排出，如图 3-54 所示；气缸串联即多级压缩，是指工艺气经过两次及以上压缩、冷却过程后排出，如图 3-55 所示。

120

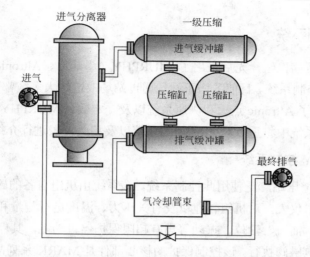

图 3-54　整体式压缩机一级压缩流程示意图

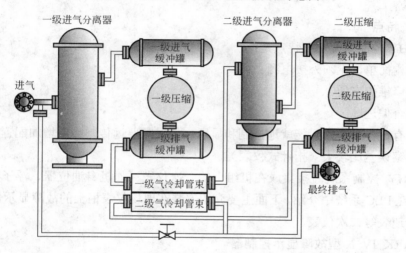

图 3-55　整体式压缩机二级压缩流程示意图

（三）硫化氢含量对压缩系统的要求

DPC、ZTY 系列压缩机组压缩工艺系统要求 H_2S 含量低于 $28.6g/m^3$，此条件下，压缩机组可采用一般的标准气缸、活塞、活塞环、垫片等。若 H_2S 含量高于 $28.6g/m^3$，则需采取以下措施：

（1）活塞杆采用合金钢加铬化硼喷并镀层处理；

（2）活塞环、密封填料环采用高温耐酸酚塑料材质；

（3）气阀阀片、弹簧片用不锈钢或铬镍铁合金；

（4）垫片用低碳钢或铝；

（5）O 形圈用氟橡胶；

（6）散热器涂上环氧树脂保护层。

八、仪表控制系统

整体式天然气压缩机组，先后采用了 MURPHY（墨菲）、Altronic、PLC（可编程逻辑控制器）等仪表控制系统。目前各增压站场通过站场改造绝大多数都采用 PLC 控制系统（但整体机组仍保留了 Altronic 点火和测速系统以及一定数量 MURPHY 公司的现场一次仪表），因此在三个系统中将重点对 PLC 控制系统以及相关仪表进行介绍。

（一）MURPHY 控制系统

2000 年以前各增压站广泛使用此控制系统，该系统由机组自备的磁电机提供电源，主要采用 Murphy 公司仪表，对机组转速以及有关压力、温度进行测量和显示，并对转速、压力、温度、液位、油流、油位、振动等设有超限保护停机功能，其停机动作由安装在燃料气供给管路上的电磁阀执行，该控制保护的核心部件是 MARK 系列故障显示控制器（俗称马克表）。

1. 系统特点

MURPHY 控制系统主要特点是：

（1）结构简单，无须外接电源。

（2）维修维护方便。

（3）适合偏远地区。

（4）没有远传接口，只能就地控制和显示，如果需要远传则需要增加配置。

（5）观察误差比较大（指针式仪表）。

MURPHY 控制系统直接集成在机组上的一次仪表（如机身油位器、浮子开关、振动开关等）将在 PLC 系统中介绍，下面主要介绍安装在现场仪表柜上的故障显示器、压力表、温度表、转速表等二次仪表。

2. MARK-IV-N 型故障显示控制器

MARK-IV-N 型故障显示控制器（图 3-56）的基本功能包括：

图 3-56　MARK-IV-N 型故障显示器

（1）MARK-IV-N 型故障显示控制器配有两个 24 点插入式端子板，根据需要可输入 47 路（备用 1 路）开关信号，开关为常开式，马克表每 0.5s 对 47 路各传感器输入开关信号巡检一次，当某参数超限时电接点开关接通（使输入线对地接通），即可在故障显示器上显示首先检到的故障点点号（传感器编号），并输出停车控制信号，使燃料气电磁阀关闭，同时断开点火电源使点火系统无法点火而自动停机并报警。

（2）机组在启动时，按下仪表控制盘上的复位——“RESET”按钮，系统给出 5min 延时，在这 5min 延时时间内 01～15 路输入被隔断，机组不会出现相应的停机。

（3）按下仪表控制盘上的测试——“TEST”按钮，在测试状态的 5min 延时内，所有 47 路输入均被巡检，但只显示检出的故障点点号，不输出停车控制信号。

（4）为了保证燃料气电磁阀关闭的触发能量，现场一般先触发燃气电磁阀，使其关闭，再延时 3s 使点火电源线接地放电。

MARK-IV-N 型故障显示控制器主要使用注意事项为：

（1）切勿将电源接到两个 24 点插头上；

（2）在机座或控制屏上进行电焊之前，拔开两个 24 点插头；

（3）长时间停用时，应取出数显器背面的电池；

（4）只能使用 DL223A 锂电池；

（5）在传感器导线上，不要使用高压兆欧表。

3．OPL-FC-R-ES 型电开关压力表

OPL-FC-R-ES 型电开关压力表（图 3-57）对机组的工艺气进排气压力进行监测，当指针与上、下限触点接触时，送出控制信号，机组停机，其中上、下限触点值可设定。

（a）压力表　　（b）温度表　　（c）转速表

图 3-57　MURPHY 控制系统主要二次仪表

在使用中应注意，将压力表前的针阀开度适当关小，使压力表的指针摆动较小，以延长使用寿命；当被测压力下降为零时，为保持指针良好的回零性，应将其下限设定触点调回至零位以下，以便指针正常恢复零位。

4．MDTM-89-CAJ 型双路数字式温度表

MDTM-89-CAJ 型双路数字式温度表（图 3-57）可对两路热电偶进行监测，通过拨动选择开关选择显示哪一路热电偶测得的温度，无论选择开关置于哪一路，该表对两路热电偶的超温监测都处于工作状态，任一路热电偶测得的温度超过该路的上限温度设定值，该路的输出开关都会接通，送出控制信号并停机；按下选择开关下方的按钮则显示该路上限温度设定值，这时可用小螺丝刀分别调整选择开关两侧的电位器，以调整两路上限温度设定值。

5. SHD30 型数字式转速表

SHD30 型数字式转速表（图 3-57）电源取自机组磁电机发出的电势，并通过对该电势上所载有的负脉冲（由电容器放电点火时产生）进行计数而测量出转速，无须另配传感器，当转速超限时，将发出信号使机组停机，转速的上、下限可设置。

图 3-58　Altronic 控制系统故障显示器

（二）Altronic 控制系统

2000～2008 年各增压站广泛使用 Altronic 控制系统，目前使用此系统的极少，其控制保护核心部件为 DD-40NT-O 型故障显示器（图 3-58）。DD-40NT-O 型故障显示器与 MARK-IV-N 型故障显示器功能基本一致，其控制系统的主要特点为：

（1）需要外接 24V 电源；

（2）维修维护方便；

（3）具备远传接口，能就地控制和上传数据；

（4）就地数据和上位机数据有可能出现偏差。

Altronic 控制系统有远传接口，可将数据上传至上位机，其点火系统在前文点火系统中已介绍，其测速系统将在 PLC 系统中进行介绍。

（三）PLC 控制系统

1. 系统特点

2008 年以后各增压站广泛使用 PLC 控制系统，其主要特点为：

（1）人性化操作界面，操作简单、易学易用；

（2）可自动记录历史运行数据，便于查询和故障分析；

（3）需外接电源；

（4）可靠性高、抗干扰能力强；

（5）具备多种通讯方式远传接口，能就地控制和上传数据；

（6）正常情况下，就地数据和上位机数据不会出现偏差；

（7）维修、维护较复杂。

2. 系统组成

由现场一次仪表、仪表柜、隔离式安全栅、避雷器、继电器、接线端子、PLC 的 CPU、电源模块、AI/AO/DI/DO 模块、外部设备、UPS、工控机、报警器、信号线等组成。PLC 控制系统接线示意图如图 3-59 所示。

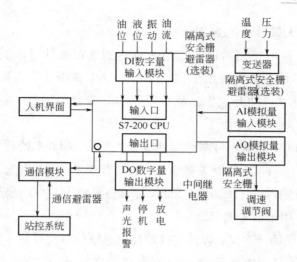

图 3-59　PLC 控制系统接线图

（1）CPU：也称为中央处理器，是一块超大规模的集成电路，是一台计算机的运算核心和控制核心。它的功能主要是解释计算机指令以及处理计算机软件中的数据。CPU 主要包括运算逻辑部件和高速缓冲存储器及实现它们之间联系的控制部件。它与内部存储器和输入/输出（I/O）设备合称为电子计算机三大核心部件。

（2）安全栅：本质安全型防爆仪器仪表的关联设备，在正常情况下不影响测量系统的功能。它设置在安全场所的一侧，当本质安全型防爆系统发生故障时，安全栅能将窜入危险场所的能量（电能）限制在安全值以内，从而保证现场的生产安全。安全栅主要有齐纳式安全栅和隔离式安全栅两大类。目前西南油气田压缩机组自控系统中使用的为隔离式安全栅，其有以下优点：

① 采用了三方隔离方式，因此原则上无须系统接地线路，给设计及现场施工带来极大方便。

② 对危险区的仪表要求大幅度降低，现场无须采用隔离式仪表。

③ 由于信号线路原则上无须共地，使得检测和控制回路信号的稳定性和抗干扰能力大大增强，从而提高了整个系统的可靠性。

④ 具备很强的输入信号处理能力，能够接受并处理热电偶、热电阻、频率等信号。

⑤ 可输出两路相互隔离的信号，以提供给使用同一信号源的两台设备使用，并保证两设备信号不互相干扰，同时提高所连接设备相互之间的电气安全绝缘性能。

（3）避雷器：用于保护电气设备免受雷击时高瞬态过电压的危害，并限制续流时间，也常限制续流幅值的一种电器。避雷器有时也称为过电压保护器或过电压限制器。其主要作用是，通过并联放电间隙或非线性电阻的作用，对入侵流动波进行削幅，降低被保护设备所受过电压值，从而起到保护通信线路和设备的作用。

（4）接线端子：主要作用是方便导线的连接，它其实就是一段封在绝缘塑料里面的金属片，其两端都有孔可以插入导线，有螺栓用于紧固或者松开，能够实现两根导线快速的连接或断开，适合有大量导线互连的场合。

（5）继电器：一种电控制器件，当输入量达到规定条件时，其一个或多个输出量产生预定跃变的元器件。通常应用于自动化的控制电路中，它实际上是用小电流去控制大电流运作的一种"自动开关"。故在电路中起着自动调节、安全保护、转换电路等作用。

（6）输入输出（I/O）模块：可编程控制器与生产现场相联系的桥梁。输入输出模块包括 DI、DO、AI、AO 等；DI 为开关量输入，反映开关量的状态是分还是合；DO 为开关量输出；AI 是模拟量输入，一般为 4～20mA 标准信号输入；AO 是模拟量输出，一般为 4～20mA 信号输出，用于信号调节。

（7）仪表柜：除现场一次仪表以外，PLC 控制系统的自控设备一般都安装在现场仪表柜内，其数据可在现场仪表中显示，也可上传到中控室显示，中控室安装有紧急停机按钮，可实现远程停机。不过也有个别用户安装 2～3 个仪表柜，分别为现场仪表柜（里面一般安装隔离式安全栅、避雷器、继电器等）、中间端子柜（里面一般安装避雷器，若没有中间端子柜，避雷器安装在 PLC 柜内）、PLC 柜（里面一般安装 CPU、电源模块、AI/AO/DI/DO 模块、隔离式安全栅、接线端子、避雷器、电磁阀等，如图 3-60 所示）。

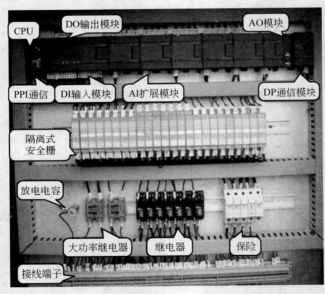

图 3-60　PLC 柜内部结构

3．主要作用

PLC 控制系统的主要作用是对压缩机的工作参数进行监测、在超限时报警、实现自动停车保护、对某些参数做简单的自动调节，保证压缩机运行正常、安全可靠。

4．工作原理

现场模拟量仪表采集到的（温度通过隔离式安全栅转换）4～20mA 标准信号，通过 PLC 以扫描的方式依次读入，并将它们存入相应的存储单元内，CPU 对用户输入程序数据

（设定点）与现场仪表采集数据（实时数据）进行对比刷新，当两数据有冲突时，PLC 将发出停机指令并报警；同时 PLC 若接收到现场开关量仪表动作信号（开关接点开或闭合），PLC 也将发出停机指令并报警；停机主要通过安装在现场防爆箱或现场仪表柜内的继电器切断机组上的燃气电磁阀，同时切断点火低压回路、并对点火系统对地短路来完成；为了避免信号间的干扰造成不必要的停机，PLC 控制系统一般设置了 2s 延时停机功能；PLC 控制柜具有就地控制功能并带远程监控通信接口，通过 RS485 通信或光纤 TCP/IP 连接到中控室，用于压缩机组数据远程监控。

5．主要监控参数

整体式压缩机组主要监控以下参数。

（1）压力：工艺气进气压力、级间压力、排气压力。

（2）温度：动力缸排温、压缩缸排温、动力缸夹套水温、压缩缸夹套水温、机身油温。

（3）振动：机身振动、冷却器振动。

（4）转速：压缩机组转速。

（5）液位：机身油位、注油器油位、原料气分离器液位、高位水箱水位。

（6）润滑无油流。

目前机组的无油流、液位监控一般采用开关量（指只有开和关两种状态，不显示数值）仪表；振动监控，有的采用开关量仪表，有的采用模拟量仪表；其他监控参数均采用模拟量监控仪表。

6．操作界面

PLC 的操作界面主要安装在现场仪表柜上，若该系统设计有数据远传控制功能，在终端计算机上也可以对系统的参数门限进行设置以及进行紧急停机，下文将介绍现场仪表柜的操作界面，仪表柜上的操作主要通过功能开关和触摸屏（LCD）来完成。

1）功能开关

功能开关包括：

（1）电源开关，控制仪表柜的供电电源输入。

（2）故障解除（复位），机组故障复位控制，即相当于开启电磁阀。

（3）故障消音，对报警器进行消音。

（4）启动按钮"Start"，在就地仪表柜上按下"Start"按钮，机组进入 5min 倒计时时间，此时电磁阀打开并闭合点火回路，进气压力低等参数报警点被屏蔽以满足启动需要，当机组倒计时结束后，所有参数报警点都进入正常监控。

（5）停止按钮"Stop"，当按下"Stop"按钮时，机组电磁阀被关闭，机组燃料气被断开，点火回路被切断，机组停止运行。

2）触摸屏（LCD）

触摸屏的基本原理：用手指或其他物体触摸安装在显示器前端的触控屏时，所触摸的位置(以坐标形式)由触摸屏控制器检测，并通过接口(如 RS-232 串行口)送到 CPU，从而确定输入的信息。触摸屏附着在显示器的表面，与显示器配合使用，如果能测量出触摸点在屏幕上的坐标位置，则可根据显示屏上对应坐标点的显示内容或图符获知触摸者的意图。

触摸屏具有从 PLC（或 RTU）采集数据、向 PLC（或 RTU）输出控制指令、显示 PLC（或 RTU）内部数据值、接收用户输入、画面显示、权限控制等功能。触摸屏主要分为四大类：电阻式、电容式、红外线式、表面声波式。其中电阻式触摸屏在嵌入式系统中应用得较多；现场仪表柜上常用的红狮触摸屏就属于电阻式触摸屏。出于安全原因考虑，油气田场站现场仪表柜上的触摸屏逻辑控制模块，电源一般选用 24-VDC。

（1）触摸屏主要界面：主界面（主要有开、关电磁阀以及主菜单显示等功能）、机组运行状态显示和控制界面、报警点输出界面（显示报警详细信息）、机组报警点设置和用户登录修改界面等。

（2）机组的 4 种状态显示：一般有启动、运行、停机和维护（或检测）4 种，当将机组点到维护状态界面时，可选择维护点（一次只能选一个），选定的维护点将被屏蔽，并且现场报警器出现报警，但机组不会停机，此时可对维护点对应的仪表或设备进行标定检测（调整前做好安全分析，不得出现异常事故），调整完毕后，应立即取消维护点并将机组恢复至运行状态。

7．主要监测仪表

PLC 控制系统主要使用的监测仪表有机身油位监测仪表、注油器润滑油补充和监测仪表、分离器自动排污及液位监测仪表、高位水箱水位监测仪表、振动监测仪表、无油流监测仪表、压力监测仪表、温度监测仪表等。

（1）机身油位监测仪表（图 3-61）：在机组飞轮右下方压缩一缸中体侧面安装有一台 MURPHY 公司的 LM301 型油位控制器，它有一个透明的球形观察窗，可以观察油位的高低，内部装有两个浮子，一个浮子在升降时带动一个橡胶塞关小或开大进油口，以维持油位在观察窗的 1/2 左右（两绿线之间）；另一个浮子在升降时可拨动一个微动开关，当油位降低，浮子下降到低限时，使微动开关接通，送出控制信号，使机组停机并报警。油位控制器安装高度可以手动调节，调节应在机组运行平稳状态下缓慢进行，一般情况下，其安装位置的高度在试机时已调整好。

图 3-61　LM301 型曲轴箱油位控制器

（2）注油器油位调节和监测仪表（图 3-62）：在注油器右上方安装有 KENCO 公司 507-J

型浮子式油位开关，它的浮子随油位高低而升降，当油位降低时，带动橡胶阀打开，高架油箱的润滑油经过油位开关过滤网向注油器补充，当注油器油位下降至低于下限值时，微动开关接通使机组自动停车并报警。应定期检查清洗滤网，特别是冬季更应该加频检查与清洗。

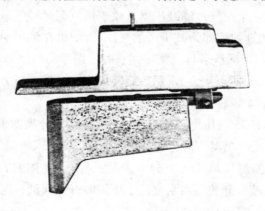

图 3-62　507-J 型浮子式油位开关

（3）分离器自动排污及液位监测仪表（图 3-63）：分离器上安装有自动排污阀，其采用 MURPHY 公司的 L1200N-SS-DVOR 气动液位控制器和 DVU2115 放泄阀控制器，当分离器内液位较低时，L-1200N 的控制阀是关闭的，当分离器液位达到液位控制阀处时，分离器上处于下部的浮子上浮使开关接通，送出控制信号使仪表风气源（0.6～0.8MPa）经过减压过滤器后将气动放泄阀打开，将分离器内的积液排除；当分离器内液体突然大量增多或自动排污阀失效，使液位继续上升至最上面的液位开关的水平线时，浮子上浮并触动信号使机组停机并报警。

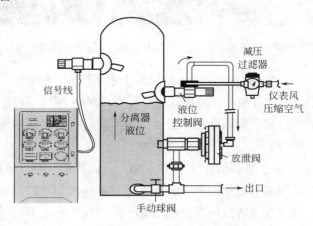

图 3-63　分离器液位自动排污系统

通常 1～2 个月应对浮子开关进行一次检查，检查时旋开其后部一个圆筒形罩盖，可以看见从内部伸出的一根端部弯折成 L 形的小轴，用小螺丝刀轻压小轴的弯折端可使该轴转动，这时应能听到微动开关动作时发出的轻响声和内部浮子上下摆动时发出的轻响声（由于响声很小，应在停机时检查才能听见），这表明微动开关动作正常，内部浮子上下动作灵活。若内部浮子能摆动，只是微动开关不动作，只需调整微动开关安装位置的高低即可解决；若内部浮子动作不灵活，甚至小轴已经转不动，则需将浮子开关从罐上拆卸下来检查和清除污垢。

L-1200N 本身带有一个空气过滤减压器，仪表风气源经减压器后气压降到约 180kPa（其上安装的压力表上的读数值即为减压后的气压），如果在使用中发现该压力表的读数大于 210kPa 或小于 150kPa，应该进行调整。调整时，用手将减压器顶部上的黑色胶木盖轻轻向上提起（提起约 3mm 即可到位），然后旋转胶木盖，观察压力表的读数变化，调整压力为 180kPa 后，将胶木盖轻轻压下复位。

在分离器上还装有 HG5 高压型玻璃液位计，液位计与分离器采用连通器原理，液位计玻璃管内的液位高度即是分离器内液位的高度。

（4）高位水箱水位监测仪表（图 3-64）：主要利用 MURPHY 公司的 L150 型（也可使用 L1200 型）浮子式液位开关，当水位低于下限时开关接通，送出控制信号，浮子式液位开关安装在高位水箱侧端面。

图 3-64　高位水箱及安装在其上的 L150 型浮子式液位开关

（5）振动监测仪表：2008 年以前增压站机组上常采用 MURPHY 公司的 VS-2 系列振动开关（开关量仪表）对机身和冷却器振动进行监测，2008 年以后投用的机组多采用电磁式振动传感器（模拟量仪表）对振动进行量化监测，同时有些大的站场还配有西马力公司的便携式振动频谱分析仪。

MURPHY 公司的 VS-2 型振动开关（图 3-65），需要调节时，可旋开其右侧面的一个塑料螺塞，用小螺丝刀调节里面的一个灵敏度调节螺钉，顺时针旋转灵敏度降低，逆时针旋转灵敏度提高。调整其灵敏度应当在机组处于振动较大的正常运行状态（例如重负荷或波动负荷）下进行，先使故障显示器处于测试状态，用小螺丝刀逆时针旋转灵敏度调节螺钉，使振动开关刚好动作（可从观察窗看见），然后再顺时针旋转 45°即可。其作用是：当振动过大时振动开关接通，送出控制信号，机组停机并报警。

对于振动设备，测量结果可根据选用传感器的不同分别以位移、速度、加速度的数值反映，因整体式压缩机组频率低、振幅大，因此常采用位移或速度式传感器（如图 3-66 电磁式振动传感器），它是利用线圈在磁场中做相对运动，切割磁力线而产生与相对运动速度成正比的电动势的原理制作的，故也称为速度式传感器；其特点是 4～20mA 输出、无须机械调整、数字式显示、精度高。

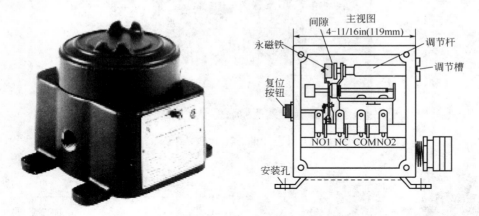

图 3-65　VS-2-EX 防爆型振动开关

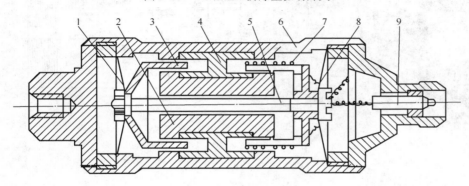

图 3-66　速度式振动传感器结构图

1, 8—弹簧片；2—磁钢；3—阻尼环；4—铝架；5—芯轴；6—壳体；7—线圈；9—输出头

　　当机组振动传感器监测的数值有明显增加时，还可使用振动频谱分析仪进行精准监测，其监测点可灵活调整至机组上的任何部位，并且从 3 个方向（活塞往复运动方向、曲轴轴线方向、垂直于前两个方向的方向）对机组振动进行测量，其监测结果会同时出现位移、速度、加速度的数值。

　　（6）无油流监测仪表：一般采用点对点压力润滑方式的机组多采用 AJAX 公司的 BM-17029 型无油流开关，采用分配器集中分配润滑方式的机组采用 Premier DNFT 型开关。

　　采用 AJAX 公司 BM-17029 型无油流开关（图 3-67）的机组，每个注油单泵对应一个无油流开关，并且动力缸各润滑点和压缩缸（包括填料）各润滑点分别各自串联在一起，注油器正常工作时，油流将活塞推开，当任意无油流开关遇故障无油流动时，其内部小活塞在回位弹簧的推动下短路，使机组自动停车并报警。

　　采用分配器压力集中润滑系统的无油流监测，常使用 Premier 公司的 DNFT 型无油流开关（图 3-68）或 CCT 公司的 proflo Jr 型无油流开关。

图 3-67 AJAX 公司的 BM-17029 型无油流开关

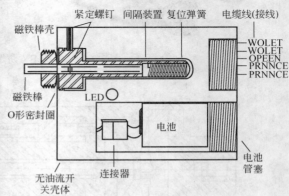

图 3-68 Premier 公司的 DNFT 型无油流开关

　　无油流开关实际上是由微处理器和晶体管技术构成的复合体，它包含一个可用于准确地监控润滑油系统周期，并具有精确同步关闭能力的振荡晶体，其作用是检测润滑油分配器的低流量和无流量状态。在润滑油（分配器活塞驱动的润滑油）以及复位弹簧联合作用下，使无油流开关磁铁棒往复移动，此移动被用于无油流开关更新计数、导通发光二极管以及微处理器连续监控，并同时显示一个完成的润滑油工作周期（脉冲时间），此工作周期在控制系统中以读数的形式反映出来，如果在报警延时时限内没有探测到磁铁棒往复移动，那么控制系统将输出信号，使压缩机组停车并报警，以防止压缩机在润滑无油流的情况下工作，这种无油流开关厂家一般固化报警时间为 2min（也有通过 PLC 设置报警时间的其他类型的无油流开关，其报警时间一般为 1min）。

　　无油流开关内安装有锂电池(有的无油流开关没有安装电池)，电池作用是提供磁铁棒切割磁力线所需的磁场，同时提供开关计数和二极管工作指示发光所需电量，当电量不足时机组也将出现停机，因此应根据厂家要求，定期检查或更换电池。

　　（7）压力监测仪表：压力是压缩机组的主要性能参数之一，准确地测量压力，对压缩机的理论研究和故障分析、对保证机器设备和人员的安全具有重要的意义，增压站场配有一定数量的压力表，并在工艺气进气、级间、排气以及进机燃料气上安装压力变送器（分体机组冷却液、润滑油上也要安装），以便精准测量这些重要压力，并将其远传至中控室。

压力变送器从材质上分可分为电阻式和电容式两种。目前增压站多用电容式，电容式压力变送器由测压元件传感器、测量电路和过程连接件 3 部分组成。它能将测压元件传感器感受到的气体、液体等物理压力参数转变成标准的电信号（如 4～20mA DC），以供给指示报警仪、记录仪、调节器等二次仪表进行测量、指示和过程调节。压力变送器如图 3-69、图 3-70 所示。

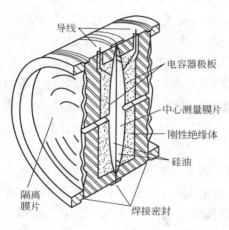

图 3-69 δ 室结构图

图 3-70 压力变送器外观

其工作原理为：被测介质的两种压力通入高、低两个压力室（低压室压力是大气压或真空），作用在 δ 元件（敏感元件）的两侧隔离膜片上，通过隔离片和元件内的填充液传送到测量膜片两侧，当两侧压力不一致时，中心测量膜片将产生位移（其位移量和压力差成正比），使两侧电容量不等，不等的电容量通过振荡和解调环节后，转换成与压力成正比的信号。元件内的填充液一般选用硅油，其作用是传递压力、缓冲防震、减小冲击。同时若在高含硫增压站，一般在压力变送器与介质间安装一个隔离器（杯），隔离器中加入硅油，使介质不直接与变送器隔离膜片等直接接触，避免含硫燃气腐蚀膜片等元件。

（8）温度监测仪表：温度也是压缩机组的主要性能参数之一，准确地测量温度，对保证压缩机运转的可靠性、经济性具有重要的意义；温度的测量分为接触式和非接触式，接触式包括温度计、热电偶、热电阻等，非接触式主要为辐射式高温计（红外线测温仪）。

整体机组一般需对各动力缸排气、压缩缸各级进排气、动力缸夹套水、压缩缸夹套水、润滑油等温度进行测量，压缩机组现场采用的测温仪表主要为铠装 J 型热电偶或铂热电阻，若控制系统采用 MURPHY、Altronic 系统则需在现场仪表柜上配置相应的温度表，若为 PLC 控制系统，则只需与隔离式安全栅或隔离器相连，同时大型增压站场也配有红外线测温仪。

① 铠装热电偶：铠装热电偶是将两种不同成分的导体两端经焊接形成回路，直接测温端叫作工作端（热端），接线端子端叫作冷端，也称作参比端。当工作端和参比端存在温

差时，就会在回路中产生热电流，接上显示仪表，仪表上就会指示出热电偶所产生的热电动势的对应温度值，铠装热电偶的热电动势将随着测量端温度升高而增长，热电动势的大小只和热电偶导体材质以及两端温差有关，和热电极的长度、直径无关。

由于铠装热电偶的材料一般都比较贵重，而测温点到仪表的距离都很远，为了节省铠装热电偶材料，降低成本，通常采用补偿导线把铠装热电偶的参比端（自由端）延伸到控制室的仪表端子上。在使用铠装热电偶补偿导线时必须注意型号要相匹配，极性不能接错（热电偶和补偿导线有"+"、"−"极性，目前整体式压缩机使用的J型热电偶"+"极线有导磁性，"−"极线无导磁性，热电偶与补偿导线及温度表的测量输入端子"+"、"−"极性应当一致），补偿导线与铠装热电偶连接端的温度不能超过100℃。

铠装热电偶主要由接线盒、接线端子和铠装热电偶组成，并配以各种安装固定装置。

② 热电阻：热电阻的测温原理与热电偶的测温原理不同，其是根据电阻的热效应进行温度测量的，即电阻体的阻值随温度的变化而变化的特性，因此，只要测量出感温热电阻的阻值变化，就可以测量出温度。

根据电阻值随温度变化情况的不同，热电阻又分为热电阻和热敏电阻两类；前者材料为导体（即金属），它的电阻值随温度升高而增大，后者的材料为半导体，它的电阻值随温度的升高而减小。热电阻大都由纯金属材料制成，目前应用最多的是铂和铜，此外，现在已开始采用镍、锰和铑等材料制造热电阻。目前增压机组上广泛使用的为铂热电阻（Pt100），其由电阻体、保护套管和接线盒等部件组成，热电阻丝绕在骨架上，骨架采用石英、云母、陶瓷及塑料等材料制成，其结构如图3-71所示。

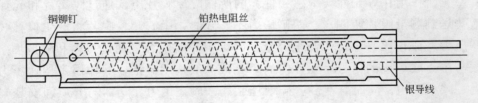

图 3-71　铂热电阻温度计结构图

目前热电阻的引线主要有二线制、三线制和四线制，二线制在测量中误差较大，已不使用，压缩机组一般采用三线制。图3-72中R_t为热电阻，r_1、r_2及r_3为引线电阻，三线制的结构中，一根导线接到电源对角线上，另两根分别接到电桥相邻的两个臂上。这样，当环境温度变化引起导线电阻值变化时，对仪表读数的影响可以相互抵消一部分。采用PLC控制系统时，热电阻通过引线接到隔离器（或隔离式安全栅）上，连接时应按照相关隔离器的接线（图3-73）要求进行组态、连接；当采用MURPHY或Altronic控制系统时，热电阻接到温度计上，连线时，首先用万用表量三根线的电阻，电阻值小的两根线短接（实际为导线电阻值）并与温度计一端相连，另一根线接温度计的另一头。

③ 便携式红外线测温仪。

在机组巡检过程中，还经常会用到便携式红外线测温仪，其特点是携带方便，可灵活测量机组上的任意物体（包括运动中的物体）温度，测量范围广，可作为机组运行状态监

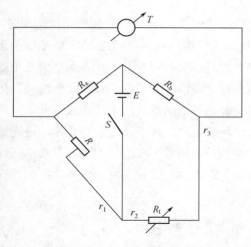

图 3-72　三线制热电阻测量电路图

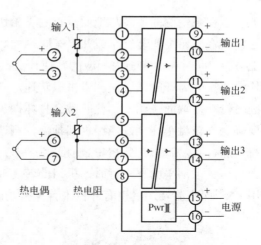

图 3-73　2 进 3 出隔离器接线图

测的重要设备之一。

④ 热电偶与热电阻的区别。

（a）信号的性质不同：热电阻是随温度的变化产生阻值变化，而热电偶是产生感应电压的变化。

（b）接线（补偿）方式不同：热电偶需要专用的两线制补偿导线引出信号，热电阻一般是 3 根铜导线，并且不需要补偿导线。

（c）材质不同：热电阻多采用具有温度敏感变化的金属材料，热电偶多采用双金属材料。

（d）检测的温度范围不同：铂热电阻一般检测-200~800℃温度范围,热电偶可检测 0~1600℃的温度范围。

⑤ 测温元件的安装要求。

测温元件的安装位置不同，其检测结果也会有所不同，所以对测温元件的安装也有严格的要求：温度计应插入得深些，使其端部位于管道的中心附近，若缩短一半，其误差可达 7.5％；当采用导热系数小的材料做测温套管（例如用钢而不用铜）时，则测温套管要做成细长状且壁厚应尽量的薄；测温元件所插入的管道上应有足够的绝热保温层，以减少测温点和外界的散热，同时，测温元件应尽可能插入管道或容器内，其外露部分应有足够厚的绝热保温层；若采用套管，应增强其与介质的散热，例如在测温套管的外面采取肋化的办法；测量管道内流体温度时，若管径较小，可以将其安装在转角处，迎着流体流向沿管道方向插入，若不能沿管道方向插入，则可迎着流体方向斜向插入。

（9）转速测量仪表：仪表柜内装有一只 Altronic 公司的 DSG-1201DUP 型数字式远传转速表（图 3-74），该表的转速信号取自磁电机发出的电势，并通过对该电势上所载有的负脉冲（由电容器放电点火时产生）进行计数而测量出转速，无须另配传感器。该表的状态及转速信号传到 PLC，具有转速（高或低，一般设高限）停机报警保护功能。

同时很多机组又增装一个 PNP 测速探头，此探头也可以测量机组的转速，探头通过支架安装在飞轮侧面或者与地面垂直的飞轮切线方向上（图3-75）；当安装在飞轮侧面时，还需要在飞轮上安装一个或几个等距螺栓（必须保证飞轮旋转时螺栓经过PNP测速探头正上方），同时在仪表柜内相应的转速计上设置PNP测速探头经过螺栓相应次数（装几个螺栓设几次）为一圈，进而测量机组转速，安装此位置一般情况下测得的转速比较准确，但因飞轮存在端面跳动，螺栓时常会打坏探头；当安装在与地面垂直的飞轮切线方向上时，要确保飞轮盘车孔刚好能经过其顶部，测速探头即可通过测量机组飞轮盘车孔数，进而测得转速，绝大部分机组PNP测速探头都安装在此位置，但当盘车孔经过探头并且盘车孔切面与探头顶部平面不平行时，机组的转速波动会很大，因此安装探头时一定要找准位置。用PNP探头测转速，也有停机报警保护功能。

图3-74　转速表

图3-75　PNP测速探头安装位置

一般情况下整体式压缩机组有两个转速显示（转速1、转速2或转速A、转速B），分别是通过点火系统测量机组的点火脉冲数，和通过PNP测速探头测得的转速；前一个转速高、低限设置要通过现场仪表柜上的转速表修改，修改方法为首先同时按"MODE"（状态）+"SETPTS"（设定点）解锁；再按"SETPTS"切换界面(共4个界面)，一般第3个为高限设置界面，在第3个界面下，通过上、下（"▲"和"▼"）键可设置高限，按"ENTER"保存，再按"ESD"退出即可；后一个转速高、低限在控制面板参数设置状态下修改设置。

（10）电磁阀：整体式压缩机组2008年以前多使用MURPHY公司的M5081-C-M-1型电磁阀，2008年以后广泛使用ASCO公司的8210系列电磁阀。

MURPHY公司的M5081-C-M-1型电磁阀（图3-76），操作时需要手动打开复位开关，此时阀体上部的衔铁动作，将阀顶开；当故障显示器有任意一个开关接点闭合（控制参数超限），电源、弹簧开关和线圈之间就形成回路，输出开关导通，接通电磁线圈使电磁铁吸合，将阀门关闭，进而切断燃料气；该阀也可以通过手动阀关闭。

ASCO公司的8210系列电磁阀一般为2位3通式，由主阀和放空电磁阀组成，并形成联锁。正常工作时，主阀打开，放空电磁阀关闭，停机时主阀关闭，放空电磁阀打开，并放空电磁阀下游燃料气，其放空气体与机组中体放散管线汇到一起后，单独通过一根管线引至厂房外放散。

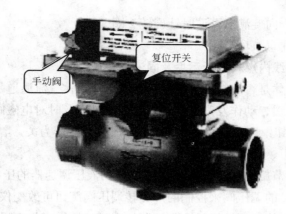

图 3-76 M5081-C-M-1 电磁阀

ASCO 公司的 8210 系列 G100 电磁阀由铁芯、弹簧、固定器、调速器、调速器密封垫、主阀固定螺栓、主阀体、主阀盖、主阀弹簧、活塞、吸气管、垫圈、活塞隔膜、支撑铜圈、阀体垫圈、阀体通道密封圈等组成，其结构组成如图 3-77 所示。

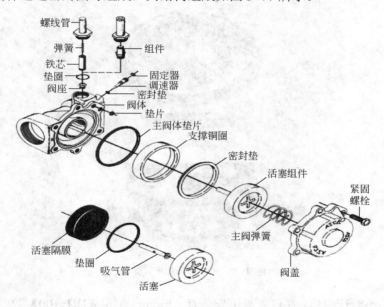

图 3-77 ASCO 公司的 8210 系列 G100 电磁阀

ASCO 8210 系列 G100 电磁阀属于先导式电磁阀，主要由导阀和主阀组成，导阀由调速器、固定器、密封圈等组成，主阀采用橡胶密封结构。常位时，活动铁芯封住导阀口，阀腔内压力平衡，主阀口关闭。当线圈通电时，产生电磁力将活动铁芯吸上，主阀腔内的介质自导阀口外泄，以至产生压力差，活塞膜片被迅速托起，主阀口开启，阀便打开；当线圈断电，磁场消失，活动铁芯复位，封闭导阀口，导阀和主阀腔内压力平衡后，阀便关闭。

电磁阀开关动作快慢是由调速器控制的，调速器通过调整进入阀内活塞上部气体的快慢，实现电磁阀动作快慢的控制，顺时针方向旋转调速器，阀门关闭动作变慢，反之变快，

137

通常情况下，顺时针方向旋满后再逆时针旋转 2 圈即可。

该电磁阀的使用注意事项为：

① 尽可能保证管线内燃料气无污垢及固液体杂质；

② 每半年检查阀体是否腐蚀，密封圈是否老化，阀体气流通道是否堵塞；

③ 当阀门动作迟缓、动作发声异常、出现泄漏时应及时对电磁阀清洗并检查。

（11）紧急停机按钮：一个信号通断开关，一般设置按压为关，增压站的紧急停机按钮一般安装在现场仪表柜、降噪厂房外、端子柜旁 3 个位置。

（12）气动转速调节旋钮（图 3-78）：安装气动液压调速器的压缩机组，其转速是通过安装在就地仪表柜上的调压阀来控制的，旋转调压阀旋钮可改变仪表风的压力，调速器中设有"正向"设定机构（压缩机转速随控制仪表风的压力增加而提高），或者"反向"设定机构（压缩机转速随控制仪表的压力增加而降低）。在启动过程中，为了最大限度地保证安全，需将位于调速器上的手动调节旋钮调至最小转速设定值，这样就可以防止机组在启动过程中由于气动压力不正确而造成压缩机组超速，避免损坏发动机或造成人员伤亡。

图 3-78 气动转速调节旋钮

（13）数字小时计时器：在仪表盘上安装有 Altronic 公司的 DH-100A 数字小时计时器，该部件的信号取自磁电机发出的电势，通过检测供电维持时间来记录运行时间。

（14）声光报警器：又称作声光警号，其能满足压缩机现场对报警响度和安装位置的特殊要求，能同时发出声、光两种警报信号，以便能第一时间发现机组报警。

8．注意事项

（1）应定期检查仪表控制系统线路，保证线路和仪表接线端子无腐蚀和接触不良等现象。如有上述情况发生时应立即进行相应的处理（抛磨或重新接线），如果不能处理应更换相应的仪表或元件。

（2）压缩机组所有的仪表校验周期为 6 个月，测温、测压仪表校验必须由有资格的计量单位按照国家相关规定进行，校验合格后，重新出具合格证，并注明下次校验日期。

（3）某些品牌的 PLC 有部分数据储存在 ROM（一次性存储）中，掉电后储存靠内部一个电容供电，供电时间有限，当电容失电后，CPU 中的 ROM 内数据将丢失(丢失后需对参数量程及报警门限重新设置)，所以在无法确定选用的 PLC 是否具有掉电后参数永久保存功能时，停机后不要长期关闭 PLC 柜的电源。

（4）在传感器导线上不要连接任何电源，否则将损坏报警器线路。

（5）信号线不要与点火系统导线、强电电缆同管布线，尽量使用屏蔽线，以免对信号造成干扰。

（四）油气田场站应用的其他控制系统

目前西南油气田在生产运动监控与调度中还使用了 SCADA 控制系统，即数据采集与监视控制系统，其主要由站控系统、作业区区域调度中心 RCC、矿区调度中心 DCC 和公司总调控中心 GMC 四大部分构成。它的主要功能包括数据采集、本地和远程控制、多种通信介质连接、易于重新配置及本地和远程诊断。其场站控制部分一般包括 RTU 控制系统、DCS 系统、ESD 系统等。

1. RTU 控制系统

RTU 是 Remote Terminal Unit（远程测控终端）的缩写，是 SCADA 系统的基本组成单元。SCADA 是 Supervisory Control and Data Acquisition 的缩写，是对分布距离远、生产单位分散的生产系统进行数据采集与监视控制的系统。一个 RTU 可以由几个、几十个或几百个 I/O 点组成，可以放置在测量点附近的现场。RTU 至少具备以下两种功能：数据采集及处理（例如天然气温度控制及熄火保护联锁控制，天然气流量、压力、温度控制，分离器液位监测，中高压超高自动联锁等）和数据传输（网络通信），当然，许多 RTU 还具备 PID 控制功能或逻辑控制功能（例如实现现场各个控制回路的自动化控制）、流量累计功能等。RTU 最显著的特点是远控功能，即它与调度中心之间通过远距离信息传输所完成的监控功能。

RTU 既是 PLC 产品，又是对 PLC 在远程和分布式应用产品领域的补充，RTU 也可以理解为专门为恶劣环境和特定要求定制的 PLC。

2. DCS 系统

DCS 是 Distributed Control System（分布式控制系统）的缩写，在国内自控行业又称之为集散控制系统，DCS 是动态的，需要人工频繁的干预，这有可能引起人为误动作。

3. ESD 系统

ESD 是 Emergency Shutdown Device（紧急停车系统）的缩写。ESD 紧急停车系统按照安全独立原则要求，独立于 DCS 集散控制系统，其安全级别高于 DCS。在正常情况下，ESD 系统是处于静态的，不需要人为干预。作为安全保护系统，凌驾于生产过程控制之上，实时在线监测装置的安全性。当生产装置出现紧急情况时，不需要经过 DCS 系统，而直接由 ESD 发出联锁保护信号，对现场设备进行安全保护，避免危险扩散造成巨大损失。随着计算机技术的发展，ESD 系统的设备也经历了一个由简单到复杂的演变过程，但基本结构依然是由检测单元、控制单元和执行单元组成。

（五）机组主要操作及安全控制参数

下面是整体式压缩机组的性能参数（表 3-1）、主要运行参数（表 3-2）、维修检测参数（表 3-3、表 3-4）以及压缩活塞环相关间隙（表 3-5）列表。

表 3-1　DPC（ZTY）系列整体式压缩机性能参数

机型	ZTY85	ZTY170	ZTY265	ZTY440	ZTY470	ZTY600	ZTY630
额定功率，kW	85	170	265	440	470	590	630
额定转速，r/min	360	360	400	400	440	400	440
活塞杆最大允许载荷，N	97861	97861	133356	177811	177811	187811	187811
最低稳定转速，r/min	250	250	250	250	265	250	265
动力缸缸数	1	2	2	3		4	
动力缸缸径，in	13.25		15				
动力缸冲程，in	16						
压缩缸缸数	1	2				3	
压缩缸缸径，in	3～28（根据用户提供的工况参数，选配不同缸径）						
压缩缸冲程，in	11						
压缩级数	1～3（根据用户提供的工况参数，选配不同的压缩级数）						
气缸作用形式	单、双作用						
燃气消耗率，m³/(km·h)	0.30						
排气温度，℃（动力/压缩）	400/50						
机组外形尺寸，m	8×3×6	10×4.5×6.5		12×5.8×7		18×6.5×7	
主机外形尺寸，m	6.6×1.2×2.5	6.6×2.5×3.1		6.6×3.5×3.7		6.8×4.5×3.9	
机组重量，t	13	23	25	35		45	
启动方式	缸头直接启动，用 1.5～2.0MPa 压缩气直接推动活塞，启动气源可是天然气，也可是压缩气						

表 3-2　整体式压缩机组主要运行参数控制表

类别	控制参数范围	备注
压比	一级压缩 ξ≤3.5；二级压缩 ξ>3.5	各级压比差 e≤0.5
转速	DPC230：n≤360r/min；DPC360、ZTY265、ZTY440：n≤400r/min；ZTY470（DPC2803）：n≤440r/min	$n_{运}$＝（80%～90%）$n_{额}$
动力缸排温	DPC230、DPC360、ZTY265、ZTY440：t≤400℃	两缸温差不大于20℃；
	ZTY470（DPC2803）：t≤420℃，	两缸温差不大于22℃；
夹套水温	动力缸：55～85℃，压缩缸：50～80℃	
曲轴箱油温	30～80℃	
压缩缸排温	≤150℃	
燃料气压力	进机压力应为 0.055～0.083MPa（DPC2803、ZTY470 机组的燃气进机压力为 0.056～0.14MPa），温度应不低于 2℃	在机组调压阀前为 0.5～1.00MPa
启动气压力	1.80～2.4MPa	温度不低于 2℃

表 3-3 DPC360、DPC2803、ZTY265、ZTY310、ZTY440、ZTY470 型整体式压缩机组维修检测参数

部件	参数范围, in	最大极限, in	备注(单位: in)
机 身			
曲轴与主轴瓦	0.0046～0.0076		
曲轴与止推轴瓦	0.008～0.018		
动力端			
动力缸缸径	14.997～15.001	15.013	自由状态不圆度为 0.002；安装到机身上紧固后不圆度的变化最大值为 0.001；磨损最大值为 0.005
活塞裙部直径	14.968～14.970	14.961	不圆度最大值: 0.006/0.1524
活塞裙部与缸间隙	0.027～0.033	0.045	
活塞与汽缸,下部第一道环	0.152～0.161		
活塞与汽缸,下部第二道环	0.142～0.151		
活塞与汽缸,下部第三道环	0.142～0.151		
活塞杆	2.5	2.495	
十字头滑道	11.999～12.001	12.004	不允许超出 12.004
十字头外径	11.987～11.989	11.985	超出 11.985 应评估
十字头与滑道	0.009～0.013	0.016	综合磨损后间隙不得超过 0.016
连杆衬套内径	5.5044～5.5069	5.509	
连杆侧隙	0.010～0.026	0.029	
十字头销外径	5.4995～5.500	5.4985	不圆度最大值: 0.001
衬套与销间隙	0.0044～0.0074	0.0085	超过最大值噪声会变大
曲轴曲柄销直径	7.499～7.500	7.4975	不圆度最大值: 0.0015
曲柄销连杆瓦安装后的内径	7.503～7.505	7.507	不圆度最大值: 0.001
曲柄销与瓦间隙	0.003～0.006	0.0075	
主轴承销外径	8.374～8.375	8.373	超过最大值将发热
主轴承瓦内径	8.3796～8.3816	8.3831	超过最大值应观察发热、测量椭圆度等
主轴承瓦与主轴销间隙	0.0046～0.0076	0.0091	
主轴承侧隙	0.008～0.018	0.02	
所有活塞环开口	0.115～0.135	0.145	超出最大值不得使用
活塞环侧隙——第一,二道环	0.01～0.0125	0.015	
活塞环侧隙——第三,四道环	0.008～0.0105	0.013	
卧轴轴承内径	1.502～1.503	1.504	
卧轴外径	1.498～1.500	1.479	
卧轴轴承与卧轴间隙	0.002～0.005	0.007	超出最大值传动机构将产生较大附加力

部件	参数范围，in	最大极限，in	备注(单位：in)
双列中心主轴承内径	7.754～7.756	7.757	
曲轴轴颈	7.749～7.750	7.748	
双列中心主轴承与轴颈间隙	0.004～0.007	0.0084	超出最大值在允许范围内可以垫入薄片调整
飞轮密封圈与钢圈	0.759±0.05		
压缩端			
缸径	公称尺寸	公称尺寸+0.025	
活塞环与支撑环	公称尺寸	公称尺寸-新环20%	新环允许磨损为新环尺寸的20%
活塞与缸间隙	公式见备注		铸铁活塞：0.0015×缸径+0.010；铝活塞：0.003×缸径+0.010
活塞杆	2.497～2.500	2.495	
十字头滑道内径	11.999～12.001	12.008	
十字头直径	11.984～11.986	11.982	
十字头与滑道间隙	0.012～0.015	0.018	
十字头销直径	4.4995～4.500	4.4985	不圆度最大值：0.001
十字头销瓦安装后的内径	4.5035～4.5062	4.507	
十字头销与瓦间隙	0.0040～0.0055	0.0066	
连杆瓦安装后内径	7.503～7.505	7.506	不圆度最大值：0.001
曲轴轴颈外径	7.499～7.500	7.498	
连杆瓦与轴颈间隙	0.0042～0.0066	0.008	
飞　轮			
径向	0.005		
轴向	0.02		
皮带轮			
径向	0.005		
轴向	0.01		

表 3-4　DPC230 整体式压缩机组维修检测参数

部件	参数范围，in	最大极限，in	备注（单位：in）
动力端			
缸径	13.247～13.251	13.263	不圆度最大值：0.002
活塞裙部直径	13.219～13.225	13.213	
活塞与缸间隙	0.025～0.031	0.04	

续表

部件	参数范围，in	最大极限，in	备注（单位：in）
动力端			
活塞杆	2.5	2.495	
十字头滑道	11.999～12.001	12.004	
十字头外径	11.987～11.989	11.985	
滑道与十字头间隙	0.009～0.013	0.016	
连杆衬套内径	5.5044～5.5069	.5.509	
连杆衬套侧隙	0.010～0.026	0.029	
十字头销外径	5.4995～5.500	5.4985	
十字头销与衬套间隙	0.0044～0.0074	0.0085	超出最大值会产生噪声
连杆轴瓦安装后内径	7.503～7.505	7.507	不圆度最大值：0.001
曲轴轴颈	7.499～7.500	7.4975	不圆度最大值：0.0015
连杆瓦与轴颈间隙	0.003～0.006	0.0075	综合磨损超0.0075将产生噪声
滚动轴承	0.003～0.074	0.0085	
活塞环开口间隙	0.100～0.126	0.136	超出最大值不得使用
1、2道活塞环侧隙	0.010～0.0125	0.015	
3、4道活塞环侧隙	0.008～0.0105	0.013	
卧轴轴承内径	1.502～1.503	1.504	
卧轴外径	1.498～1.500	1.479	
卧轴轴承与卧轴间隙	0.002～0.005	0.007	超出最大值传动机构将产生较大附加力
双列中心主轴承内径	7.754～7.756	7.757	
曲轴轴颈	7.749～7.750	7.748	
双列中心主轴承与轴颈间隙	0.004～0.007	0.0084	超出最大值在允许范围内可以垫入薄片调整
压缩端			
缸径	公称尺寸	公称尺寸+0.025	
活塞环与支撑换	公称尺寸	公称尺寸-20%	新环允许磨损为新环尺寸的20%
活塞与缸间隙	铸铁活塞：0.0015×缸径+0.010		铝活塞：0.003×缸径+0.010
活塞杆	2.5～2.495	2.495	
十字头滑道内径	11.999～12.001	12.008	
十字头直径	11.984～11.986	11.982	

部件	参数范围，in	最大极限，in	备注（单位：in）
压缩端			
十字头与滑道间隙	0.011～0.015	0.018	
连杆衬套内径	3.7530～3.7550	5.756	
十字头销外径	3.7495～3.750	3.7485	不圆度最大值：0.001
衬套与销间隙	0.0040～0.0055	0.0066	
连杆瓦安装后内径	7.503～7.505	7.506	不圆度最大值：0.001
曲轴销外径	7.499～7.500	7.498	曲轴轴颈低于 7.4975 应评估轴颈状况
连杆瓦与轴颈间隙	0.0035～0.0066	0.008	

表 3-5　整体式压缩机压缩活塞环开口间隙与侧隙

层状酚塑料			备注
直径，in	开口间隙，in	侧隙，in	
3～6-1/4	1/8～3/16	约 0.15	
7～11	3/16～1/4	约 0.15	
12～17	1/4～5/16	约 0.15	
18～20	5/16～3/8	约 0.15	
聚四氟乙烯			
最小开口间隙	每英寸直径 0.014in		
最大开口间隙	每英寸直径 0.015in		
最小侧隙		每英寸槽宽 0.020in	不能小于 0.008in
最大侧隙		最小值加 0.0065in	

第四章

分体式压缩机组

第一节　分体式压缩机组的特点

分体式压缩机组主要由驱动机、压缩机、联轴器及配套设施等组成。分体式压缩机组的驱动机和压缩机各用一根曲轴，动力部分和压缩部分通过联轴器连接并安装在同一机橇上，发动机的动力通过联轴器传递给压缩机做功。

分体式压缩机组按照 API 618—2017《石油化工和天然气工业用往复式压缩机组》、API 11P—1989《油气生产用配套往复式压缩机规范》设计和制造，具有以下技术特点：

（1）高转速、功率大、排量大、体积小、重量轻；

（2）机组振动小，噪声低；

（3）运动件工作面温升低，热膨胀小，导向性好；

（4）可以有多种形式的动力配套；

（5）力学处理优化的强刚性机身机构，承载能力大；

（6）宽气道，水冷气缸结构使气流稳定，提高了压缩机的效率；

（7）压缩机的抗硫设计和制造技术，确保机组在高含硫气田安全可靠地运行；

（8）气阀的特殊结构和针对性设计，效率高，适应工况范围广，寿命长；

（9）网络数据采集和监控系统等自动化程度高，完善可靠。

一、驱动机的类型及特点

分体式压缩机组通常采用燃气发动机、燃油发动机或电动机驱动。

燃气/燃油发动机多采用四冲程发动机，具有体积小、质量小、便于移动、热效率高、启动性能好的特点，但是燃料燃烧后排出的废气中有害气体的成分较高。

电动机具有结构紧凑、体积小、投资省、运转平稳、便于自动控制、操作简单、工作可靠性高、寿命长的优点。其缺点是调速困难；并且当电源较远或电力不足时需要专门建设电站，使得投资费用增大。

二、联轴器的类型及特点

联轴器由两部分组成，分别与驱动机的主动轴和压缩机从动轴连接，使之共同旋转以传递扭矩，联轴器与主、从动轴的连接形式一般为键连接。在高速重载的动力传动中，联轴器还有缓冲、减振和提高轴系动态性能的作用。

（一）联轴器的类型

根据联轴器有无弹性元件、对各种相对位移有无补偿能力及联轴器的用途等，联轴器可分为刚性联轴器、挠性联轴器和安全联轴器（图 4-1）。

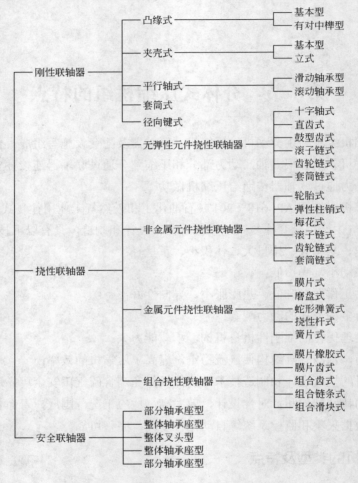

图 4-1　联轴器的类型

（二）联轴器的特点

刚性联轴器结构构简单，价格便宜，但不具备补偿轴向位移的能力，也不能起到缓冲、减振的作用，一般只有在载荷平稳，转速稳定，能保证被连两轴轴线相对偏移极小的情况下选用；挠性联轴器能够起到缓冲、减振的作用，可补偿较大的轴向位移、微量的径向位移和角位移，适用于正反向变化多、启动频繁的高速轴；而安全联轴器则具有过载保护功能，它以打滑形式限制传动系统所传动的扭力，当过载情形消失后自行恢复连接，能有效防止机械损坏，适用于保证高转速、高精度的驱动装置免遭过载损坏。

三、压缩机的结构特点

分体式压缩机组的压缩机部分结构及原理与整体式压缩机组基本相同，主要不同之处参见表 4-1。

表 4-1　分体式与整体式压缩机组的对比

机型	整体式	分体式
气缸布置形式	压缩缸与动力缸呈对称平衡布置	各列压缩缸之间呈对称平衡布置
曲轴	曲轴为实体结构，曲轴一端通过皮带轮带动风扇轴承和水泵轴承，另一端安装飞轮	曲轴内部开有 T 形油槽连通主油道和连杆轴承。曲轴前端为动力输入端，后端通过齿轮和链轮机构直接驱动机体主油泵和注油器
连杆	连杆大头装有油匙，杆身多为实体结构	杆身内部钻有来复线油孔连通连杆轴承和十字头销及铜套
曲轴各部件润滑方式	采用飞溅润滑	采用压力润滑

分体式压缩机组压缩部分（图 4-2）设有低压和高压两套润滑系统。

（1）低压润滑系统：主油泵送出的低压润滑油经油冷器和油滤器进入机体主油道，分配给各主轴承，然后经曲轴内部的 T 形油槽进入连杆轴承，再经连杆油孔进入十字头衬套，最后经十字头油孔被压送到十字头及滑道摩擦表面。一些机型还专门设有压力油管路，直接由主油泵向十字头及滑道提供低压润滑油。

（2）高压润滑系统：主油泵还负责替注油器油箱补充润滑油，注油器单泵对润滑油加压后通过分配器定量供给每个润滑点（气缸、填料）润滑油。

图 4-2　分体式压缩机组的压缩机部分

第二节　分体式压缩机组主要部件及结构原理

压缩机的部分相关知识已在第三章进行了介绍，所以本节着重介绍分体式压缩机组的燃气发动机部分。

一、燃气发动机概述

燃气发动机主要由曲轴箱、曲轴、凸轮轴、连杆、活塞、气缸套、气缸盖、飞轮、中冷器、涡轮增压器、混合器、进排气管等组成。

由于国内的近年引进的燃气发动机中，美国 Waukesha VHP 系列发动机占大多数，因此本节选取 Waukesha L7044 GSI 燃气发动机（图 4-3）作为实例进行讲解。

图 4-3　Waukesha L7044 GSI 燃气发动机

Waukesha 发动机的 VHP 系列属于中低速发动机，具有机组全自动控制、运行稳定可靠、抗突加负载能力强、大修周期较长等优点。

L7044 GSI 发动机是 Waukesha 公司 VHP 4 系列增强型产品，其特点是水冷、V 形 12 缸（每缸 4 个气门）、四冲程、涡轮增压中冷、具有先进的 ESM 模块；发动机排量 115L（7040in^3），压缩比 8：1，缸径和冲程为 238mm×216mm（9.375in×8.50in）。

（一）型号含义

在图 4-4 中：（1）L7044 中的"L"英文字母顺序表示缸数为 12 缸，其他如 F3524 发动机，F 表示缸数为 6 缸。（2）L7044 中的数字前 3 位×10 即为发动机排量（in^3），其他如 F3524 发动机，其排量为 3520in^3。（3）GSI 表示发动机采用涡轮增压，中冷；其他如 G 表示自然吸气；GSID 表示涡轮增压，中冷，抽吸式；GL 表示涡轮增压，贫燃；LT 表示稀燃，涡流技术；GLD 表示涡轮增压，贫燃，抽吸式。

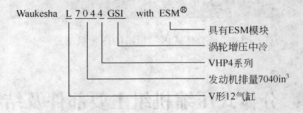

图 4-4　Waukesha 机组型号说明

（二）有效功率及标准环境条件

Waukesha L7044 GSI 燃气发动机连续运转时标定有效功率及对应转速见表 4-2。

表 4-2　L7044GSI 发动机的标定有效功率与对应转速

对应转速，r/min	800	900	1000	1200
有效功率，kW	836	940	1044	1253

其功率的标准环境条件：最高海拔 2438m，环境温度 100℉（38℃）。当环境条件不符合标准时，功率按下述规定修正：

（1）海拔高度超过 2438m 时，平均每升高 305m，功率递减 2%；

（2）环境温度超过 100℉（38℃）时，平均每升高 10℉（5.6℃），功率递减 1%。

（三）发动机主要零部件

1．曲轴箱和油底壳

曲轴箱是具有 54°倾斜角的单块硬质灰铸铁铸件，整体式锻造使其具有足够的刚度和强度。发动机组装时，主轴承压盖由垂直的双头螺栓和横向拉杆螺栓固定在曲轴箱上，这种设计使曲轴箱组合更加严密，同时增加了组装后的刚性，延长了主轴承使用寿命。

油底壳位于曲轴箱的下方，由薄钢板焊接而成，油底壳的油位低于曲轴箱侧盖板。发动机侧面没有管线和组件，这样可以迅速打开侧盖板检查曲轴和对轴承压盖定位，而无须放出润滑油。

2．曲轴

曲轴由低合金、高抗拉强度的优质锻钢制成，共有 7 个主轴颈和 6 个曲拐。

曲柄错分布如图 4-5 所示，曲拐"1""6"方向一致，曲拐"2""5"方向一致，曲拐"3""4"方向一致，3 组曲拐间曲柄错 120°。组装时相邻两连杆（如左列 1 缸和右列 1 缸）安装在同一曲柄梢上，这种设计最大程度消除了发动机的振动。

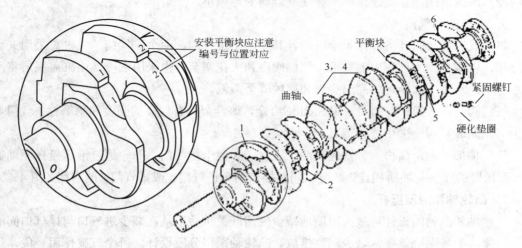

图 4-5　L7044 GSI 发动机曲轴

黏性减振器安装在曲轴前端，带有驱动前端的齿轮组和辅助装置的齿轮。带有齿圈的飞轮安装在曲轴的后端。此外，每一曲拐上还装有两块平衡块（共 12 块）用作动平衡，使发动机振动小，运转平稳，主轴承载荷均匀，使用寿命长。

3．连杆

连杆由低合金、高强度的优质钢锻制成，并在杆身钻有来复线孔（螺旋槽），以便从曲轴向活塞销及衬套提供加压润滑油。连杆小头与活塞销相连，随活塞做往复直线运动，连杆大头采用分体式结构，与曲柄相连，随曲轴做旋转运动。

连杆的组合中心线与连杆盖设计成 35°夹角，使得连杆组件可以随活塞在气缸套内上下移动，这种大仰角斜撑、分体式设计对重载发动机尤为重要。

4．活塞组件

活塞是由铝合金整体铸造后，经机械加工而成的。每个活塞都靠模磨削成中凸变椭圆形，也就是说在室温下，活塞裙部与活塞销孔轴线成 90°的位置，尺寸会稍大些（即销孔轴线为短轴，其垂直平分轴线为长轴），该特点使活塞裙部在稳定的工作温度下会从椭圆形状膨胀到近似完美的圆形。活塞顶部内侧铸造有纵槽，以利于来自活塞销的润滑油控制活塞温度。

每个活塞有 4 道活塞环，顶部两道为密封环，用以密封缸内气体。其余两道分别为刮油环和护油环，用以控制缸壁的润滑。活塞环外表由石墨包覆，使其具有出色的抗磨损和抗断裂性能。

由于顶部密封环的工作环境（高温、高压）最为恶劣，因此活塞顶部的两道密封环槽镶铸有镍合金，以减少活塞顶部密封环槽的磨损。

5．气缸套

可拆卸的增强型"湿"式缸套由合金铸铁离心浇铸，并经渗氮处理，使用寿命长。缸套安装在机体上并由缸套上部凸台定位，缸套上有 3 个外用环形槽，用来固定曲轴箱下部孔的密封环。之所以称之为"湿"式缸套，是因为缸套与气缸冷却水夹套充分接触，夹套中的冷却液围绕燃烧室高速循环，并使气缸筒变形最小。

6．气缸盖和气门

每个气缸盖（图 4-6）有 4 个气门，其中两个进气门、两个排气门。气缸盖采用夹套水冷却，以减少燃烧过程中的变形。气门阀座和火花塞套筒也采用水冷，由缸盖夹层将冷却水导入。水冷式阀座可将高温变形和腐蚀降至最低。

气门阀杆表面镀铬，阀头采用 Stellite 合金，该合金具有较高的强度和耐磨性。气门导管由铸铁制成，阀座采用渗碳工具钢。

气门顶部有两个横桥，分别连接两个进气门和两个排气门。凸轮通过液压挺杆驱动摇臂，而摇臂的球头与横桥相连，就可以同时控制两个进气门（或排气门）的启闭（图 4-7）。

7．凸轮轴和液压挺杆

凸轮轴和凸轮的设计可最大限度地减少气门开关重叠，从而减少进气口与排气口间的气流窜流，改善燃烧效率，减少尾气排放。凸轮轴采用分段设计，每个气缸使用一段，每段再以螺栓组合在一起。这种积木化设计允许每段单独更换，而无须更换整个凸轮轴。

图 4-6 气缸盖和气门

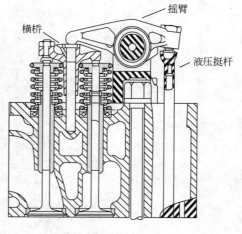

图 4-7 气门组件

液压挺杆由滚柱式气门挺杆和推杆两部分组成，通过挺杆体腔内的油液泄漏及补充，不断自动调节挺杆的工作长度，从而保持气门正常工作而整个机构又没有间隙存在，进而减少零件之间的冲击和噪声。

二、气缸工作时各缸活塞位置关系

（一）各缸点火顺序

确定 Waukesha 发动机的缸序：面向飞轮，离自己最远的左侧缸为左列 1 缸，即 1L；离自己最远的右侧缸为右列 1 缸，即 1R。此时，发动机的旋转方向为逆时针方向（图 4-8）。

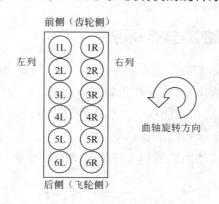

图 4-8 Waukesha 发动机 V 形 12 缸缸序

发动机的点火顺序为：1R→6L→5R→2L→3R→4L→6R→1L→2R→5L→4R→3L。

（二）各缸活塞对应位置关系

V 形 12 气缸发动机在一个工作循环（曲轴旋转两圈）中各缸的点火时间相位差为 60°。

根据 L7044 发动机各缸的点火顺序，当 1R 活塞位于上止点，即压缩冲程结束、做功冲程开始时，各缸活塞对应位置关系如图 4-9 所示。

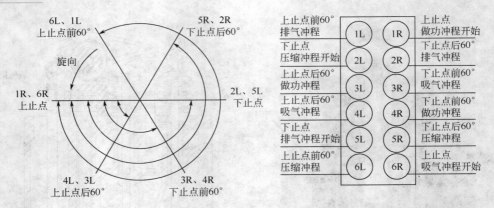

图 4-9　1R 活塞位于压缩冲程上止点时各缸活塞对应位置

　　四冲程气缸只会在排气冲程结束。吸气冲程开始时出现气门交叠（排气门刚好关闭，进气门开始打开）。由图 4-9 可以看出，当 6R 出现气门交叠时，1R 活塞刚好位于压缩冲程的上止点，在调整 VHP4 系列发动机气门间隙时，这会作为确定活塞位置的重要参照手段，1R 和 6R 为对应匹配缸。发动机共有 6 对匹配缸，对于右列气缸 AR 和 BR（A 和 B 为缸序），若 A+B=7，则 AR 和 BR 为对应匹配缸，左列气缸同理。

第三节　分体式压缩机组的工作系统

　　与第二节相同，本节选取 Waukesha L7044 GSI 燃气发动机作为实例，对发动机的各大辅助系统进行讲解。

一、预/后润滑（气路）与启动系统

　　Waukesha VHP4 系列发动机采用气马达启动，启动气源可以是压缩空气，也可以是天然气。预/后润滑和启动过程由 ESM 发动机管理系统自动控制，操作更加简便、安全。用户可通过 ESP 软件，在 ESM 用户面板的"启动-停机"面板上标定预润滑/后期润滑时间、清除时间和冷却时间，进行预/后润滑和启动调整。

　　预/后润滑（气路）与启动系统流程（空气启动）如图 4-10 所示。

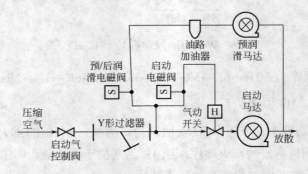

图 4-10　预/后润滑（气路）与启动系统流程

（一）系统组成

（1）Y 形过滤器：对进入预润滑和气马达启动系统的压缩空气进行过滤。

（2）气动开关：压缩空气主要供给管路的气动控制开关。启动电磁阀未打开时，气动开关处于关位。

（3）预/后润滑电磁阀：电磁阀打开后，压缩空气进入主要供给管路上的预/后润滑支管，从而驱动预润滑泵空气马达。

（4）油路加油器：预/后润滑电磁阀打开后，油路加油器将油注入压缩的空气流，自动地给空气驱动的润滑泵马达轮叶提供适当的内部润滑。

（5）启动电磁阀：电磁阀打开后，压缩空气经旁路导入气动开关控制室，打开气动开关后，压缩空气经主要供给管路，驱动气马达。

（6）启动马达（空气）：压缩空气的压力（0.8～1.2MPa）使启动机小齿轮移位进入与飞轮环形齿圈啮合，开动启动马达从而启动发动机。

（7）就地放散：在预/后润滑和启动过程中，系统的压缩空气经放散总管就地放散。

（二）预/润滑和启动过程

发动机的预润滑和启动，将按 ESM 系统预设编程执行。按下"启动"按钮，发动机首先打开预/后润滑电磁阀，此时气动开关处于关位，经 Y 形过滤器过滤后的压缩空气只能进入预/后润滑支路。预润滑完成后（时间可编程），预/后润滑电磁阀关闭，启动电磁阀打开，随即打开气动开关，启动气将启动马达推向曲轴，并带动曲轴旋转。当启动时间和转速达到预设值（可编程），启动电磁阀关闭，气动开关随之关闭。启动机小齿轮与飞轮环形齿圈脱离，气马达复位，完成预润滑和启动过程。

发动机正常或故障停机后，ESM 系统会自动打开预/后润滑电磁阀，后润滑时间达到预设值后，电磁阀自动关闭，完成机组的后润滑过程。

二、润滑系统

Waukesha VHP4 系列发动机润滑系统由外部油路系统、内部油路系统、离心机旁路过滤系统和预/后润滑系统几大部分组成，主要部件包括：油底壳和集滤器、润滑油泵、油冷器、温控阀、压力调节阀、全流式润滑油滤清器、滤清器安全阀、粗滤器、预润滑系统组件、预润滑泵及预润滑马达、预润滑电磁阀等。

（一）系统组成

1. 外部油路系统

发动机外部油路系统是指润滑油泵（主油泵）把润滑油从油底壳中抽吸出来，经过温度控制、压力控制、过滤后输送到主油道的油路系统。

（1）油底壳和集滤器：曲轴箱底部密封在油底壳内，润滑油泵从油底壳低位抽油并输送到油冷器；集滤器能够防止油底壳内的杂质进入润滑油循环系统。

（2）润滑油泵：油泵由齿轮组进行齿轮驱动，为外部安装。VHP4 系列发动机油泵安装在发动机前部,曲轴的下面。

(3)离心机:离心机作为一个旁路系统来安装,由发动机的油压驱动其内部涡轮组件产生离心力,把污物压向涡轮机的壳壁。离心机能去除 0.5μm 那样小的污尘微粒,发动机润滑油总量的 1%可以通过这个旁路过滤系统进行过滤,进而有效延长润滑油的使用周期。

(4)预/后润滑系统:预/后润滑油泵由气马达驱动,其作用在于清除润滑系统中的空气,确保所有运动件,尤其是涡轮增压器,在发动机启动前得到适当的润滑。此外,发动机的后润滑还有对各运转部件平稳冷却逐步降温的作用。

发动机关闭后,润滑油返回油底壳,遗留在主要磨损点的润滑油极少。由于曲轴启动是在润滑油开始循环之前进行的。发动机未经预润滑而直接"干"启动,会使轴承损坏并加大磨损概率。

(5)外部油路系统流程如图 4-11 所示。

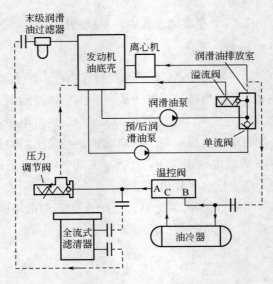

图 4-11　发动机外部油路系统

2．内部油路系统

内部油路系统是指主油道中的润滑油经几条内部油路提供给各润滑点,然后返回油底壳的油路系统,其油压由润滑油泵提供。

主油道是曲轴箱整体铸造的一部分,曲轴箱内部油道的带压润滑油经主轴承座架上的孔顺管道流入主轴承。油流从主轴承轴颈进入 T 形曲轴,然后往上流入连杆油路。加压润滑油润滑连杆轴承、活塞销轴瓦和活塞销之后,穿过连杆顶部的开口,从开口排出的油雾,在冷却活塞顶部内侧后流回油底壳。

流出内部油路的润滑油由管路向前部主轴承输送,不断给齿轮组提供油雾。

加压润滑油经过曲轴箱铸件的内部油路至凸轮轴轴承座,以便润滑主凸轮轴轴承。油流通过凸轮轴承盖上的孔进入气门挺杆外壳上的通道,在这个过程中润滑滚子从动件和凸轮凸角，之后流回油底壳。

与主油道连接的外部油道将油输至一个独立的带有外部摇臂的油道，然后直接输往摇臂组件和各阀。其余的润滑油向下流到在缸盖上的内层通路并进入推杆管路的外侧，再经管路流到滚柱式挺杆柱套管的排出通道。该通道将润滑油引到气门挺杆壳上的排出孔，从这里经由凸轮轴的切槽流回油底壳。穿过摇臂组件的固定阀门挺杆螺栓的加压油流也将供油到挺杆，在这里，多余的润滑油进入缸盖内层通道的油流之中。

发动机内部油路系统流程如图 4-12 所示。

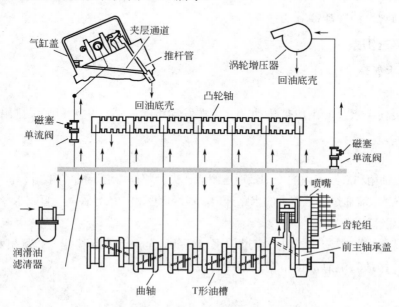

图 4-12　发动机内部油路系统

（二）VHP4 系列发动机润滑油的选用要求

（1）润滑油必须为燃气发动机特制，以高度精炼的矿物油为原料。

（2）润滑油成分中的灰分可去污、防腐、防磨损。另外，这些添加剂燃烧过程中产生的灰分能防止阀和阀座的磨损。L7044 GSI 发动机碳酸盐灰分要求为 0.45％～0.75％，灰分低于 0.35％的润滑油可以使用，但会发生阀座下陷，缩短阀及阀座的使用周期。

（3）润滑油黏度的选择参照发动机的油池温度或主油道工作温度（表 4-3），油池温度可通过环境温度加 67℃来预测。

表 4-3　润滑油黏度的选择

油池温度	主油道工作温度	黏度等级
71～110℃	71～99℃	SAE 40
低于 71℃	低于 71℃	SAE 30

（三）VHP4 系列发动机润滑油的油压和油温控制

（1）发动机正常工作油压为 0.345～0.415MPa，低油压报警门限 0.241MPa，停机保护门限 0.207MPa。

（2）主油道正常工作温度为 74～82℃，高油温报警门限为 91℃，停机保护门限为 96℃。在主油道温度低于 60℃时，不能运行发动机；如果主油道温度超过 91℃或油池温度超过 102℃，发动机应增加换油频率。

三、冷却系统

Waukesha VHP4 系列发动机的水冷却系统分为夹套水循环部分和辅助水循环部分。夹套循环水主要冷却发动机气缸、缸盖及排气管；辅助循环水主要冷却中冷器、涡轮增压器、废气旁通控制阀、油冷却器等。

（一）系统组成

1．夹套水循环

1）夹套水泵

夹套水泵（主水泵）由皮带传动，安装在发动机的前端，从夹套水泵排出的冷却液经管道输入夹套。

2）夹套

夹套由曲轴箱和汽缸盖内的冷却液通道组成。夹套整体铸造于机体内。冷却液围绕气缸体内的缸套循环。水流通过各缸盖上的水路开口，流经阀座和排放导管，一直到水冷排出管道。

3）排出管汇

冷却液从每个缸盖流出，向上穿过出水口弯头，至一节水套排出管，从出水口流出后，进入水管道。排放管汇总成由单个的水冷管段组成。

4）水管道

各排出管段流出的冷却液进入水管道，并且沿途进入恒温阀组。

5）恒温阀组

恒温阀组位于水管道出口端（正面）的恒温阀组外壳内，由 6 个蜡式恒温阀门组成。其作用是通过调节冷却液循环，控制夹套冷却液温度。

恒温阀组的工作原理如下：

（1）发动机在预热时，恒温阀门感温体内的精制石蜡呈固态，在弹簧力的作用下，恒温阀组保持闭合，此时冷却液仅在发动机夹套内循环。

（2）当发动机温度升至标准工作温度（78～82℃）时，石蜡开始融化逐渐变为液体，体积随之增大并压迫控制元件克服弹簧力，使恒温阀组打开，部分冷却液流至散热装置，部分热被吸收后，冷却液返回到夹套水泵。来自散热装置的冷却液与从旁通管道流出的冷却液混合，形成符合标准的混合液。

6）散热装置

散热装置（用户自备）可以为散热器、冷却风扇、冷却塔，热交换器或其他设备，主要用于对循环冷却液及压缩后的天然气进行冷却。

7）夹套水循环流程

夹套水循环流程如图 4-13 所示。

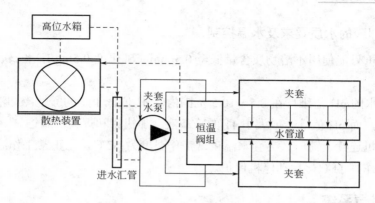

图 4-13　发动机夹套水循环流程

注：实线为冷却水小循环，冷却水只在发动机夹套内循环。

虚线为冷却水大循环，部分冷却液进去散热器散热后，与旁通道流出的冷却液混合。

2．辅助水循环

1）辅助水泵

辅助水泵为皮带传动。发动机的辅助水泵安装在正面左下侧。

2）中冷器

中冷器将涡轮增压器入口的空气冷却，使其进入涡轮增压器后浓度增加。中冷器安装于发动机的后部。

3）油冷却器

冷却液从中冷器流向油冷却器，油冷却器是一个管装和隔流板组件。当冷却液经过油冷却器内的一组管道时，润滑油围绕它们循环。油的热量通过管道被冷却液传至传热装置，然后散失。冷却液从传热装置返回辅助水泵后再进行下一次循环。

4）辅助散热装置

辅助散热装置（用户自备）可以为散热器、冷却风扇、冷却塔，热交换器或其他设备，对辅助循环冷却液进行冷却。

5）辅助水循环流程

辅助水循环流程如图 4-14 所示。

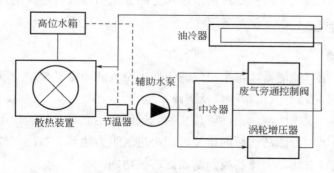

图 4-14　发动机辅助水循环流程

（二）冷却液的水质要求及水温控制

（1）发动机只能使用不溶物质含量低至 0.5ppm（矿化度 0.5mg/L）的软化水。硬水会加快水垢形成。

（2）冷却水的 pH 值维持在 8.5～10.5 范围内。pH 值低于 7 的酸性冷却液会加快铸铁、铝和钢的腐蚀，而 pH 值等于或大于 11 的冷却液会加快铝和焊锡的腐蚀。

（3）发动机连续负荷时，夹套水温正常工作温度为 82℃，比正常工作温度高 5.5℃报警，比正常工作高 11℃，自动停机保护。

四、进排气系统

Waukesha VHP4 系列发动机进排气系统流程如图 4-15 所示。

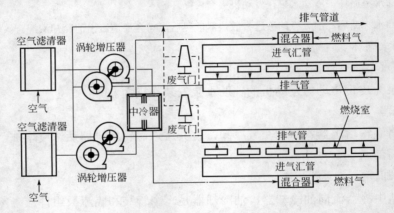

图 4-15　发动机的进排气系统流程

进气系统由空气过滤系统、涡轮增压器（压气机端）、中冷器、混合器、进气歧管等组成。空气经空气滤清器过滤后，进入涡轮增压器的压气机端增压后进入中冷器冷却，经混合器与燃气按比例形成可燃混合气。

排气系统由排气管、涡轮增压器（涡轮端）、废气旁通控制阀（废气门）、排气管道及柔性接头（如波纹管）等组成。燃烧后的废气经排气管汇进入排气管，驱动涡轮增压器的涡轮机，部分废气经废气旁通控制阀调节进入旁路分流由排气管道（消声器）排出。

（一）系统组成

1. 空气滤清器

发动机有两个空气滤清器，每个空气滤清器由空气滤清器机架、空气过滤器主滤芯、预滤器垫片（预滤器板）、气阻指示灯及防雨罩组成。

预滤器垫片是一块橡胶泡沫板，可延长空气过滤器主滤芯元件的使用寿命。

气阻指示器用以检查滤芯前后的压差，如果进气阻力达到 3.7kPa，气阻指示灯将显示"红色"，这表示空气过滤器主滤芯或预滤器滤芯被堵塞。

2. 涡轮增压器

每列汽缸组都有一个由废气旁通控制阀控制的涡轮增压器。涡轮增压器的压气机端是进气系统的一部分，涡轮机端则为排气系统的一部分，涡轮增压器如图 4-16 所示。

压气机端　　　　涡轮机端

新鲜空气

至排气管道

至混合器

图 4-16　涡轮增压器

涡轮增压器的作用是通过压缩空气来增加进气量。它利用发动机的排出废气推动涡轮室内的涡轮，涡轮带动同轴的压气机的叶轮，叶轮压送由空气滤清器管道送来的空气，使之增压进入气缸。当发动机转速增快时，废气排出速度与涡轮转速也同步增快，叶轮就压缩更多的空气进入气缸，空气的压力和密度增大，因此可以燃烧更多的燃料，相应增加燃料量就可以增加发动机的输出功率。

3．中冷器

设置中冷器（见冷却系统辅助水循环）的目的：

（1）发动机排出废气的温度非常高，由于涡轮增压器的涡轮端（废气端）与压气机端（进气端）同轴相连，因此通过增压器的热传导会使进气温度升高。而且，空气在被压缩的过程中密度会升高，同时也导致增压器排出的空气温度升高，氧气浓度随气压升高而降低，从而影响发动机的有效充气效率。如果想要进一步提高充气效率，就要降低进气温度。

（2）如果未经冷却的增压空气进入燃烧室，除了会影响发动机的充气效率外，还很容易导致发动机燃烧温度过高，造成爆震等故障，而且会增加发动机废气中的 NO_x 的含量，造成大气污染。

4．排气管汇

每个水冷式排气管汇装置由独立管段组成，每个缸盖的排气口与排气管汇的一个水套管段相连。出水口弯头将排气管段与每个缸盖的出水口相连。

5．废气旁通控制阀

废气旁通控制阀为载荷受限装置，由外壳、弹簧、膜片和阀门组成。其作用是限制发动机负荷和控制涡轮增压器转速。

在预先设定的某一点，进气歧管压力平衡了弹簧张力，阀门打开使发动机涡轮增压器涡轮机周围的废气能从旁路分流，从而将进气增压后的压力保持在合格范围内。驱动涡轮增压器叶轮的废气和旁路分流的废气，均从 T 形排气管排出发动机（图 4-16）。排出的气体通过柔性接头，经由排气管道进入大气。

废气旁通控制阀顶部设有调节螺钉，可以用来调节气缸组的进气压力，注意 V 形发动机为"交错供气",即调节左列气缸组废气旁通控制阀将改变右列气缸组的进气压力,反之亦然。

(二)进排气系统参数及要求

(1)进气管口正常工作温度可超过中冷器进水口温度设定值的 5.5℃以上,当高于中冷器进水口温度设定值 8℃时报警,高于中冷器进水口温度设定值 11℃自动保护停机。中冷器进水口温度值在 ESM 面板设定。

(2)发动机各缸的排气温度差应不超过 47℃。

(3)应定期检测排气系统的背压,最大允许排气背压为 3.7kPa。

五、燃气系统

Waukesha VHP4 系列发动机燃气系统的功能是向缸内输送适当的可燃混合气,并且在发动机载荷范围内维持稳定的空燃比。

发动机的燃气系统由燃气进气分离器、一级调压阀、燃气电磁阀、放散电磁阀、安全阀、主燃气压力调节器、混合器等组成。

燃料气经过滤分离器分离处理后,经过一级调压后分别到各列气缸组主燃气压力调节器进行二级调压,之后分别在各列气缸组混合器中与空气形成可燃混合气,最后进入燃气汇管。

燃气系统流程如图 4-17 所示。

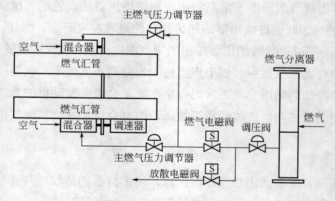

图 4-17　燃气系统流程

(一)系统组成

1.步进电机

步进电机是将电脉冲信号转变为角位移或线位移的开环控制元件。在非超载的情况下,电机的转速、停止的位置只取决于脉冲信号的频率和脉冲数,而不受负载变化的影响,即给电机加一个脉冲信号,电机则转过一个步距角。这一线性关系的存在,加上步进电机只有周期性的误差而无累积误差等特点。使得在速度、位置等控制领域用步进电机控制变得非常简单。

　　两个步进电机分别安装在左、右侧主燃气调节器之上，它根据 ECU（发动机控制元件）发出的指令产生位移，带动燃气调节器膜片弹簧发生相应的形变位移，实现燃气压力的控制。

2．主燃气压力调节器

　　为确保汽化器有稳定的燃气供给，每列发动机的汽缸组都有一个主燃气压力调节器。

　　L7044 GSI 发动机组主燃气压力调节器（图 4-18）采用穆尼调压阀（Mooney Fuel Regulator），穆尼调压阀由指挥器（先导式调节器）和主阀两部分组成（图 4-19）。

图 4-18　主燃气压力调节器

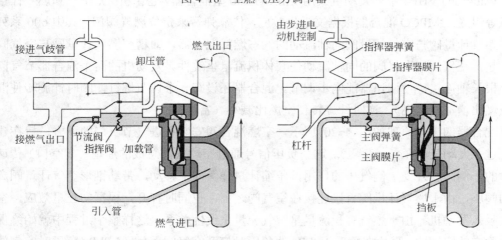

图 4-19　主燃气压力调节器（穆尼调压阀）

　　（1）指挥器：指挥器总成为可拆分的匣式组件，它由上、中、下三个腔室组成，上腔由导压管引入涡轮增压后的空气，上腔的弹簧可由步进电机调节；中腔引入主阀出口的燃气，中腔的杠杆机构由膜片驱动；下腔引入主阀入口的燃气，主阀入口的燃气先经过一个精度为 10μm 的气体过滤器过滤后，再流经节流阀后进入下腔，下腔指挥阀的启闭由杠杆机构驱动。

161

（2）主阀：由阀体、挡板（阀座）、膜片及弹簧组成，膜片左侧弹簧腔室由加载管引入指挥器传来的先导气，右侧由挡板分隔为上、下两个腔室，分别为主阀燃气的出口和入口。

（3）穆尼调压阀的工作原理：

① 主燃气压力调节器自动调节主阀下游的燃气压力，使之与增压后的空气保持一个相对稳定的压力差，这个压力差等于指挥器的弹簧力。

② 当流量需求停止或减少，空气与燃气的压力差大于指挥器的弹簧力时，指挥器膜片压缩弹簧向上移动，从而带动杠杆使指挥阀关闭，先导气只能通过加载管流入主阀膜片左侧腔室，使主阀左侧腔室与上游压力相平。主阀膜片在弹簧力的作用下开始紧靠并关闭挡板。同时，主阀左侧腔室与右侧上腔的压力差，增加了膜片关闭挡板的能力。

③ 当下游流量需求增加，空气与燃气的压力差小于指挥器的弹簧力时，指挥器膜片带动杠杆下移打开指挥阀，此时气体可通过卸压管流向燃气出口，由于先导气引入管线的末端装有节流阀，使得主阀左侧腔室的压力很快被释放，由于主阀膜片左侧的压力逐渐减少，这使得主阀膜片逐步抬升直到离开挡板打开主阀，并满足下游系统流程的要求。

3．混合器

每列气缸组都有一个混合器，安装在每个进气管中心的正下方，来自主燃气压力调节器的燃气进入混合器，与空气按适当比例自动进行混合，产生易燃混合物。

Waukesha VHP4 系列发动机采用 IMPCO 600 型混合器，它由机壳、空气和燃气计量阀总成等组成。IMPCO 混合器根据文丘里效应，依靠弹簧来定位燃气阀门，其中 600 系列是一种燃气计量阀与空气计量阀同轴流动的气态燃料混合器，即精密燃气计量阀与空气阀连在一起，空气阀和燃气阀的同轴流动使其体积流量呈线性。发动机的两个混合器节气门用一个根长轴连接，使调速器能同步调节。混合器还设有一个调节螺钉，顺时针旋转使混合气空燃比增加（贫燃），逆时针旋转使空燃比减小（富燃）。

混合器的工作原理如图 4-20 所示，空燃混合阀安装在进气节气门的下方，旨在建立一个进入发动机的压差（负压）。这个负压信号通过空燃气阀总成的通道（真空口）传递到膜片的下侧。膜片受上侧气压的作用，压缩计量弹簧向下移动，带动锥形空气计量阀离开它的阀座，由于燃气计量阀直接连接在空气阀之上，也同时打开，根据文丘里效应，空燃气被吸入发动机。由于燃气容积流量呈空气流量呈线性关系，这样整个过程中就始终保持一个确定的空燃比。膜片在承受 1.2kPa 的负压时打开空气阀，承受 5.0kPa 负压时空气阀全开，其所受负压值由发动机转速和节气门的位置直接决定。所以在此范围内弹簧能够通过转速和节气门位置，准确计量出进入发动机的空气及燃气流量。

（二）燃气系统参数及要求

不同机型的发动机对燃料的气质和压力都有相应的要求，以 L7044 GSI 为例，要求如下：

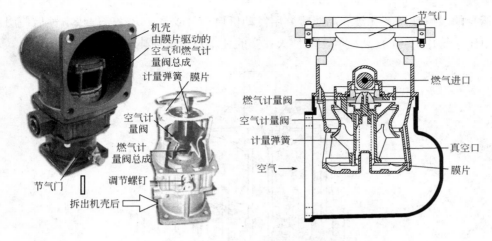

图 4-20　IMPCO 600 型混合器理

（1）Waukesha 发动机推荐使用符合 ISO 标准商品品质的天然气，要求天然气含硫量不超过 0.1%（体积浓度），若超过 0.1%必须经过处理才能作为发动机燃料。

（2）发动机所选用燃气露点应不低于发动机进口（主燃气压力调节器前）实测温度 11℃。

（3）机组分离器一级调压后，燃气压力应为 0.165～0.345MPa，主燃气压力调节器再按照混合器进口测定的结果，将燃气压力降至比混合器中空气压力高大约 4.0～5.0kPa，并引进混合器与空气混合。

六、点火系统

发动机的点火系统由 ESM（发动机管理系统）、IPM-D（点火电源模块-诊断）、凸轮轴磁性探头、正时盘、飞轮转速磁性探头、爆震探头、火花塞、火花塞延长杆、火花塞套筒、点火线圈、导线组件等组成。

（一）系统组成

1. 火花塞、火花塞延长杆及点火线圈

（1）火花塞：发动机每个气缸配一个火花塞，通过螺纹紧固在可拆卸的火花塞套筒上，便于日常维护。火花塞规格：火花塞旋合长度为 13/16in，火花塞电极间隙为 0.381mm。

（2）火花塞延长杆：火花塞延长杆使用白色聚四氟乙烯制成，安装在火花塞套筒内，从火花塞延伸至气门盖顶端，连接火花塞和点火线圈。

（3）点火线圈：每个气缸配备一个点火线圈。每个线圈与气门盖相连上，封在气门盖凹部，连接线圈正极与火花塞延长杆接头。

火花塞及点火线圈结构组成如图 4-21 所示。

2. IPM-D 点火电源模块

IPM-D 点火模块位于发动机的左前角，其作用是给点火线圈提供点火电压，配合 ESM 系统，使它具有检测和诊断能力。IPM-D 点火模块具有两级点火电压，Ⅰ级（低能量）在

正常运行的时候使用，Ⅱ级（高能量）用发动机启动时或是在火花塞电极电蚀后使用。这种双电压系统由 ESM 自动控制，能使火花塞的使用寿命最大化。

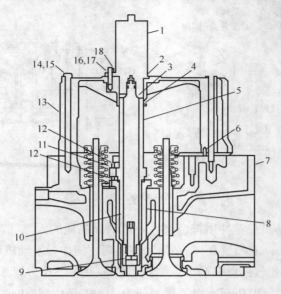

图 4-21　火花塞及点火线圈

1—点火线圈；2—O 形圈；3—火花塞延长杆；4—O 形圈；5—火花塞座圈；6—气门盖垫片；7—气缸盖；8—火花塞套筒；

9—火花塞；10—隔套；11—.垫圈；12—螺母；13—气门盖；14—垫圈；15—圆头螺钉；

16—锁紧垫圈；17—螺母；18—双头螺栓

IPM-D 可以提供线圈初/次级状态、火花塞寿命参考值，并能提供初级报警（线圈或连线故障）、电压过低报警（火花塞或次级短路故障）、电压过高报警（火花塞损耗或需更换）、无火花报警（火花塞彻底损耗，必须更换）四级报警。

（二）点火系统工作原理

点火系统的工作原理如图 4-22 所示，凸轮轴磁性探头安装在发动机的前方，通过正时盘感应到凸轮轴准确的旋转位置，以确定发动机各气缸具体冲程，飞轮转速磁性探头测得飞轮的转角和发动机转速，这些信息反馈到 ECU（发动机控制元件）。当某个气缸对应的点火时间到来，ECU 会向 IPM-D 电源模块发出一个电子信号，触发 IPM-D 电容（外接 24V 直流电压）释放能量，点火线圈升压后，火花塞开始点火。

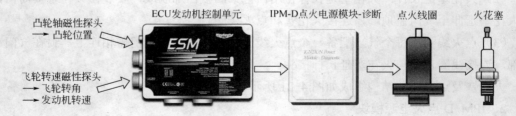

图 4-22　点火系统工作原理

七、曲轴箱通风系统

曲轴箱通风系统利用涡轮增压器或阻气阀，将曲轴箱内的部分油气抽出，经曲轴箱分离器滤网过滤，再经油分离器将油气分离后，吸入进气歧管或直接排放到大气，而分离出的油通过回油管路流回曲轴箱。

（一）曲轴箱通风系统的作用

曲轴箱通风系统的作用是在曲轴箱内维持轻微的负压，使曲轴箱去掉有害的水汽和可燃气体，有助于防止油泥产生，防止油污染。

发动机装有手动曲轴箱压力调节装置，通过调节进入曲轴箱通风系统的外部空气量来实现曲轴箱压力的调节。

（二）系统组成

曲轴箱通风系统包括曲轴箱分离器滤网、油分离器、阻气阀（真空阀）、曲轴箱压力调节器等组件。

1．曲轴箱分离器滤网

曲轴箱分离器滤网的作用是将水汽从曲轴箱排出，同时也能阻止这些水汽携带的部分油到达油分离器，当油雾和水汽排出曲轴箱时，分离器滤网上的膨胀性金属芯节流了很大一部分油，并使多余的油滴回主油道。

2．油分离器

油分离器（图 4-23）通过通风管与曲轴箱顶部的曲轴箱分离器滤网连接。当曲轴箱水汽和油雾通过油分离器时，很多油黏附到装在分离器壳体出口端的钢网芯上。剩余的油冷凝后滴入分离器的底部并通过分离器壳体底部的排放管返回主油道。

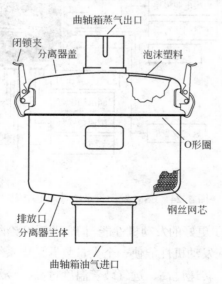

图 4-23　油分离器

曲轴箱水汽和油雾经油分离器油气分离后，被涡轮增压器或阻气阀抽吸，进入进气歧管或直接排放到大气中。

3. 阻气阀（真空阀）

阻气阀（真空阀）的作用是利用一个真空阀组件产生真空度，便于从油分离器抽取曲轴箱水汽并排入排气管，同时便于从外部调整曲轴箱的压力。

4. 曲轴箱压力调节器

曲轴箱压力调节器组件能自动进行精细调整，使发动机在改变速度和载荷时仍能保持曲轴箱的负压。为了防止漏油和排尽有害水汽，保持曲轴箱负压是很重要的，但负压太大又会吸入周围的灰尘和污物。发动机载荷降低时，排放曲轴箱水汽所需的真空度也要随之降低。

随着载荷的增加，从涡轮增压器排放的压缩空气量也随之增加，调节器里的板浮起。板上升得越高，吸入的外部空气越多，使通风装置能抽出更大的真空度。

八、ESM 发动机管理系统

（一）概述

ESM 发动机管理系统（以下简称 ESM 系统）是整个发动机的管理系统，其主要功能是优化发动机性能，使发动机正常运行时间最大化。ESM 系统将点火控制、调速控制、爆震检测控制、启/停控制、空气/燃气控制、故障检测工具、故障记录以及发动机安全装置结合成一整体，其整体框架如图 4-24 所示。

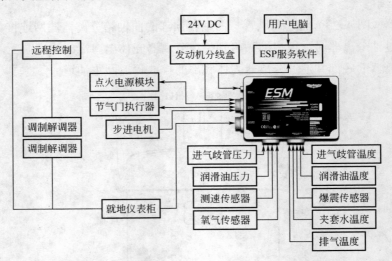

图 4-24　ESM 发动机系统管理框架图

ESM 系统特点是提供了更好的发动机性能、彻底的系统诊断功能、快速故障排除功能、本地和远程监控功能，适应发动机性能使一个大量数据采集系统简单集成。

另外，如果油压过低、转速过高、进气歧管温度过高、冷却液出口温度过高以及不可控爆震，ESM 系统会启动安全停机。

（二）系统组成

1．系统组件

（1）ESM 系统包括以下装置：发动机控制元件（ECU）、火电源模块-诊断（IPM-D）、基于 PC 机的电子服务程序（ESP）、电子节气门执行装置、燃气调节器的步进器。

（2）ESM 系统包括以下在发动机上安装和连线的传感器：油压传感器、油温传感器、进气歧管压力传感器、进气歧管温度传感器、夹套水温传感器、测速传感器、爆震传感器、氧气传感器、排气温度传感器。

2．发动机控制元件（ECU）

发动机控制元件（ECU）是 ESM 系统的主要模块或"控制中心"（图 3-24）。为了接口简洁，操作简单，ECU 成为控制系统特有的入口点。整个 ESM 系统与 ECU 连接。以系统输入为基础，ECU 逻辑和电路驱动所有的独立子系统。

ECU 为一个带有 5 个接点的密封模块。其结构可以进行简单的电子连接和安装。ESM 系统的所有组件、用户提供的带有电子服务程序软件的 PC 机，以及数据采集装置都需与 ECU 相连。

3．ESM 电子服务程序

以 PC 为基础的 ESM 电子服务程序（ESP）是获取系统状态信息的主要方式。在微软的 Windows 98 SE / Me / NT4 的环境下，ESP 提供操作简单的图形界面。

在使用 ESP 软件的过程中，如用户需要帮助、系统信息或故障查询信息，可使用电子帮助文件。电子助手可通过键盘上"F1"功能键进行。

ESP 为故障诊断工具，通过读取记录在 ECU 故障日志中的信息来完成，并可按现场要求进行少量现场特定的设置。

ESP 软件有 8 个用户面板来显示发动机的状态和信息：

[F2] 发动机面板；[F6] AFR 主燃料面板；[F3] 启动-停机面板；[F8] AFR 控制面板；[F4] 调速器面板；[F10] 状态面板；[F5] 点火面板；[F11] 高级面板。

这些面板显示系统和组件的状态、气流压力和温度读数、报警、点火状态、调节器状态、空燃比控制状态，以及可设置的调速器。通过点击相应的按钮，或者通过按键盘上相应的功能键"F#"查看每个面板的内容。

4．安全停机

ESM 系统具有大量安全停机功能以保护发动机。以下情况可能会导致安全停机。

（1）油压过低。

（2）发动机超速：①瞬间超速 10%；②Waukesha 标定值，不超过额定转速；③用户标定的驱动装置超速。

（3）发动机超载（基于发动机扭矩的百分比）。

（4）不可控爆震。

（5）进气歧管空气温度过高。

（6）夹套水冷却液温度过高。

（7）ECU 内部故障。

（8）测速传感器故障。

当发生安全停机时，ESM 系统停机处置顺序为：

（1）火花塞立即停止点火；

（2）发信号关断燃气电磁阀；

（3）ECU 送出停机状态信号；

（4）红色报警灯亮；

（5）向外传输停机信号；

（6）故障存储于历史记录。

5．启动-停机控制

ESM 系统控制发动机启动、停机、紧急停机的顺序，包括预润滑和后期润滑。

在发动机"启动"步骤中，ESM 系统按以下顺序进行：

（1）预润滑发动机（使用 ESP 软件，设置范围 0～10800s）；

（2）启动气马达（使用 ESP 软件设置转速范围）；

（3）打开燃气电磁阀（在预润滑时间结束之后，并且检测到转速达到一定范围）；

（4）开启点火（使用 ESP 软件，在用户标定清洁时间之后）。

在正常"停机"步骤中时，ESM 系统进行以下步骤：

（1）发动机开始冷却过程（时间可用 ESP 软件编程）；

（2）关断燃气电磁阀；

（3）切断点火（发动机停止转动时）；

（4）发动机后润滑（时间可用 ESP 软件可编程）；

（5）调速执行器自检（如有需要，可用 ESP 软件进行设定）。

6．点火正时

点火正时由 ECU 内置曲面图（图 4-25）控制，图上的点火时间，代表价值比较优化的时间（上死点前）。用户不能直接改变定时，ECU 根据发动机预设转速（可编程）、进气歧管压力和 WKI（Waukesha 爆震指数）值进行校准。

此外 ECU 还可即时处理爆燃探测传感器返回的信号，当某一缸爆燃信号超过门限，ECU 会延迟该缸点火时间，直到监测到的爆震强度信号低于门限设定值，ECU 会将点火时间恢复正常。

ESM 系统能针对不同转速、负荷的点火正时进行优化。

7．爆燃检测

ESM 系统通过爆燃检测来保护 Waukesha 火花点火燃气发动机，避免由于个别汽缸爆燃而造成的整个发动机损坏。

发动机每个汽缸均安装有爆燃探测传感器，在相应的时间窗口，对每次燃烧进行探测，ESM 系统对探测到的每个级别的爆燃事件进行比较，根据爆震幅度，做相应调整。ESM 系统是通过一种被称为"窗口"的技术来判断爆燃的（图 4-26）。这种技术允许 ESM 系统仅在可能发生爆燃的燃烧过程中寻查爆燃现象。

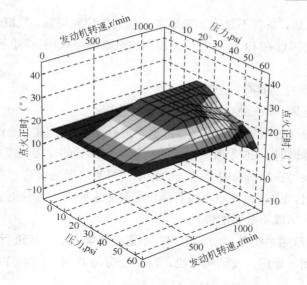

图 4-25　ECU 内置点火正时曲面图

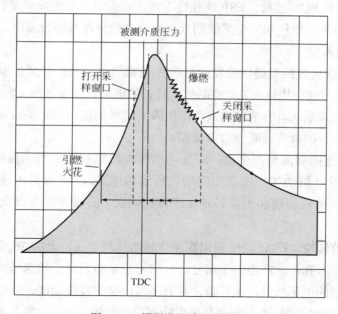

图 4-26　爆燃监测窗口曲线图

ESM 系统将点火正时控制在预先设定的两个极点内,即提前正时最大值和延迟定时最大值。提前正时最大值是根据转速、负荷以及 WKI 值的变化而变化,延迟定时最大值是预先设定的极限值。

提前正时最大值有两个不同用法:其一,低于正常负荷时,提前正时最大值是正时极限。其二,当发动机在轻负荷运转,不能敲缸时,提前正时最大值作为所有气缸的点火正时。如果 ESM 系统检测到超出爆燃临界值的爆燃时,点火正时被延迟的时间与检测到的爆燃强度成比例。点火正时将被延迟,直到爆燃传感器的信号低于爆燃临界值或者达到延迟定时最大值。只要条件允许,ESM 系统将点火正时提前到预定临界值的最大设定值。然而，如在设定时间以后，条件不允许从延迟定时最大值位置提前，气缸爆燃的故障被记录，红色状态指示灯将会闪烁在 ECU 上的不可控制的敲缸故障代码，在短暂的预设时间后发动机会停机。

ESM 系统的爆燃检测具有以下特点：

（1）在每次燃烧期间，ESM 系统对爆燃进行监控；

（2）爆燃水平每次的测量结果要与参考水平进行比较，以确定是否发生爆燃；

（3）当检测到爆燃时，ESM 系统采取的措施与检测到的爆震强度成比例；

（4）为了防止误将在轻负荷时会出现的振动信号当成爆燃信号，在负荷低于厂家设定的额定负荷的 50%时，ESM 系统将不进行爆燃监控，这种预防也避免了发动机在温度升高或负荷过低运行时，出现不必要的停机；

（5）ESM 爆燃检测系统是自动标定的，不需要现场人员对其进行标定；

（6）如果检测到了爆燃，发动机停机，即使没有与 PC 机连接，ECU 也会将爆燃记录在故障日志中；

（7）当 PC 机和 ECU 连接，ESP 软件处于激活状态时，发生爆燃就会在 ESP 中显示。如发动机因爆燃停机，停机和发生爆燃的气缸数量会记录在故障日志中。

8. ESM 调速系统

ESM 调速系统通过控制提供给发动机的空气/燃气混合物的量来控制发动机的转速，由执行装置（电子节气门执行器）和控制执行装置的电子设备及软件（集成到 ECU）组成。

集成 ESM 调速系统具有响应更大负荷的瞬间电流的能力、发动机稳定性更强、安装更简单以及集成运行的故障诊断能力等优点。

ESM 系统调速控制需要两个值，即发动机所需转速和发动机当前转速。ESM 的调速系统通过改变发动机的扭矩来产生发动机所需转速，发动机所需转速通过标定和外部输入的方式设定。当前转速和所需转速（或转速错误）的差异用来改变扭矩以保持所要求的转速。

为了确定当前转速，ESM 系统利用测速传感器检测在飞轮上的 36 个参考孔。当测速传感器末端通过参考孔，就产生一个信号波。信号频率与发动机转速是成比例的。

由 ESM 控制的电子节气门执行器，具有节气门位置反馈功能，基于来自测速传感器的电子信号，ECU 将发动机当前转速与要求转速进行比较，通过调整发动机的节气门的位置做出响应。电子节气门执行器将来自 ECU 的电子信号转变成机械运动，改变通过节气门流至发动机的空气和燃气的量。

ESM 调速系统可在两种可选模式下运行：转速控制和负荷控制。用户可以通过 ESP 用户面板或 PLC 的输入信号进行设置。

发动机操作人员可在转速控制模式下选择设置点的转速，调速器则在此转速下运行。通过同步或减速的方式进行控制。同步控制即无论负荷大小（在允许范围内），调速器使发动机转速维持不变。减速模式下即调速器允许发动机转速在负荷状态下渐渐慢下来。减速用来模拟在带有机械调速器的情况下，当发动机空载运行时，发动机转速比设定值稍高。

当一个发电机装置与电网同步运行则使用负荷控制模式。在这种模式下电网控制转速，ESM 的调速系统利用外部装置发来的信号控制发动机负荷。

9．空燃比控制

ESM 系统的空燃比（AFR）控制针对 Waukesha 富燃（同步）发动机的空气和燃气比例而设计。当发动机性能维持在最佳状态时，可使排气损失降低到最小。即使发动机负荷、燃气压力、燃气质量和工作环境发生变化，AFR 控制也能调整发动机空燃比。

AFR 控制与各传感器输入、控制线路、ECU 发出的指令动作构成完整的 ESM 空燃比控制系统。AFR 控制系统包括进气歧管压力传感器、氧气传感器、用于燃气调节器的步进电机和排气温度传感器等。

氧气传感器不断地向 ECU 中的 AFR 路径报告排气中的氧浓度。为维持排气中所需的氧浓度，ECU 控制步进器来调节气体/空气压力，并影响空燃比。排气温度传感器向 ECU 报告后置涡轮的排气温度。

发动机的空燃比控制原理如下：

（1）主燃气压力调节器使进入混合器前的燃料气与空气保持一个稳定的压力差，其压力差的大小可以通过步进电机来控制。氧气传感器将测得的排出废气中的氧气浓度反馈给 ESM 系统，根据这一信号，ECU 判定是否需要修正空燃比，若需要修正，会发送命令至步进电机，通过调节燃气与空气压力差来修正进入发动机的混合气空燃比。

（2）混合器中空气流量计量阀计量进入发动机的空气量，燃气计量阀固定在空气计量阀之上随空气计量阀一同上升，使燃气计量阀的开度与进入发动机的空气量成正比，使发动机在整个运转过程中始终保持一个稳定的空燃比。

第五章

增压站运行与操作

第一节　压缩机组运行巡检

一、巡检要求

（一）准备工作

（1）检查确认劳保用品穿戴正确；

（2）检查确认硫化氢和可燃气体检测仪工作正常；

（3）正确佩戴防噪耳机；

（4）携带测温仪；

（5）携带巡检记录本。

（二）巡检

根据压缩机组的布局，在巡检过程中逐个对以下各个系统进行检查确认。

（1）仪表控制系统：检查记录增压机组现场控制面板上的运行参数，确认运行参数正常，无报警，且与压力表、变送器显示吻合；双系统的机组两套系统显示值误差在允许范围内，现场接线无松动、无外露，仪表风连接管线无泄漏，自控元件无损坏，仪表校验未过期。

（2）燃气系统：检查确认燃料气分液罐无液位、调压前燃气压力和调压后燃气压力均在规定范围内且压力稳定，用可燃气体检测仪检测燃气管线接头等处无泄漏；整体式增压机组检查液压油罐油位在 1/3 以上，液压油罐顶部提供正压的燃料气管路上阀门开关状态正确，连接管路无泄漏，液压油管路无"跑、冒、滴、漏"现象，喷射阀工作正常、无异响。

（3）调速系统：检查机组运行转速波动在规定范围内、调速器油位在规定范围内、调速器拉杆工作正常；整体式增压机组旋塞阀工作正常、无异响、无卡阻，气-液联动调速器仪表风压力正常；分体式增压机组风门工作正常、无异响、无卡阻，调速的步进电动机工作正常、无异响、无卡阻。

（4）启动气系统：检查确认启动气系统两级控制球阀关闭，两级阀门间压力为零；整体式增压机组缸头放散阀全开、缸头放泄阀无漏气；分体式机组启动马达无异响。

172

（5）进排气系统：检查空气过滤器滤芯差压未超标，用测温仪检查排温是否与机组仪表显示吻合；整体式机组混合阀无异响；分体式增压机组涡轮增压器无异响。

（6）润滑油系统：高架油箱油位在1/4以上、油路控制阀处于开启状态，曲轴箱油位在油位计绿色范围内、润滑油无污染变质，润滑油管路无"跑、冒、滴、漏"现象；整体式增压机组注油泵油池油位在2/3以上、注油单泵每个行程的注油量在规定范围内；分体式压缩机燃气发动机曲轴箱油位计油位真实、曲轴箱与油位计平压管线无堵塞且油位计油位在绿色范围内，润滑油泵工作正常，润滑油温度、压力在规定范围内。

（7）工艺系统：检查机组进排气压力是否正常，确认进排气控制阀处于完全开启状态，加载阀、放空阀、手动排污阀处于关闭状态且无内、外漏，安全阀上游控制阀全开，安全阀无异响、无内漏，排气止回阀运行正常无异响，检查进气洗涤罐液位计有无液位，检查自动排污阀及控制气源无内、外漏，检查管线无异常振动、螺栓无松动、天然气无泄漏，压力表、变送器显示与控制屏一致。

（8）冷却系统：确认皮带无异常跳动、无松动，风扇无异响，风扇轴承无异常振动，循环水泵无异常、无漏液，管束无堵塞，百叶窗开度适度，循环水管线控制阀开关正确，管路无"跑、冒、滴、漏"，高位水箱液位在2/3以上；用测温仪检测冷却水温度与控制屏一致。

（9）动力部分：确认各部位连接螺栓无松动，发动机振动无异常，缸内无异响，发动机排烟正常，曲轴箱无异响，各动力缸点火系统无异常、温差正常；整体式压缩机组检测扫气室无漏油，动力十字头运行无异响；分体式燃气发动机与压缩机联轴器运行无异响；电动机转速稳定、无异响、无异味，电动机与压缩机连接轴运行无异响，用测温枪检测连接部位无异常高温。

（10）压缩部分：确认各部位连接螺栓无松动，压缩机振动无异常，缸内无异响，气阀无异响，用测温仪检查压缩缸进排气阀阀盖温度是否正常，确认余隙活塞锁紧无松动，中体漏油量和填料漏气量处于正常状态，排放中体废油。

二、巡检注意事项

（1）进入厂房前必须检查确认劳保用品穿戴正确，不得穿、戴绳装物，正确佩戴耳塞；女员工头发不得露在安全帽外。

（2）进入厂房后先检查确认厂房内无明显天然气泄漏，气体检测仪无报警，安全通道无堵塞，安全报警设施工作正常、无报警。

（3）巡检过程勿靠近旋转运动件，如飞轮、风扇、皮带轮、循环水泵等，以防物体打击、碰撞。

（4）巡检过程勿接触高温部位；如动力缸排气管、消声器、压缩机排气管、缓冲罐等，以防烫伤。

（5）机组传动装置附近不得放置物品，如飞轮、皮带轮、水泵、联轴器等传动部位，以防物体打击。

（6）机组高温部分不得放置易燃物，如消声器、排气管附近不得放棉纱、布头等易燃物，以防着火燃烧。

（7）电器、仪表控制系统的接地应可靠，切勿断路。

（8）严禁机组超速、超温、超压、超负荷运行。

（9）严禁机组屏蔽或断开报警和自动停机状态下运行。

第二节　日常操作

一、启、停机操作

（一）整体式压缩机组正常启、停机

1．启车准备工作

（1）进行过程受控，得到生产调度室许可。

（2）工具准备：盘车棒、调动力缸排温专用扳手、活动扳手、螺丝刀、测温仪、气体检测仪等。

（3）确认机组原料气工艺系统阀门处于正确的开关状态：机组进气阀门（针形阀及闸阀）关闭，放空阀关闭，进排气旁通阀门打开，机组排气阀打开，若止回阀内漏或损坏的情况下排气阀门应关闭。

（4）确认机组燃料供给系统正常：电磁截止阀关闭、燃料气手动球阀关闭、燃料气微调压阀调整后的压力应在 0.055～0.083MPa（部分型号机组存在差异，需按照说明书要求的压力进行调整）。调速器手轮处于发动机转速的下限位置，严禁燃料气超压启机和运行。

（5）确认机组启动气供给系统正常：启动气压力在 1.8～2.5 MPa、机组启动气控制阀（两只）关闭、启动气管线和控制设备无异常松动和漏气现象，严禁启动气压力超高启机。

（6）确认压缩机组润滑油供给系统和油位正常：高架油箱油位显示位于 1/4 刻度以上、注油器油位显示位于 2/3 刻度以上、高架油箱供给到曲轴箱和注油器的管路和阀门畅通，冬季启车前应打开润滑油加热器，待润滑油温度达到 15℃ 以上时方可启车。

（7）确认机组供水系统和水位正常：水箱显示水位位于 2/3 刻度以上、冷却水循环管路和设备畅通。

（8）检查机组表面和周围有无影响机组正常启机运行的其他异物。

（9）检查机组动力缸和压缩缸外部连接部位有无异常松动、脱落。

（10）检查机组工艺管线支撑和连接情况有无异常。

（11）检查机组液压系统是否正常，并排净液压管路中的空气。

（12）手动注油器单泵，每个单泵 3 冲程以上，手摇预润滑油泵 50 个冲程。

（13）拆掉火花塞高压导线，压下动力缸头上的放泄阀盖，打开小旋塞阀给缸内卸压。

（14）盘车 2～3 圈，压缩机应无卡阻、异响，最后将盘至飞轮与曲轴连接键朝着动力缸方向水平偏上 20°左右的位置，严禁在未拆掉火花塞高压导线的情况下盘车。

（15）关闭小旋塞阀、接上火花塞高压导线。

（16）若维修压缩缸和工艺管线、设备造成缸内和管线进入空气，应对压缩缸和工艺管

线进行空气置换：先全开机组放空阀、分离器排污阀、加载旁通阀，后微开启机组针形阀对机组压缩缸进行空气置换，严格按照空气置换技术要求进行（置换压力低于 0.1MPa，气流流速低于 5m/s，天然气置换量大于 10 倍的置换容积。严禁不按技术要求置换机组空气。

（17）工艺系统进 0.2～0.3MPa 原料气，确保机组处于正压状态。

2．启机操作

（1）进行过程受控，得到生产调度室许可。

（2）单手按仪表控制盘上的"RESET"按钮，启动定时 5min，严禁机组仪表控制系统处于测试状态下启机。

（3）手动开启燃料气电磁截止阀并检查燃料气进机压力是否低于 0.1MPa；检查调速器手轮是否处于发动机转速的下限值，严禁调速器手轮未处于发动机转速的非下限值时启机。

（4）打开启动气第一控制阀（球阀或截止阀）并检查启动气压力是否在 1.8～2.5MPa 之间。

（5）缓慢开启启动气第二控制阀启机（飞轮顺时针旋转），待机组转速达到 100r/min 左右时立即关闭启动气第二控制球阀，待缸内点火后缓慢开启燃料气进气球阀（启动气若是天然气机组可听见点火声音，启动气若是空气机组无法听到点火声音），关闭机组启动气第一控制阀。严禁在未关闭燃料气球阀的情况下启机、在未关闭启动气第二控制阀的情况下开启燃料气球阀。

（6）机组启动正常后关闭启动气第一控制阀；若第一次启机未成功应待 30s 后再次启机。

（7）机组启动后，观察和辨听有无异常声响、转速自动降低现象以及其他异常现象。

（8）检查燃料气分液罐液位，有液及时排污；检查燃料气压力，确保机组正常运行，在确认无异常之后，对机组进行空载暖机运行。

（9）检查各部件连接的紧固情况、各轴承温度、水温、油温、发动机排温，供油、供水系统，仪表控制系统和其他系统工作是否正常。

（10）调节机组动力缸排温，温差应不超过 20℃，3 个及以上动力缸温差应不超过 22℃。

注意：气马达启动时，先打开启动管路上的球阀，按下气开关启动按钮，压缩气经分水滤气器、油雾器和继气器进入气马达的定子，推动气马达的转子旋转，然后通过齿轮机构使小齿轮旋转。启动小齿轮用梯形螺纹安装在轴上，当启动小齿轮旋转时，由于惯性力作用沿着梯形螺纹向外推出与飞轮齿圈啮合，并带动飞轮旋转。机组启动后，转速加快，当飞轮齿圈速度超过启动小齿轮速度时，在齿圈反向力作用下将启动小齿轮沿梯形螺纹反向退出。且每次连续运行时间不得超过 15s，若一次不能启动机组，应间隔 1～2min 后，进行下一次启动，严禁气马达空运转。

3．加载操作

（1）进行过程受控，得到生产调度室许可。

（2）检查仪表控制盘上的启动定时器是否回零，未回零则回零，严禁机组仪表控制系统处于定时或测试状态下给机组加载。

（3）机组空运转 10min 以上（冬季气温过低，冷机需要根据实际情况延长空运转时间），待机组曲轴箱油温不低于 30℃、动力缸夹套水温不低于 30℃、两动力缸温差低于 20℃且动力缸都点火后才空运合格具备加载的条件。

（4）调整机组转速，使之稳定在额定转速的85%～90%的情况下运行。

（5）缓慢打开机组原料气进气旁通阀。

（6）待机组内压力和管线压力平衡后关针形阀、全开进气闸阀。

（7）止回阀完好情况下机组加载操作程序：观察机组运行情况是否正常，当机组各系统稳定运行后，给机组加载，缓慢关闭加载旁通阀，加载同时缓慢调整机组转速并控制在额定转速的85%～90%（严禁加载过猛、调整机组转速过快出现飞车等不良现象发生）。

（8）止回阀损坏或内漏情况下机组加载操作程序：观察机组运行情况是否正常，当机组各系统稳定运行后，给机组加载，先微开启排气阀后，边开排气阀边关旁通阀，加载同时调整机组转速，将其控制将其在额定转速的85%～90%。严禁加载过猛、调整机组转速过快出现飞车、在机组排气阀还未打开的情况下关闭加载旁通阀等违章操作现象发生。

（9）机组满负荷运行后应对机组进行全面的检查：检查机组点火是否正常、有无超负荷运行现象，启动气、燃料气、原料气进排气系统有无泄漏，对原料气洗涤罐进行排污，机组动力缸螺栓连接情况有无异常振动，机组曲轴箱有无异常振动和异响，机组油位、供油系统、注油器注油量是否正常，机组风扇皮带传动系统是否正常，机组工艺管线支撑和振动情况是否正常，压缩缸有无异常振动，泄漏、连接部位等有无异常现象。严禁机组在超温、超压、超负荷、超振动等恶劣情况下运行。

（10）机组加载和检查完毕后，作相应的资料记录及汇报。

4．停机准备

（1）进行过程受控，得到生产调度室许可。

（2）工具准备：盘车棒、活动扳手、螺丝刀、气体检测仪等。

5．卸载操作

（1）进行过程受控，得到生产调度室许可。

（2）一人缓慢调整机组转速，待机组转速降低时，一人缓慢打开机组加载旁通阀，严禁卸载过猛、调整机组转速不及时出现飞车现象。

（3）若停机过程中发现止回阀损坏，机组卸载必须三人同时操作，一人缓慢调整机组转速（转速降低），两人分别同时打开机组加载旁通阀和关闭机组排气阀，严禁排气阀关闭过快，机组排气压力超高，导致机组憋压。

（4）在机组卸载的同时，发动机转速逐步降低至额定转速80%以下。

（5）关闭机组进气阀门。

（6）开压缩系统放空阀放空，待系统压力在0.2～0.3MPa之间，关闭放空阀。严禁直接将系统压力放为零。

（7）卸载后机组空载低速运转3～5min，检查和监听机组各部运转及声响是否正常。

6．停机操作

（1）进行过程受控，得到生产调度室许可。

（2）关闭燃料气球阀，关闭电磁截止阀。

（3）开压缩系统放空阀放空，待系统压力回零后，关闭放空阀。严禁放空完毕而不关闭机组放空阀。

（4）拆掉火花塞高压导线。

（5）手动注油器各单泵 3 冲程以上。

（6）盘车 2～3 圈，确认无卡阻，严禁在未拆掉火花塞高压导线的情况下盘车。

（7）在冬季（如环境温度低于 5℃时），需较长时间停车时，将机内冷却水放掉或采取可靠的防冻措施。

（8）机组停机和检查完毕后，做相应的资料记录及汇报。

（二）燃气分体式压缩机组正常启、停机

1．启车准备工作

（1）进行过程受控，得到生产调度室许可。

（2）工具准备：盘车套筒组合、活动扳手、螺丝刀、测温仪、气体检测仪等。

（3）确认机组原料气工艺系统阀门处于正确的开关状态：机组进气阀门（针形阀及闸阀）关闭，放空阀关闭，进排气旁通阀门打开，机组排气阀打开，若止回阀内漏或损坏排气阀门应关闭。

（4）确认机组燃料供给系统正常：燃料气微调压阀调整后的压力在规定值、电磁截止阀关闭。调速器摇臂处于全开位置，严禁燃料气超压启机和运行。

（5）确认机组启动气供给系统正常：启动气压力在 0.7～1.0MPa（不同型号机组启动气压力存在差异，需按照说明书执行）、机组启动气控制阀打开、启动气管线和控制设备无异常松动和漏气现象，启动马达无异响，严禁启动气压力超高启机。

（6）确认压缩机组润滑油供给系统和油位正常：高架油箱油位显示位于 1/4 刻度以上、注油器油位显示位于 2/3 刻度以上、高架油箱供给到压缩机曲轴箱和发动机曲轴箱的管路和阀门畅通，冬季启车前应打开润滑油加热器，待润滑油温度达到 15℃以上时方可启车。

（7）确认机组冷却系统和冷却液液位正常：夹套水水箱和辅助水水箱液位于 2/3 刻度以上、冷却水循环管路和设备畅通，中冷器排空。

（8）检查机组表面和周围有无影响机组正常启机运行的其他异物。

（9）检查机组发动机和压缩机连接部位有无异常松动、脱落。

（10）检查机组工艺管线支撑和连接情况有无异常。

（11）手摇预润滑油泵 50 个冲程，同时手动按压注油器单泵，每个单泵 3 冲程以上。

（12）关闭控制屏电源，盘车 1 圈以上，压缩机应无卡阻、异响，严禁在未关闭控制屏电源的情况下盘车。

（13）检查并合上控制柜内各断路器和仪表，关好柜门，通入仪表风，接通 PLC 控制柜电源。拉出发动机上的点火（紧急停机）按钮。

（14）若维修压缩缸和工艺管线、设备造成缸内和管线进入空气，应对压缩缸和工艺管线进行空气置换：先全开机组放空阀、分离器排污阀、加载旁通阀，后微开启机组针形阀对机组压缩缸进行空气置换，严格按照空气置换技术要求进行（置换压力低于 0.1MPa，气流流速低于 5m/s，天然气置换量大于 10 倍的置换容积）。严禁不按技术要求置换机组空气。

（15）工艺系统进 0.2～0.5MPa 原料气（不同型号机组启动气压力存在差异，需按照说

明书执行），确保机组处于正压状态。

2．启机操作

（1）进行过程受控，得到生产调度室许可。

（2）按压"发动机启动"键，持续按5～50s，机组启动后松开（部分机组是钥匙启动，需要将钥匙扭动到启动位置，待机组启动后自然松口），开机后自动控制在700～1000r/min左右暖机（不同机组怠速不同）。配有气动预/后润滑油泵，只有预润滑油压建立起来后才能启动发动机。

注意：严禁气马达空运转，机组一次启动不成功，下一次启动要间隔3min方可再次启车。

（3）关闭启动气上游控制阀，对启动气管路中余气进行排空。

机组启动后，检查点火模块运行状态，观察和辨听有无异常声响和转速自动降低现象以及其他异常现象。

检查燃料气分液罐液位、及时排污；检查燃料气压力，确保机组正常运行。

（4）检查各部件连接的紧固情况，各轴承温度、水温、油温、发动机排温、润滑油压、供油、供水系统，仪表控制系统和其他系统工作是否正常。

（5）5min后，操作控制柜上触摸屏转速增减按钮（部分机组将怠速调整到正常运转，在通过转速调节按钮进行微调），将机组转速调至1000～1500r/min，待转速稳定之后，操作控制柜上触摸屏小循环控制按钮，让机组工作在小循环（空负荷）状态，然后让机组在此转速下进行暖机。

3．加载操作

（1）进行过程受控，得到生产调度室许可。

（2）检查仪表控制盘上运行状态是否已经切换到运行状态，严禁机组仪表控制系统处于启动状态下给机组加载。

（3）机组空运转10min以上，各动力缸排温、润滑油温、冷却水温正常，达到加载的条件。

（4）缓慢打开机组原料气进气旁通阀。

（5）待机组内压力和管线压力平衡后关针形阀、全开进气闸阀。

（6）调整机组转速，使之在要求转速范围内运行。

（7）止回阀完好情况下机组加载操作程序：观察机组运行情况是否正常，当机组各系统稳定运行后，给机组加载，缓慢关闭加载旁通阀，加载同时缓慢调整机组转速，并控制在要求转速范围内运行，严禁加载过猛、调整机组转速过快出现飞车等不良现象发生。

（8）止回阀损坏或内漏情况下机组加载操作程序：观察机组运行情况是否正常，当机组各系统稳定运行后，给机组加载，先微开启排气阀后，边开排气阀边关旁通阀，加载同时调整机组转速，控制在要求转速范围内运行。严禁加载过猛、调整机组转速过快出现飞车、在机组排气阀还未打开的情况下关闭加载旁通阀等违章操作现象的发生。

（9）机组满负荷运行后应对机组进行全面的检查：机组点火是否正常、有无超负荷运行现象，涡轮增压器有无异响，启动气、燃料气、原料气进排气系统有无泄漏，发动机螺栓连接情况无异常振动、曲轴箱无异常振动和异响，机组油位、供油系统、注油器注油量是否正常，机组风扇皮带传动系统是否正常，机组工艺管线支撑和振动情况是否正常，压缩缸有无异常振动、泄漏、连接部位等异常现象。严禁机组在超温、超压、超负荷、超振等恶劣情况下运行。

（10）机组加载和检查完毕后，作相应的资料记录及汇报。

4. 停机准备

（1）进行过程受控，得到生产调度室许可。

（2）工具准备：盘车套筒组合、活动扳手、螺丝刀、气体检测仪等。

5. 卸载操作

（1）进行过程受控，得到生产调度室许可。

（2）一人缓慢调整机组转速（转速降低），一人缓慢打开机组加载旁通阀，严禁卸载过猛、调整机组转速不及时出现飞车现象。

（3）若止回阀损坏机组卸载必须三人同时操作，一人缓慢调整机组转速（转速降低），两人分别同时打开机组加载旁通阀和关闭机组排气阀。

（4）在机组卸载的同时，发动机转速逐步降低至 1000r/min 以下；部分机型将机组运转状态调整到怠速状态。

（5）关闭机组进气阀门。

（6）开压缩系统放空阀放空，待系统压力在 0.2～0.5MPa 之间时，关闭放空阀。严禁直接将系统压力放为零。

（7）卸载后机组空载低速运转了 3～5min，检查和监听机组各部运转及声响是否正常。

6. 停机操作

（1）进行过程受控，得到生产调度室许可。

（2）按下控制屏上的停机按钮，检查燃料气截断电磁阀关闭、放空电磁阀打开。配有气动预/后润滑油泵的机组，检查核实后润滑泵运行是否正常。

（3）关闭燃料气进气控制阀。

（4）开压缩系统放空阀放空，待系统压力回零后，关闭放空阀。严禁放空完毕而不关闭机组放空阀。

（5）手摇预润滑油泵 50 个冲程，同时手动按压注油器各单泵 3 冲程以上。

（6）关闭控制屏电源，盘车 1 圈以上，压缩机应无卡阻、异响，严禁在未关闭控制屏电源的情况下盘车。

（7）机组停机和检查完毕后，做相应的资料记录及汇报。

（三）电驱分体式压缩机组正常启、停机

1. 启车准备工作

（1）进行过程受控，得到生产调度室许可。

（2）工具准备：活动扳手、螺丝刀、测温仪、气体检测仪等。

（3）确认压缩机组润滑油供给系统和油位正常：检查油位及油质是否符合技术要求，润滑油压力管路无松脱、破损，系统畅通、无泄漏、无气阻，单泵密封性良好；高架油箱

油位显示位于 1/4 刻度以上、注油器油位显示位于 2/3 刻度以上；冬季启车前应打开润滑油加热器，待润滑油温度达到 15℃以上时方可启车；对传动机构、压力润滑点预润滑合格。

（4）确认机组冷却系统和冷却液液位正常：夹套水水箱和辅助水水箱液位于 2/3 刻度以上、冷却水循环管路和设备畅通，中冷器排空。检查防冻液液位，防冻液管路、泵、冷却液管束、夹套等无泄漏；各阀门均应开启，系统通畅且无空气堵塞；气管束箱无异常；风扇轴承、空冷器电机轴承无异常；风扇固定牢靠。

（5）确认机组原料气工艺系统阀门处于正确的开关状态：机组进气阀门（针形阀及闸阀）关闭，放空阀关闭，进排气旁通阀门打开，机组排气阀打开，若止回阀内漏或损坏的情况下排气阀门应关闭。

（6）检查电动机和压缩机连接部位有无异常松动、脱落；机组工艺管线支撑和连接情况有无异常；机组表面和周围有无影响机组正常启机运行的其他异物。

（7）确认电动机供电系统正常；合上电气控制柜电源开关，检查电压、电流、频率等值是否正常。

（8）确认仪控系统正常；检查仪控系统中压力、温度表上下限，仪表的显示、一次仪表及安全保护装置设置及接线是否正确，线路无松脱、接地；保护参数值设置是否合理。

（9）若维修压缩缸和工艺管线、设备造成缸内和管线进入空气，应对压缩缸和工艺管线进行空气置换：先全开机组放空阀、分离器排污阀、加载旁通阀，后微开启机组针形阀对机组压缩缸进行空气置换，严格按照空气置换技术要求进行（置换压力低于 0.1MPa，气流流速低于 5m/s，天然气置换量大于 10 倍的置换容积。严禁不按技术要求置换机组空气。

（10）工艺系统进 0.2～0.5MPa 原料气（不同型号机组启动气压力存在差异，需按照说明书执行），确保机组处于正压状态。

2. 启机操作

（1）确认控制盘电源开关（POWER）置于"ON"的位置，供电正常。

（2）确认"LOCAL/OFF/REMOTE"开关置于"LOCAL"位置。

（3）主画面（MAIN）操作：检查报警情况，若无故障，进行复位；按"启动（START）"红色键；再次按键"确认（START YES？）"；压缩机已充压，按"吹扫完成（PURGE COMPLETED）"。

（4）启动过程画面（START SEQ）监控：启动，"NO SHTDWN PRESENT"绿色显示，没有停机故障存在；"运行命令（RUN COMMAND）"显示条变亮；"预润滑启动（PRE-LUBE ON）"变亮；"预润滑完成（PRE-LUBE COMPLETE）"变亮。

（5）启动完成（START COMPLETE）显示变亮。

注意：启动机组时，至少有两人参与，控制柜必须有人操作，若出现故障应立即停机，以避免机组损坏。

3. 加载操作

（1）检查各连接部位情况是否正常：确认各连接部位应无松动，管路无跑、冒、滴、漏和其他不正常现象。

（2）检查仪表控制系统是否正常：确认各项数据显示正常、真实；站控终端显示数据与就地仪表盘上数据应一致，数据漂移不能超过 2%。

（3）检查电机运行状态正常：确认电动机轴承润滑油量适中、无发泡现象、无异常振动、无异常响声，电动机无超负荷、无异常发热和其他异常情况。

（4）机组达到加载条件，自动完成加载工作。

（5）机组加载和检查完毕后，做相应的资料记录及汇报。

4. 停机准备

（1）进行过程受控，得到生产调度室许可。

（2）工具准备：气体检测仪等。

5. 卸载、停机操作

（1）机组停机并放空：在 LCP 主画面上，进入"MAIN"主画面，按下"停机（STOP）"键，机组按程序完成降速、卸载、冷机、后润滑、停机操作。

（2）根据压缩机组控制逻辑核实阀门正确开关状态，停机后检查各执行机构动作情况。

（3）机组卸载、停机和检查完毕后，做相应的资料记录及汇报。

（四）螺杆压缩机启、停机操作

对螺杆压缩机组正常启机操作、正常停车操作按照规范程序进行详细的阐述，明确操作步骤及注意事项。

二、紧急停机操作

（一）紧急停机条件

当机组在运行中突然发生下述情况之一时，需实行人工紧急停车：

（1）轴承温度超过规定值，经调整无效且继续剧升。

（2）压缩机进排气系统、燃气系统、润滑系统或水冷却系统突然损坏，严重漏气、漏水、漏油。

（3）机组主要零部件或运动件损坏，或机组突然发生异常振动和异常响声。

（4）机组安全控制参数超过规定值或已发生危及设备或人身安全的故障，以及仪表控制系统失灵未起安全保护作用时。

（5）使用现场出现燃烧爆炸事故。

（6）进站工艺流程发生故障或其他原因需要紧急停车。

（二）紧急停机方法

机组需要紧急停车时，应立即采用下述三种方法中的一种，使机组紧急停车。

（1）按动控制盘上的紧急停车按钮。

（2）关闭手动燃气进气阀。

（3）手动关闭燃料电磁截断阀。

（三）紧急停机相关处理措施

机组紧急停车后，应立即采取下列措施。

（1）给机组卸载、放空，并关闭手动燃气进气阀。

（2）采取措施，防止事故扩大。

（3）检查事故原因，予以正确处理，同时将情况向上级汇报。

（4）非紧急情况不建议使机组带负荷紧急停车。

（四）自动保护停机

（1）机组运行中当上述任一参数超过调定的安全运行值时，机组将自动停机。

（2）机组出现自动停机后，应立即检查仪表盘上停车显示代码属何种保护停车，以采取相应的处理措施。

（3）切断燃料气球阀，并将机组卸载、放空；手动盘车数转。

（4）查清机组故障原因，予以正确处理。在故障原因未查清之前，不得将停车显示复位或再启动。

三、辅助系统相关操作

（一）润滑油加注操作程序

1．准备工作

（1）核实加注润滑油的型号。

（2）核实加注的润滑油是否送检合格。

（3）检查润滑油加注泵供电正常。

（4）取少量润滑油，肉眼检查润滑油是否污染、变质。

2．加注操作

（1）将润滑油泵入口管线放入润滑油中。

（2）将润滑油出口管线放入废油桶中。

（3）检查确认润滑油管路上的控制阀开关是否正确。

（4）检查管线中润滑油是否变质，如发生变质，启动润滑油加注泵，排除变质润滑油后停泵。

（5）记录润滑油流量计底数。

（6）将润滑油泵出口接入高架油箱，启动加注泵开始加油。

（7）待润滑油达到高限前停泵，记录润滑油流量计止数，并计算实际加注润滑油量。

（8）做好相关资料记录。

3．注意事项

（1）润滑油加注前必须核实润滑油的型号，严禁不同型号润滑油混合使用。

（2）润滑油加注前必须确认送检合格，并且无污染、变质，严禁加注不合格或受到污染的润滑油。

（3）加注过程中必须将管路中变质的润滑油排除后才能向高架油箱加油。

（二）润滑油加热系统操作程序

1. 准备工作

（1）检查确认润滑油沿线管理上所有进、出口控制阀状态。

（2）检查确认润滑油泵旋转部位、加热器有无杂物。

（3）打开加热器供电电源。

（4）检查判断温度显示器显示温度是否正常。

2. 加热操作

（1）按下润滑油循环泵启动按钮，检查泵的运转方向是否正确、是否有异响。

（2）检查润滑油过滤器前后压力表显示压力是否超过规定值，若超过，需要及时更换过滤器。

（3）按下润滑油加热按钮，检查润滑油加热灯是否亮，检查润滑油温度是否开始上升。

（4）待润滑油温度达到规定值，按下停止加热按钮，待润滑油加热器进、出口温度平衡后，按下润滑油循环泵停止按钮。

（5）断开润滑油加热器电源。

3. 注意事项

（1）启泵之前必须检查确认润滑油管路上所有控制阀开关状态，严禁出现憋压。

（2）启动电加热必须先启动循环系统（部分加热器在设计时已经将加热和循环启动进行联锁）。

（3）润滑油过滤器压差超标必须及时更换，更换过滤器时必须停泵，待润滑油温降低后再进行更换，以免发生烫伤。

（4）润滑油泵启动后需要检查泵的运转方向，避免长时间反转。

（三）二次冷却塔操作程序

1. 准备工作

（1）确认二次冷却塔集水箱水位达到 2/3 水位上且为软化水，检查液位补充控制阀工作正常。

（2）检查配电柜电压表显示是否在 380～400V 之间。

（3）确认水泵进出控制阀处于开启状态。

2. 启、停操作

（1）打开集水箱自动补水系统上控制阀。

（2）开启循环水泵，检查水泵三相供电电压及电流是否正常，循环水泵运转方向是否正确，检查水泵机支架及螺栓有无腐蚀松动，冷却塔水管路是否渗漏。

（3）开启冷却风机，检查风机三相供电电压及电流是否正常，风机旋转方向是否正确，检查风机支架及螺栓有无腐蚀松动，风机运转声音是否异常、有无振动。

（4）切断冷却风机电源。

（5）切断循环水泵电源。

（6）关闭集水箱补水控制阀。

3．注意事项

（1）开机后，值班人员每隔 2h 巡回检查一次。

（2）值班人员必须严格管理，如发现机组异常，立即停机，查明原因，及时处理并做好记录。

（3）严格执行交接班制度，每天交班时，交班人员必须把机组运行情况交代清楚，接班人员接班后必须先巡回检查一次。

（4）若要长时间停机，应将系统的水放空，以免锈蚀机器及管道，并将主要设备做好表面清洁及防护工作。长时间停机后，若要重新开机，必须先冲洗系统管道（至少两次），直至系统出水清澈、无杂质方可。

（四）软化水系统操作程序

1．准备工作

（1）检查盐池中有无工业盐，不得添加精盐或加碘盐。

（2）确认电源显示灯亮，电源正常。

（3）确认供水正常。

2．启、停操作

（1）开启进水阀门。

（2）检查原水的压力是否达到开机的要求（原水压力在 0.2～0.4MPa 范围内），如果未达到开机要求，开启加压水泵。

（3）打开过滤器顶部的排气阀门，进行排气，待有水从阀门中流出后，将其关闭。

（4）将软化系统的阀门缓慢开启，同时打开出水阀门，使水进入罐体排空罐内空气。

（5）开启全自动控制器电源，确认软化系统处于正常工作状态。

（6）将软水机启动按钮旋转至反洗状态，检查电机是否正常动作和位置是否正确。

（7）关闭软水机电源、关闭软水机进水阀。

3．注意事项

（1）产水过程中，保证有充足的水源及适当的水压，使水通过软化系统来完成离子交换的过程。

（2）室内温度应保证在 0℃以上，防止设备内结冰导致设备部件冻裂。

（3）如设备连续运行 1 个月，根据当地原水的情况要定期清洗或更换过滤器内的滤芯，以调高设备的产水量及保证全自动控制器的正常运行。

（4）设备使用 2a 后，要对软化系统的使用情况进行检查，同时根据设备产水量的大小，对罐体内的树脂进行适量添加。

（五）行车操作程序

1．准备工作

（1）核对特种设备年检证，检查行车检定合格证是否在有效期内。

（2）核对操作证，行车操作属于特种作业，操作工须持证上岗，未经专门训练和未通过考试者不得单独操作。

（3）操作人员严禁湿手或带湿手套操作，在操作前应将手上的油或水擦拭干净，以防油或水进入操作按钮盒造成漏电伤人事故。

（4）开车前应认真检查设备机械电气部分和防护保险装置是否完好，灵敏可靠。

（5）试车，在无载荷情况下，接通电源，开动并检查运转机构、控制系统和安全装置是否灵敏准确，调整至安全可靠方可使用。

2．吊装操作

（1）核实吊装物品重量，物品重量不得超过起重机额定起重量。

（2）使用专用吊装带拴牢吊装物品，并挂到行车的挂钩上。

（3）垂直提升设备离地 50mm 后停止上升，检查吊装物品是否牢固平衡。

（4）确认吊装物品安全后，提升到需要高度，再水平移动到指定位置，然后垂直将物品下放到需要的位置。

3．注意事项

（1）起重机（包括葫芦）严禁载人作业，重物下严禁站人。

（2）起重机钢丝绳采用楔形接头时，必须按照有关规定进行。

（3）钢丝绳头余留长度 200mm，并安装两个绳夹，将楔形接头处钢丝绳封闭锁紧，严禁无证安装、维修及操作使用设备。

（4）起重机（包括葫芦）使用完后，吊钩离地面高度不低于 2m。

（5）不得沿主梁方向斜吊物品。

（6）行车有故障进行维修时，应停靠在安全地点，切断电源，并上锁挂牌。

（7）听从挂钩起重人员（一人）指挥。正常吊运时不准多人指挥，但对任何人发出的紧急停车信号都应立即停车。

第三节　压缩机工况计算

由于压缩机组现场运行条件的多变性，压缩机组在投运前的工况设定非常重要，在运行过程中也需要建立定期工况分析机制，进行压缩机组适应性分析，科学合理地调整压缩机组组工况。不同机型实际运行参数必须通过相应机型的工况软件计算得出，且必须符合压缩机组厂家相应机型的使用说明书要求，并预留合理的安全操作空间，不得超越技术边界条件运行。目前常用压缩机组类型主要有整体式压缩机组（DPC 系列、ZTY系列）、分体式压缩机组（Cameron 系列、GE 系列、FY 系列），此章节以整体式天然气压缩机组 ZTY 系列和分体式压缩机组 Cameron 公司的 SUPERIOR 系列为例介绍对应工况软件的使用方法。

一、整体式天然气压缩机组工况计算

以 COOPER 开发的 eAJAX 工况计算软件——Cameron Compression System 为例，介绍整体式天然气压缩机组工况计算方法。

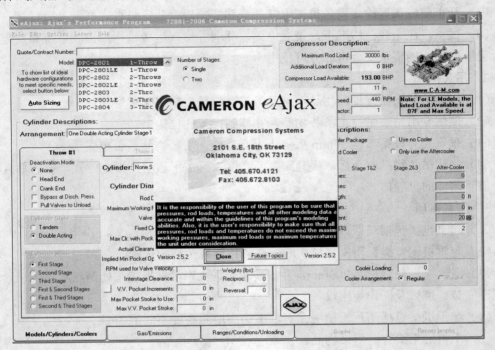

图 5-1　Cameron Compression System 软件开启界面

（1）软件安装完成后，会在桌面建立快捷方式 ，双击该图标，弹出如图 5-1 所示窗口，窗口中显示的是 Cameron 公司的地址、电话、传真、声明等。点击图中 Close （关闭）按钮，正式开始进行工况的分析计算。

（2）在第一个界面 Models/Cylinders/Coolers 里面输入压缩机组的基本信息，如图 5-2 所示：

① "Quote/Contract Number" 处输入机组的订单信息，当然也可以输入机组的编号。Model 后面的机组型号是与 ZTY 系列的机组可以对应的，比如 ZTY265 机组可以选择 DPC360，ZTY470 选择 DPC2803，机型后面带 LE 的是指低排放机组。"Number of Stages" 指的是压缩级数，分别有 single（一级），two（二级），three（三级）。

② "Cylinder Descriptions" 是指缸的说明，"Arrangement"（布置）是指压缩缸的形式。在 "Throw #1" 界面设置 1 号曲柄上配置的压缩缸的参数，首先是 "Deactivation Mode"（不作用方式），"Deactivation Mode" 下分别是 none（无）、Head End（缸头端）、Crank End（曲轴端）；接下来 "Cylinder"（压缩缸）下拉菜单选择压缩缸的缸径，其数值单位是英寸，"?" 表示在两个给定的数值之间以 0.25 为变化步长的缸径。选定以后下面即可将压缩缸的参数显示出来，这些参数在非特殊设计的情况下不能改变。"Throw #2" 采用相同的设置步

186

骤。冷却器设置使用默认。（备注：如果需要用不同缸径的压缩缸设置为一级压缩工况，需要在菜单栏里的"Options"里面点选"Allow Distinct Cylindering per Stage"）。

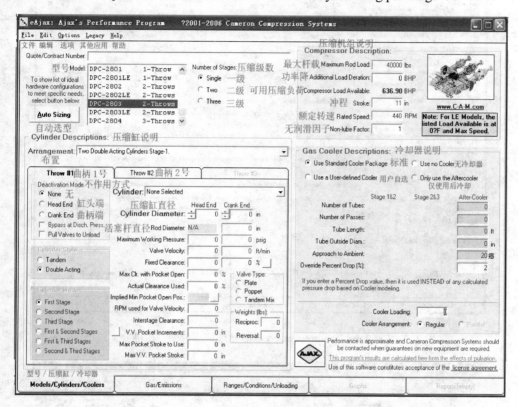

图 5-2　Cameron Compression System 软件第一界面：机组选型

③ 在第二个界面 **Gas/Emissions** 设置压缩机组处理介质及运行的环境条件，如图 5-3 所示。

① 界面右上角设置各气体组分所占比例，所有数据来源于压缩机组所处理介质的气质分析报告。在不清楚介质具体组分或只需简单分析时，可单击 **Natural Gas** 按钮，设置为典型天然气（组分为甲烷 85%、乙烷 15%）。

② 气体相关常数的设置根据气体实际参数可不修改。

③ 大气压和海拔高度只需填写机组安装现场的海拔高度，大气压会自动修正。

（4）在第三个界面 **Ranges/Conditions/Unloading** 设置压缩机组组的运行条件，在"Operating Ranges"（操作范围）下填写机组运行参数的最高和最低值，从上至下分别为进气压力、排气压力、进气温度（1 级）、进气温度（2 级）、进气温度（3 级）、环境温度、转速、运行扭矩，如图 5-4 所示。

"Stage Press Drops"（各级压力降）填写各级进排气的压力降，普通情况下，在压降百分比中分别填写 1、2、1、2。

设置完成后即可选择计算的功能："Full Map Analysis(F10)（全图形分析）""Point Analysis(F8)（重点分析）""Quick Points Report(F6)（快速分析）"。

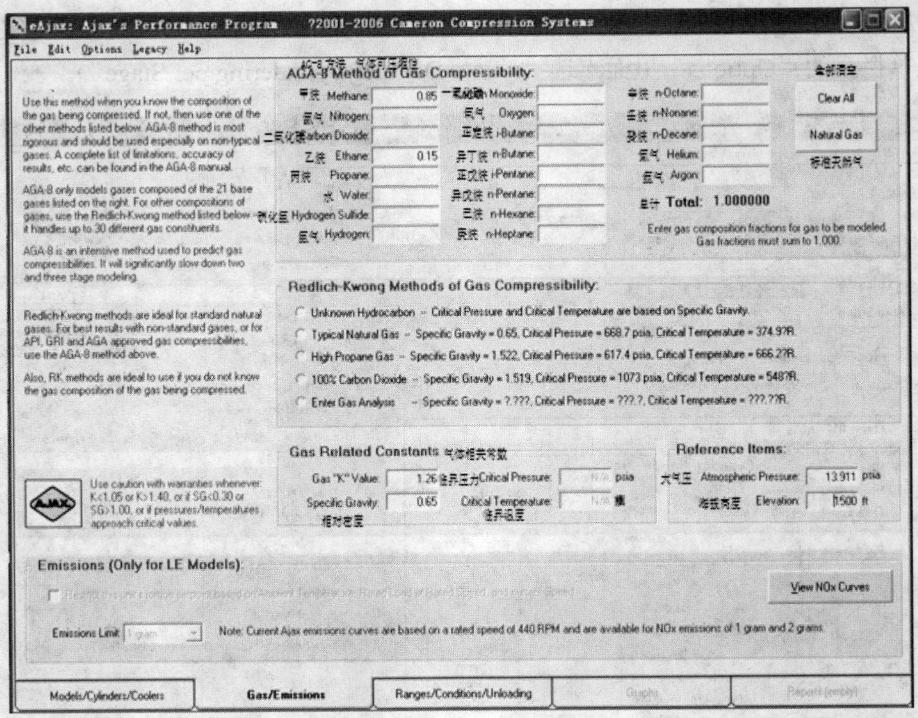

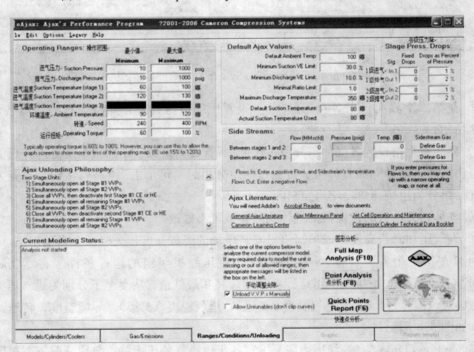

图 5-3　Cameron Compression System 软件第二界面：压缩介质组分

图 5-4　Cameron Compression System 软件第三界面：工况选择

（5）点击"Point Analysis(F8)"后，将弹出点分析的参数设置界面，可对具体的运行情况进行分析，如图 5-5 所示。

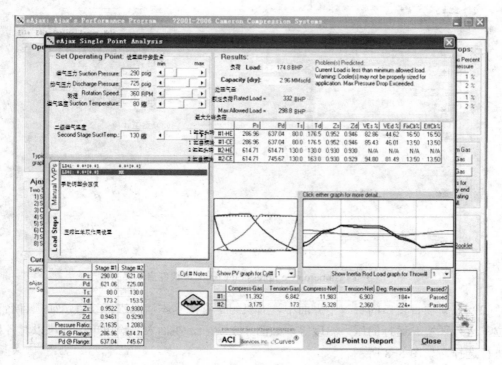

图 5-5　Cameron Compression System 软件计算：工况分析

在"Set Operating Point"下设置具体的运行参数点，从上至下分别是进气压力、排气压力、转速、进气温度、二级进气温度。

在"Load Steps"中设置压缩缸的单双作用形式，在"Manual VVPS"中手动调整压缩缸的余隙容积值。

随着各项参数的输入，在软件界面的右边就对计算分析的结果进行展示，得出机组负荷、处理气量等，还可对 PV 图和杆载用图形形式直观展示。

二、分体式压缩机组工况计算

以 COOPER 开发的 SUPERIOR 工况计算软件——Cameron Compression Compass 为例介绍分体式压缩机组工况分析计算（GE mini 使用 GE Viper 软件，FY 系列使用 Ariel 软件），从软件的安装、启动、机型选择、运行环境条件设置、运行参数设置等方面逐一介绍，并对最终计算出的结果进行分析。

（1）软件在安装完成后，在桌面会建立快捷方式图标 ，双击该图标后出现软件的启动界面，在该界面可以选择以前保存的工况设定，也可以创建新的项目，如图 5-6 所示。

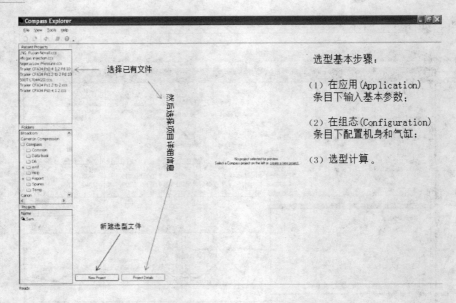

图 5-6　Cameron Compression Compass 软件启动界面

（2）在新项目窗口的每一个界面中，对机组运行的基本情况进行设置，如项目名称、单位、运行环境、运行的压力温度等，如图 5-7 所示。在输入、输出单位处可以对各种单位进行选择，如图 5-8 所示。

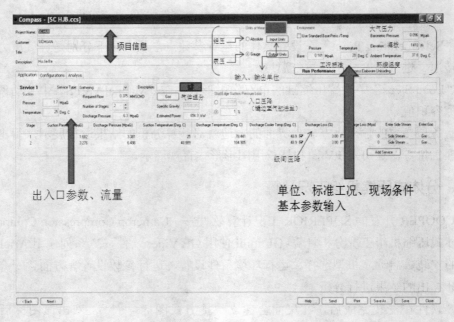

图 5-7　Cameron Compression Compass 软件第一界面：应用

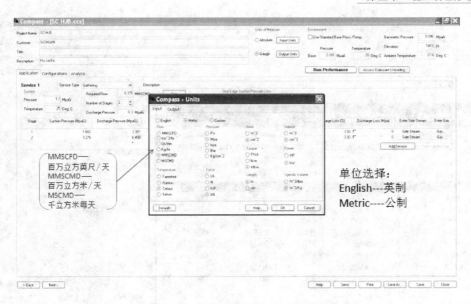

图 5-8　Cameron Compression Compass 软件输入输出单位选择

（3）在 `Configurations` 界面选择发动机、压缩机组主机及压缩缸，并进行简单的设置。

按照现场设计安装的发动机型号、压缩机组型号及压缩缸进行选择，如图 5-9 所示，并在如图 5-10 所示界面选择机身，在如图 5-11 所示界面选择驱动机，在如图 5-12 所示界面选择气缸。

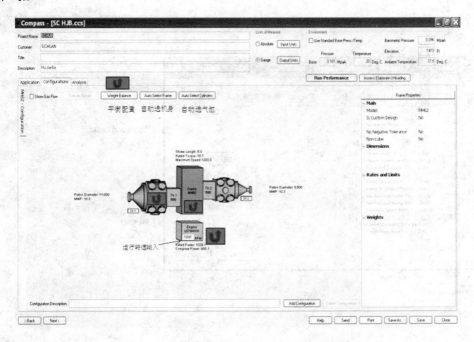

图 5-9　Cameron Compression Compass 软件第二界面：组态

191

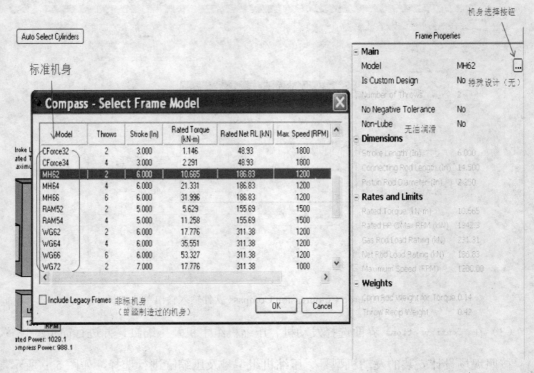

图 5-10　Cameron Compression Compass 软件界面：选择机身

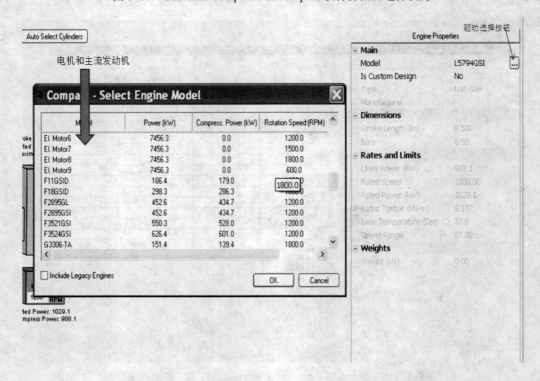

图 5-11　Cameron Compression Compass 软件界面：选择驱动机

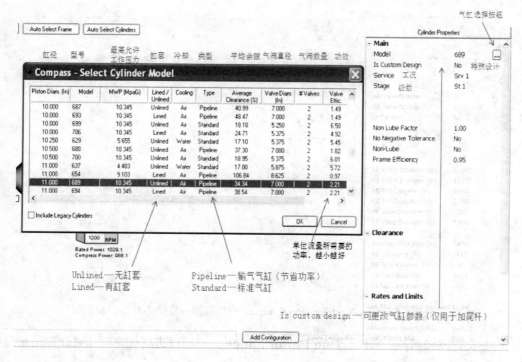

图 5-12　Cameron Compression Compass 软件界面：选择气缸

（4）在 `Access Elaborate Unloading` 界面设置需要分析的机组的具体运行情况，在 `Operating Parameters` 可以设置转速、进气压力、排气压力、进气温度的范围或者一个数值，如图 5-13 所示。在 `Unloading Scheduler - Service 1` 设置压缩缸的单双作用和余隙值，如图 5-14 所示。

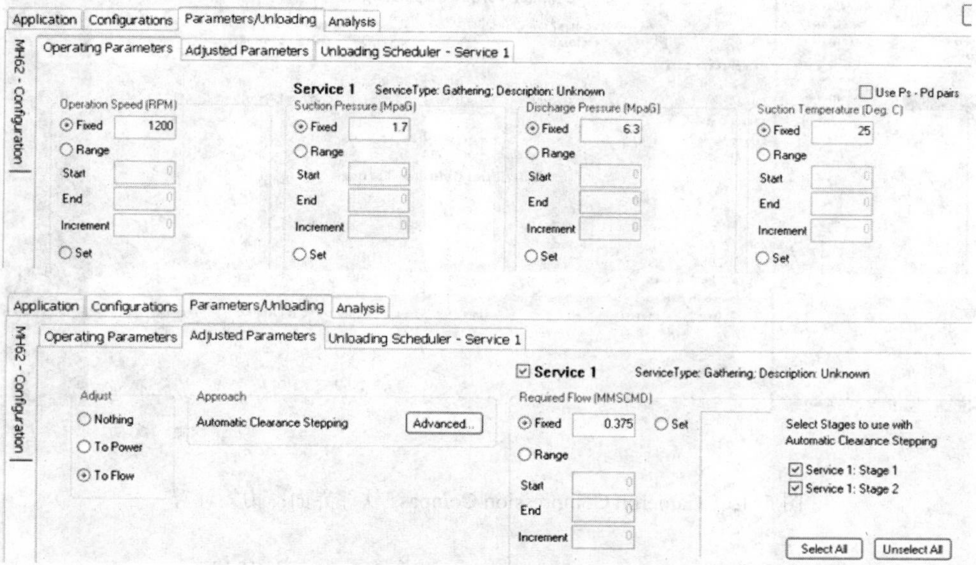

图 5-13　Cameron Compression Compass 软件界面：选择机组工况参数

193

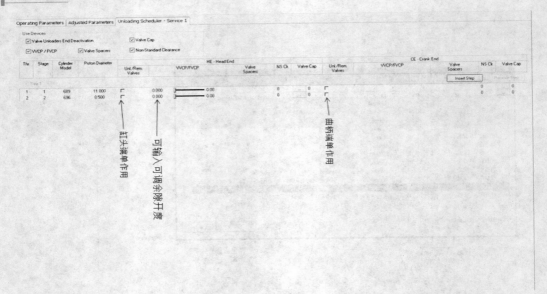

图 5-14　Cameron Compression Compass 软件界面：选择单双作用和余隙

（5）设置完成后，点击 **Run Performance** 即可进行计算，并对计算结果进行展示，如图 5-15、图 5-16 所示。

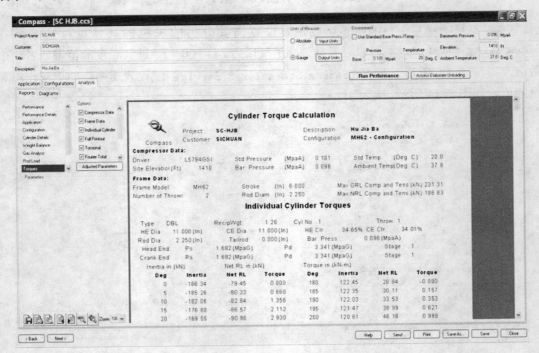

图 5-15　Cameron Compression Compass 软件界面：力矩计算

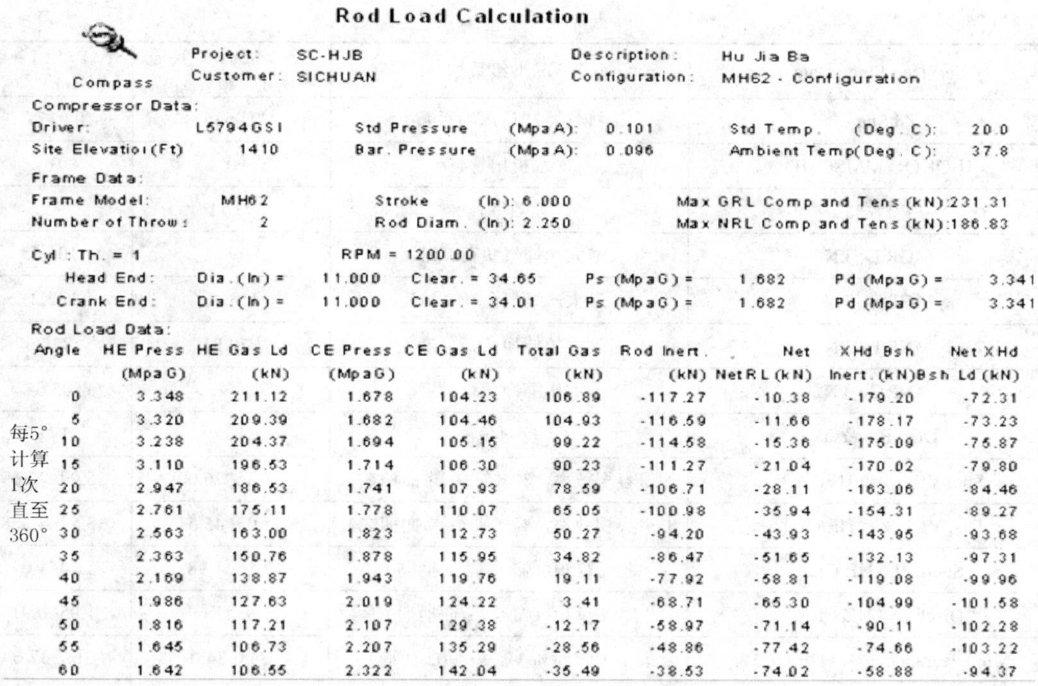

Rod Load Calculation

Compass

| Project: | SC-HJB | Description: | Hu Jia Ba |
| Customer: | SICHUAN | Configuration: | MH62 - Configuration |

Compressor Data:

Driver: L5794GSI   Std Pressure (MpaA): 0.101   Std Temp. (Deg. C): 20.0

Site Elevation(Ft) 1410   Bar. Pressure (MpaA): 0.096   Ambient Temp(Deg. C): 37.8

Frame Data:

Frame Model: MH62   Stroke (In): 6.000   Max GRL Comp and Tens (kN):231.31

Number of Throws: 2   Rod Diam. (In): 2.250   Max NRL Comp and Tens (kN):186.83

Cyl : Th. = 1   RPM = 1200.00

Head End: Dia.(In) = 11.000   Clear. = 34.65   Ps (MpaG) = 1.682   Pd (MpaG) = 3.341

Crank End: Dia.(In) = 11.000   Clear. = 34.01   Ps (MpaG) = 1.682   Pd (MpaG) = 3.341

Rod Load Data:

Angle	HE Press (MPaG)	HE Gas Ld (kN)	CE Press (MPaG)	CE Gas Ld (kN)	Total Gas (kN)	Rod Inert. (kN)	Net Net R L (kN)	X Hd Bsh Inert. (kN)	Net X Hd Bsh Ld (kN)
0	3.348	211.12	1.678	104.23	106.89	-117.27	-10.38	-179.20	-72.31
5	3.320	209.39	1.682	104.46	104.93	-116.59	-11.66	-178.17	-73.23
10	3.238	204.37	1.694	105.15	99.22	-114.58	-15.36	-175.09	-75.87
15	3.110	196.53	1.714	106.30	90.23	-111.27	-21.04	-170.02	-79.80
20	2.947	186.53	1.741	107.93	78.59	-106.71	-28.11	-163.06	-84.46
25	2.761	175.11	1.778	110.07	65.05	-100.98	-35.94	-154.31	-89.27
30	2.563	163.00	1.823	112.73	50.27	-94.20	-43.93	-143.95	-93.68
35	2.363	150.76	1.878	115.95	34.82	-86.47	-51.65	-132.13	-97.31
40	2.169	138.87	1.943	119.76	19.11	-77.92	-58.81	-119.08	-99.96
45	1.986	127.63	2.019	124.22	3.41	-68.71	-65.30	-104.99	-101.58
50	1.816	117.21	2.107	129.38	-12.17	-58.97	-71.14	-90.11	-102.28
55	1.645	106.73	2.207	135.29	-28.56	-48.86	-77.42	-74.66	-103.22
60	1.642	106.55	2.322	142.04	-35.49	-38.53	-74.02	-58.88	-94.37

每5°计算1次直至360°

图 5-16 Cameron Compression Compass 软件界面：活塞杆杆载计算

计算出的性能参数实例及中英文对照见表 5-1。

表 5-1 Cameron Compression Compass 软件界面：性能参数计算实例

Service / Stage Data	工况 1/级数据	Srv 1 / St 1（工况 1/1 级）	Srv 1 / St 1（工况 1/1 级）
SFlow，MMSCMD	流量，$10^6 \text{m}^3/\text{d}$	0.41935	0.21231
SS，MMSCMD	级间旁流（插入或抽出）	0	0
PsLine，MPaG	进气压力（撬边）	3.1	3.1
PsFlg，MPaG	气缸进气法兰处压力，MPa	3.088	3.088
PdFlg，MPaG	气缸排气法兰处压力，MPa	5.879	5.879
PdLine，MPaG	排气压力，MPa	5.700	5.700
Ratio	压比	1.887	1.887
Ratio Sp. Heat	绝热系数	1.260	1.260
Ts，℃	进气温度，℃	26.7	26.7
TdFlg，℃	排气法兰处温度，℃	72.4	72.4
TdLine，℃	排气温度（冷却后），℃	48.9	48.9
Sg	相对密度	0.588	0.588
Zs	入口压缩系数	0.9663	0.9536
Zd Cyl	气缸排气压缩系数	0.9661	0.9575

续表

Service / Stage Data	工况 1/级数据	Srv 1 / St 1（工况 1/1 级）	Srv 1 / St 1（工况 1/1 级）
Zd Stage	排气冷却后压缩系数	0.9536	0.9171
H$_2$OKO，MMSCMD	水析出量	0	0
EC，%	压缩效率，%	93.11	95
MGRT，kN	最大拉伸气负荷，kN	−99.91	−106.53
MGRC，kN	最大压缩气负荷，kN	113.43	132.2
MNRT，kN	最大拉伸净负荷，kN	−79.81	−82.86
MNRC，kN	最大压缩净负荷，kN	89.43	105.64
Deg. Reversal	反向角	169	173
Suc. VE，%（HE/CE）	入口容积效率，%（缸头端/曲柄端）	58.56/ 76.00	56.99/ 72.69
Dis. VE，%（HE/CE）	出口容积效率，%（缸头端/曲柄端）	35.07/ 45.51	33.62/ 42.88
Suctn Q（HE/CE）	进气 Q 值（缸头端/曲柄端）	2.16/ 1.98	1.24/ 1.07
Disch Q（HE/CE）	排气 Q 值（缸头端/曲柄端）	1.83/ 1.69	1.05/ 0.91
Min Clearance，%（HE/CE）	最小余隙，%（缸头端/曲柄端）	34.6/34.0	36.2/37.6
Max Clearance，%（HE/CE）	最大余隙，%（缸头端/曲柄端）	96.4/34.0	94.3/37.6
CalcClr，%（HE/CE）	计算余隙，%（缸头端/曲柄端）	60.7/34.0	60.8/37.6
VVP UL，in	可调余隙开度，in	2.957	2.957
Vlv Spcrs（HE/CE）	气阀垫层（缸头端/曲柄端）	—	—
UL（HE/CE）	卸荷器（缸头端/曲柄端）	None/None	None/None
CylActive	气缸作用形式（单双作用）	DBL	DBL

第四节　压缩机组工况调整及排气量调节

一、压缩机组工况调整

压缩机组原工况与生产工艺不匹配时，可以通过压缩机组工况调整或站场生产工艺优化与改造，使机组工况和生产工艺相匹配，从而提高压缩机组利用率。进行工况调整时可以采用一种或多种工况联合调整，并需遵循以下原则：

（1）进行工况调整前必须利用工况计算软件对调整后的压缩机组负荷、杆载、反向角以及运行参数进行复核和分析，防止压缩机组因工况调整后运行参数超过边界条件而损伤机组。

（2）确认压缩机组工况调整后其配套设备（冷却器、缓冲罐等）以及上、下游设备（分离器、计量装置等）、管线能满足新条件下的生产要求。

增压机组常用的工况调整主要包括变转速调整、压缩缸余隙容积调整、压缩缸单双作用调整、压缩缸串并联调整、改变压缩缸缸径调整 5 种方法。

（一）变转速调整

1. 调整方法

（1）机械调速器可直接转动调速器手柄，液压调速器旋转调节螺钉，液压–气动调速器通过旋转调压阀旋钮改变仪表风压力，将转速调整至目标值。

（2）使用电子调速器或采用 ESM 控制系统等调速的分体式压缩机组可以在控制面板上直接输入机组运行转速的目标值。

2. 调整特点

变转速工况调整对机组处理量改变范围较小，理论上，整体式压缩机组可以改变 10%，高转速分体式压缩机组略大于 10%，但对被用于气井集输的压缩机组的处理量调节能力远低于理论计算值。对于多级压缩的机组，变转速调节不会改变机组的级间压力。有些机组在特定转速范围内将产生共振，因此可以通过转速调整避开此转速范围。变转速工况调整操作简单，不需要改造费用，经济性好。

（二）压缩缸余隙容积调整

1. 调整方法（调余隙缸余隙容积）

（1）卸载停机，打开余隙缸平衡阀，将压力泄为零。

（2）松开余隙活塞杆锁紧手柄。

（3）按照工况软件计算结果调整余隙容积。旋转调节手轮，将余隙活塞调整至目标值（余隙活塞杆凸台对准标尺上的目标值）。

（4）旋紧余隙活塞杆锁紧手柄。

（5）关闭余隙缸平衡阀。

（6）升压验漏合格后，启动压缩机组试运行，并注意观察机组的运行状态。

2. 调整特点

相对变转速调整，压缩缸余隙容积调整对机组处理量改变范围大，当调小余隙容积时，可提高压缩机组的负荷和处理量，具有一定的经济意义。同时应注意，余隙缸容积调整仅对一级缸采用双作用或缸头端单作用的机组具有流量调节作用。多级压缩机组二级（及以上）压缩缸余隙缸容积调整后，机组处理气量不会有明显变化，但可改变机组级间压力。如对于采用两级压缩的压缩机组，调小其二级缸的余隙容积，则机组级间压力将降低，调大二级缸的余隙缸容积，则级间压力将升高。采用曲轴端单作用的压缩缸，其余隙缸失效，对其余隙缸容积进行调整无任何意义。对于无余隙缸的高压、低处理量、小型机组（如 CNG 站使用的机组），可以采用通过增、减气阀密封垫、合理微调压缩活塞止点位置等方式对余隙容积进行微调，以改变机组处理量；压缩缸余隙容积调整操作简单，安全风险小，改造费用极低。

（三）压缩缸单双作用调整

1. 调整方法

（1）压缩缸单作用改为双作用：

① 增压机组卸载停机，对压缩机组工艺气系统进行氮气置换。

② 取下压缩缸上假进气阀总成（未安装阀片、弹簧）。

③ 安装合格的压缩缸进气阀总成。

④ 对压缩缸进行氮气置换，升压验漏合格后，启动压缩机组加载试运行，并观察机组运行状态。

（2）压缩缸双作用改为单作用：

① 增压机组卸载停机，对压缩机组工艺气系统进行氮气置换。

② 取下压缩缸进气阀总成（改缸头端单作用取曲轴端进气阀，改曲轴端单作用取缸头端进气阀）。

③ 取下进气阀总成内的阀片和弹簧，回装没有阀片和弹簧的进气阀总成。

④ 压缩缸氮气置换，升压验漏合格后，启动压缩机组加载试运行，并观察机组运行状态。

2. 调整特点

压缩缸单双作用调整对压缩机组处理气量以及负荷影响较大，但需要指出，只有对一级压缩缸进行单、双作用调整时，才能改变压缩机组的处理气量，对非一级压缩缸进行单双作用调整，仅能改变机组级间压力，如采用两级压缩的机组，当将二级压缩缸由单作用调整为双作用时，机组的级间压力将降低。可以根据需要对一台机组各级压缩缸同时进行单双作用调整，但应注意其合理性，例如调整后高压缸的工作容积不能大于低压缸的工作容积。多台机组同时调整时，应注意各气阀总成的弹簧等零部件不得装错，否则气阀容易损坏。改变压缩缸单双作用调整操作简单，作业风险小，双作用改单作用时，无改造费用，单作用改为双作用时，改造费用适中。

3. 缸头端单作用与曲轴端单作用的特点

压缩机采用缸头端单作用更有利于压缩介质的密封，减小填料受力与磨损，可以利用可调余隙对机组处理量或级间压力进行调节，其缺点是缸头端作用时，活塞杆长时间受压，在某些工况条件下，易失去反向角，导致铜套、十字头烧毁；采用曲轴端单作用时，机组填料受力增加，填料更易磨损，同时可调余隙失去调节功能，但与缸头端单作用相比，曲柄端单作用更容易形成反向角。

（四）压缩缸串并联调整

1. 调整方法

以两级压缩缸的 ZTY265 为例，其工艺气流程如图 5-17 所示。

（1）压缩缸并联改串联：

① 卸载停机，对机组工艺气系统进行氮气置换。

② 将二级分离器上游法兰 1 处 8 字盲板的通板改为盲板，将一级冷却器下游法兰 2 处 8 字盲板的盲板改为通板，将一级冷却器下游法兰 3 处 8 字盲板的通板改为盲板。

③ 对压缩机组工艺系统进行氮气置换，升压验漏合格后，启机加载试运行，并观察机组运行状态。

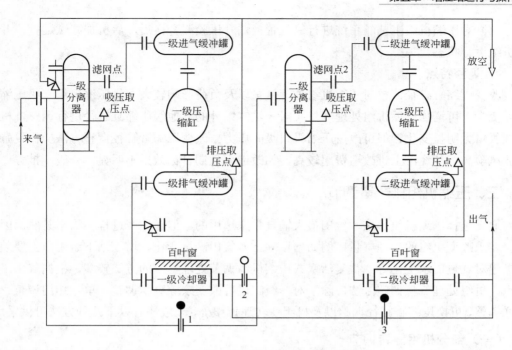

图 5-17　ZTY265 压缩机组工艺气流程示意图

（2）压缩缸串联改并联：

① 卸载停机，对机组工艺气系统进行氮气置换。

② 将二级分离器上游法兰 1 处 8 字盲板的盲板改为通板，将一级冷却器下游法兰 2 处 8 字盲板的通板改为盲板，将一级冷却器下游法兰 3 处 8 字盲板的盲板改为通板。

③ 对压缩机组工艺系统进行氮气置换，升压验漏合格后，启机加载试运行，并观察机组运行状态。

2．调整特点

压缩缸串并联调整对压缩机组处理气量以及负荷影响较大。对于采用两级压缩的机组，并联时机组的处理气量将增加，串联时将下降。对于两级以上的压缩机组，当将前几级压缩缸并联成为一级缸后再与下一级压缩缸串联生产时，机组处理气量将增加。若一级压缩缸不变，对一级压缩缸以外的其他各级压缩缸进行串并联调整，机组的处理气量将无明显变化，但可改变机组的级间压力，如三级压缩改为两级压缩时，将二、三级压缩缸并联成二级缸后再与一级缸串联生产，则机组处理气量不会有明显变化，但机组的级间压力将发生明显变化。从理论上说，压缩缸串并联调整作业劳动强度适中，作业风险小，改造时仅需要准备密封垫片（中低压）或钢圈（高压）即可，因此其施工改造费用较低。

（五）改变压缩缸缸径调整

1．调整方法

（1）压缩机组卸载停机，对压缩机组工艺气系统进行氮气置换。

（2）拆卸压缩缸及根据工况软件计算确定需要更换的机组配套设备。

（3）安装新的压缩缸、压缩活塞组件以及相关配套设备。

（4）对压缩机组工艺气系统进行氮气置换，升压验漏合格后，启机加载试运行，并观察机组运行状态。

2．调整特点

改变压缩缸缸径调整对压缩机组处理气量以及负荷影响较大。将压缩机组一级压缩缸缸径变大，可增加压缩机组处理气量。对一级缸以外的其他级压缩缸缸径进行调整，机组处理气量无明显变化，但可改变压缩机组级间压力。改变压缩缸缸径调整方法操作复杂，作业风险高，从经济上讲改造费用较高，如改造后预期目标效果不明显，一般不推荐。

二、压缩机组排气量调节

通常选择压缩机组是按油气田最大输气量来选用的，但在生产过程中由于某些原因时常会要求改变机组的处理气量，例如增压站上游气田产量变化、增压站下游用户主要装置改扩建对气量需求变化等。往复活塞式压缩机组调节处理气量的方法较多，根据气田工艺特点，机组处理气量调整方法，除了对一级缸进行改变余隙容积调整、单双作用调整、串并联调整、更换压缩缸缸径调整以及机组变转速调整外，一般还有以下几种方法可供采用。

（一）部分机组停转调节

对于集中增压站，可根据生产需要，采用停开或增开运行机组的方式调节站场机组总处理量。机组停转调节一般指驱动机与压缩机同时停转，若站场存在一日内多次启、停机的情况，并且驱动机与压缩机通过离合器连接，为了避免频繁启动机组，也可采用离合器将驱动机与压缩机脱开的办法停转。对机组负荷较轻的集中增压站场，即使站场对机组总处理量要求无明显变化，也可以考虑对各机组工况进行调整，增大其处理气量，在保证机组总处理量无明显减少的情况下，停转部分机组，以提高机组负荷并节约运行成本。

（二）控制吸入调节

控制吸入调节在中型空气压缩机上采用的较多。控制方法有节流吸入和停止吸入两种。

1．节流吸入调节

节流吸入理论上可以进行连续的无级调节，然而在排气量降低，排气压力不变的情况下，压比反而增加，因此功率并不一定会降低，同时排气温度可能达到或超过运行上限，使用时甚至还不如通过旁通阀节流控制气量经济，所以目前在工业上已经很少采用。

2．停止吸入调节

停止吸入是依靠减荷阀切断进入气缸的气体来实现调节的。当压缩机组排气量过剩，机组排气压力不断增加并超过某一规定值时，压力调节器内的阀被顶开，压缩气进入减荷阀的气缸，使减荷阀关闭，吸气口被截断，使压缩机组进入空载运转状态。当下游管路压力降至某一值时，减荷阀在弹簧力作用下自动打开。

（三）通过气体管路进行调节

1．进气节流调节

对于没有安装减荷阀的机组，可在压缩机组进气管路上安装节流截止阀，通过阀门开度控制进入机组的气量，并实现对机组处理气量的调节；节流截止阀最好安装在工艺区分离器上游，使节流后析出的冷凝液被分离器分离，避免液态水进入压缩缸，影响机组的润滑，加速压缩缸磨损。

进气节流调节的经济性较差，因为气量的减少与功耗的减少不成正比，并且存在影响机组压缩缸润滑等缺点；但其调节机构简单，在某些特定情况下，通过节流调节能解决一些生产难题，例如某些高产气田的集中增压站在投产前，因其上游单井井筒及集输管网存在大量与增压站下游压力相同的中（或高）压气体，使机组在加载运行初期的处理量可能超过增压站下游装置（脱水或净化装置）的最大处理能力，造成下游管线压力不断升高（若不处置将超过管线允许的最高运行压力），此时可使用节流调节控制机组的处理量（必须保证机组处理量大于气田产量，但小于下游装置最大处理量），实现增压站正常投产，具体方法为：机组加载后，通过调节压缩机组分离器上游节流截止阀开度（逐步全开），使增压站下游管线压力无明显增加的同时，增压站上游管线压力又逐步降低，当节流截止阀全开并且进机压力稳定后，机组完成投产运行。

2. 进排气连通调节

将机组的加载旁通阀或越机组旁通调节阀打开，使排出的气体一部分或全部返回进气管线，从而实现对机组处理量的调节，当旁通阀全开时为自由连通调节，当开一部分时为节流连通调节（旁通阀应为节流截止阀）。

自由连通调节使机组排出气体全部回流至进气管路上，形成气缸与旁通管路间的闭式循环，机组进排气压力相同，没有气体输送至下游用户，其一般在机组空载、小循环时使用，使机组的相关温度参数逐步改变，为机组加载或停机做准备。

节流连通调节使一部分高压气体流回进气管路，排气压力不变，但机组实际处理气量减少，根据旁通阀开启程度不同，可在 0%～100% 范围内调节，当机组进排气压力无变化时，实际功耗并未降低，但实际机组处理气量下降，因此运行经济性较差，但在某些特定情况下，通过进排气节流连通调节可以解决一些生产难题，例如对增压站上游管线清管作业时，因清管器（球）前端一般有一段水柱，当清管器临近增压站场时，会造成机组的进气压力明显下降，当低于机组允许最低进气压力时，机组将出现自动停机，通过适当打开旁通阀，利用进排气节流连通调节，稳定机组的进气压力，实现增压站清管作业时，机组能够正常生产运行。但需要注意，节流连通调节使气体流速增加，高速气流将增大对相关设备的冲击；同时节流连通调节将产生节流效应，使机组吸气温度降低并在节流处有冷凝液析出，导致压缩缸因内外温差过大更易产生裂纹，而冷凝液进入压缩缸又会影响机组的正常润滑，因此不可长时间使用此调节，若增压站建有越机组旁通调节阀，应尽量使用越机组旁通调节阀，而不是机组的加载旁通阀。

（三）顶开进气阀调节

利用机械装置，在进气过程结束后，强制进气阀仍处于开启状态，在活塞反向运动时，气缸内被吸入的气体全部或部分又被推出气缸，达到降低机组处理气量的目的。根据进气阀被顶开过程的长短，有全行程顶开进气阀和部分行程顶开进气阀两种调节方式。

1．全行程顶开进气阀调节

全行程顶开进气阀调节时，调节机构使进气阀始终处于开启状态，气体可以自由地由进气阀进入和排出，若压缩缸采用的为单作用，则压缩机组进入空载运行，机组处理气量接近零。若压缩缸采用的为双作用，机械装置只作用于机组的一端，则压缩机组变为单作用，其实质是利用机械装置实现自动改变机组的单双作用方式。

2．部分行程顶开进气阀调节

当气缸进气终了时，进气阀被强制地保持在开启位置，在压缩过程的部分行程中，气体被从进气阀气道推出，待活塞运行至预定位置时，顶开进气阀的强制动作消失，进气阀片在压差的作用下关闭，气缸内剩余的气体被压缩，达到一定压力后被排出，机组处理气量减少。部分行程顶开进气阀调节，实质就是通过机械装置控制进气阀关闭的早与迟，达到调节机组处理气量的目的。作用于气阀的调节，将使阀片受到额外的力，特别是部分行程顶开进气阀调节，由于顶开装置对阀片的频繁冲击，将会影响阀片的寿命和密封性能，因此一般只限低转速压缩机组中使用；此外，顶开进气阀调节也受到气阀结构的限制；因此目前增压站场应用顶开进气阀调节的机组非常少。

第六章

压缩机组维护保养

第一节 概　述

一、维护保养的必要性

设备维护：为防止设备性能劣化（退化）或降低设备失效的概率，按事先规定的计划或相应技术条件的规定进行的技术管理措施，其作用在于延缓设备工作能力的降低，保持设备经常处于良好技术状态。

天然气压缩机组使用的前提和基础是机组的日常维护和保养。压缩机组在长期、不同环境中的使用过程中，机械的部件磨损，间隙增大，配合改变，直接影响到设备原有的平衡。设备的稳定性，可靠性，使用效益均会有相当程度的降低，甚至会导致机械设备丧失其固有的基本性能，无法正常运行，甚至形成严重事故。天然气开采过程工况不稳定，容易发生剧烈变化，生产过程要求机组重载持续工作，只有在必要的修整时才能稍停。如果机组突然停止运行，将会带来很大的损失。这就要求工作人员必须做好设备的定期维护保养工作，及时处理随时发生的各种问题，改善设备的运行条件，从而保障其长时间正常工作，避免不应有的损失。

二、维护保养的分类

20 世纪 50 年代前主要采用故障后维修的被动维修（Breakdown Maintenance，BM）设备管理模式，称为"第一代维修模式"。20 世纪 60 年代至 80 年代开始采用目前国内主要采用的基于时间的预防性维修（Preventive Maintenance，PM）管理模式，称为"第二代维修模式"。20 世纪 70 年代中期出现了状态维修（CBM）中的预知维修（Predictive Maintenance，PM）管理模式，称为"第三代维修模式"。以可靠性为中心的维修（RCM）是第三代维修模式发展的新阶段，是目前国际上流行的用以确定设备预防性维修工作需求、优化维修管理制度的一种系统工程方法，它广泛应用于航空、航天、军工、核电等领域并取得了巨大的经济效益。

（一）定期维护

目前，西南油气田分公司在用压缩机主要采用定期维护的方式保养机组，即预防性维修（Preventive Maintenance，PM）管理模式。使用单位根据每台压缩机组的工况，以及各个部件的不同功能和寿命，分别按班、周、月、半年、年、三年的周期进行维护。这种维护方式优点在于对于以磨损、疲劳等为主要故障特征原因的压缩机组，计划维护能够在降低设备的事故率、提高设备的运行安全方面起到积极的作用。缺点是以时间为基础的维修，它不考虑设备的健康状态，往往造成"维修过剩"。不必要的、过度的维修措施，不仅会产生高昂的设备维修费用，而且会缩短设备的运行周期。

（二）预防性维护

20 世纪 80 年代随着计算机技术的发展，设备状态监测技术、故障诊断技术得到了较快发展，故障预测和故障发展预测成为预知维修的关键技术。预知维修根据设备实际运行状态制定合理、必要的维修方案，既可避免"维修过剩"，又可避免"维修不足"。通过对设备的状态监测，得到关于设备或生产系统的温度、压力、流量、振动、噪声等各种参数，由专家系统对各种参数进行分析，进而实现对设备的预知维修，它预知设备健康状态和备件、工具需求，不仅能够提高设备可维修性，减少维修时间和生产中断时间，而且还可以避免故障后果扩大、提高设备运行的安全性和可靠性。

目前，西南油气田分公司压缩机组自动化程度逐渐提高，监控系统也日趋完善。通过对设备的监测，能够预知状态，实现部分部件的预测性维护，避免过度维修或维修不足。其特点为：以最少的资源消耗保持设备固有可靠性和安全性，确定降低设备风险的检查、维护、操作策略并制定优化的维护任务工作包，用于指导日常的设备检查和维护。

（三）以可靠性为中心的维修

以可靠性为中心的维修（RCM）是继被动维修、预防维修、预知维修之后，新发展起来的以主动维修（Proactive Maintenance）为导向的维修体制。它旨在通过系统地消灭故障根源，尽最大努力消减维修工作总量，最大限度地延长设备寿命，把主动维修、预防维修和预知维修结合起来，形成一个完整化的、系统的维修策略。预防性维修可减少非计划停机，却可能造成"维修过剩"，因此应加以适当控制；"预知维修"可预先采取维修措施，既减少停机，又可减少维修过剩，是值得提倡的方式，但这种维修方式却不可能从根本上消灭故障；主动维修则致力于从根本上消除故障隐患，减少故障频率，延长大修理周期，不断改善设备可靠性。不过此种设备管理模式需要大量的基础信息和科学分析作为支撑，目前在西南油气田分公司范围内并未得到广泛使用。

三、维护保养的经济与技术相结合

维护保养既要满足机组性能必须要求，又要避免保养过剩，造成企业成本浪费。充分将技术与经济结合在一起，把 RCM 技术运用在定期维护和预测性维护中，通过建立故障库、风险评估、后果评价等方式，科学地对设备进行维护，在保证运行正常和减少非正常停机的同时，避免成本浪费。

第二节 整体式压缩机组的维护保养

一、每班维护保养

（1）检查并消除机组油、水、气泄漏现象，保持设备表面和环境的清洁。

（2）检查冷却水箱、高位油箱、曲轴箱、液压油油罐、调速器及注油器液位，必要时添加润滑油和冷却水；检查注油器的运行情况与供油量；检查润滑油温度。

（3）每小时记录一次工艺气进排气压力和温度，冷却水温度，发动机排温、排烟是否正常，观察压力和温度的变化以判断压缩机组的运行情况。多级压缩时，若一级排气压力和温度下降，说明一级缸有效行程容积减小；一级排气压力和温度上升，说明二级缸有效行程容积减小，以此类推。针对这些现象应重点检查是否存在气阀和填料泄漏、活塞环磨损、气缸内零件损坏。

（4）查看填料是否泄漏，活塞杆是否过热。

（5）检查空滤器的阻力指示，根据需要清洗或更换。

（6）检查并排放分离器的积液，防止液体进入气缸，分离器自动排液后，液位计中应没有液体存在。

（7）排放中体内油池的积油，若液体太多，说明刮油器窜油，应查明原因并及时排除。

（8）排放燃气分离器与原料气分离器的积液，检查压缩机组前端场站工艺气过滤分离器压差应不大于 50kPa。

（9）检查机组运行转速是否正常；运转中无论有任何异常振动和异常响声，都应立即查明原因并排除。

（10）检查阀盖、十字头、曲轴箱、空气冷却器、注油泵、水泵、调速器齿轮传动等重要部位温度。

（11）检查曲轴箱呼吸系统、空气进气系统、废气排放系统工作是否正常。空气进气过滤系统的差压计水柱高度之差不应大于 25.4mm。

（12）检查仪表风压力，压力应稳定在 0.55～0.85MPa；检查空气压缩机工作是否正常，油位是否正常；对空气压缩罐、管线上滤清器进行排污。

（13）检查控制柜内各控制仪表工作是否正常，检查电气设备工作是否正常。

（14）整体式天然气压缩机主要运行参数控制值见表 6-1。

表 6-1 整体机组主要运行参数控制值

类 别	控制参数范围	备 注
转 速	ZTY85、ZTY170、DPC230：不大于 360r/min；DPC360、ZTY265、ZTY310、ZTY440：不大于 400r/min；ZTY470、DPC2803、ZTY630：不大于 440r/min	$n_{运}＝（80\%～90\%）n_{额}$
动力缸排温	ZTY85、ZTY170、DPC230、DPC360、ZTY265、ZTY310、ZTY440：不大于 400℃	两缸温差不大于 20℃

类　别	控制参数范围	备　注
动力缸排温	ZTY470、DPC2803、ZTY630：不大于 420℃	两缸温差不大于 20℃
夹套水温	动力缸 55～85℃，压缩缸 50～80℃	
曲轴箱油温	30～80℃	
压缩缸排温	不低于 150℃	
燃料气压力	燃气进机压力应为 0.055～0.083MPa（DPC2803、ZTY470、ZTY630 为 0.056～0.14MPa），温度不低于 2℃	在机组调压阀前为 0.5～1.0MPa
启动气压力	缸头启动：1.78～2.4MPa，气马达启动：0.6～1.0MPa	温度不低于 2℃
机身振动	良好：不大于 7.1mm/s，合格：不大于 18mm/s	

二、每周维护保养

（1）每班维护保养的全部内容。

（2）向燃料气喷射阀补充适量的抗高温润滑脂。

（3）安装润滑油循环加热系统应开启系统对润滑油进行过滤，每次运行时间为 10～15min。

三、每月维护保养

（1）每周维护保养的全部内容。

（2）清洗空气滤清器滤芯，更换空滤器机油。使用万向干燥型空气过滤系统应对过滤板进行吹扫。

（3）检查燃气过滤分离器的压力降，超过规定值时应对过滤器滤芯进行清洗和吹扫。

（4）检查清洗空气混合阀，更换损坏零件。

（5）检查调整火花塞电极间隙，清除火花塞积垢，清除高压线圈高低压导线接点的氧化物，检查调整触发线圈与磁钢的间隙，清除其脏物。

（6）检查清洗压缩机进排气阀，并对气阀进行验漏；对损坏部件进行更换（对于环状气阀应全部更换弹簧、阀片）。

（7）停机排放扫气室、十字头导轨存油池内积存的润滑油，并清洁十字头导轨的存油池；检查十字头滑道间隙情况及动力缸中体侧盖板到传动箱油路是否畅通，检查并适度拧紧十字头销、活塞杆锁紧螺钉及活塞杆并紧螺帽和并紧螺帽的止动块，检查刮油环、填料连接紧固情况。

（8）打开曲轴箱盖板检查润滑油外观色泽和曲轴箱油位；用油品分析仪检查曲轴箱油质和水分，根据检测结果并结合推荐的换油周期更换曲轴箱润滑油；盘车检查连杆大头螺栓及油匙紧固情况，检查中间轴瓦存油池、滑道上方存油池有无杂物。

（9）给风扇轴承、水泵轴承、惰轮轴承、余隙丝杆加注规定牌号的润滑脂。

（10）检查传动皮带松紧程度和磨损情况，进行必要的调整和更换。

（11）检查燃料气、启动气球阀是否内漏或关闭不严，检查燃气转阀是否存在磨损、开口位置是否正确，并进行必要的调整和更换。

（12）清洁飞轮表面，检查飞轮外观有无裂纹、紧固螺栓及键（涨紧）连接有无松动、飞锤紧固情况；检查各地脚螺栓、压缩缸支撑螺栓、各主要连接螺栓的紧固情况。

（13）检查机组所有安全保护装置和仪控系统的工作可靠性、灵敏度。

（14）试运转，检查机组是否正常。

（15）做好每项保养记录。

四、半年维护保养

（1）每月保养的全部内容。

（2）检查点火系统电路、电器工作情况，检查或更换火花塞。

（3）清洗曲轴箱盖上的通风帽，根据曲轴箱油质情况决定是否更换箱内全部机油。检查、拧紧连杆螺栓与连杆大头瓦盖上的油匙锁紧情况。

（4）检查曲轴轴向窜动；检查记录中体滑道间隙。

（5）检查清洗燃料喷射阀，更换或修理损坏件。

（6）检查清洗卧轴传动机构，包括启动器分配阀、注油器、调速器、柱塞泵等。

（7）清洗冷却器散热面上的昆虫和杂物；进行冷却液水质化验。

（8）检测、调校仪控系统压力表、压力变送器、信号回路、联锁试验。

（9）试机，检查机组是否正常。

（10）做好每项保养记录。

五、每年维护保养

（1）半年维护保养的全部内容。

（2）检查点火系统中交流发电机工作的可靠性。

（3）清洗检查润滑装置，润滑系统管路及阀、泵等零部件，更换修理损坏件。

（4）清除动力缸、压缩缸、活塞、活塞环、气缸盖及进排气口上的积炭。

（5）检查并记录活塞、活塞杆、活塞环、气缸的磨损情况，检查活塞环的开口间隙及侧向间隙、刮油环、填料组件，必要时进行修理或更换。

（6）检查调整压缩缸活塞死点间隙，使缸头端为曲柄端间隙（冷态）的两倍。检查活塞杆填料的磨损和密封情况，更换磨损件。

（7）清洗检查燃气注入系统管路、管件及阀件，更换磨损件。

（8）检查更换冷却器风扇传动皮带；检查更换水泵传动皮带、水泵机械密封和水泵其他易损件。

（9）检查卧轴传动装置的磨损情况。

（10）检测飞轮端面跳动及径向跳动情况。

（11）清除散热器、冷却器内外污物，检查有无泄漏并予以清除。

（12）检查仪表柜上仪表显示是否正常，仪表柜与端子柜里连接线路工作是否正常。

（13）试机，检查机组是否正常。

（14）做好每项保养记录。

六、三年维护保养

（1）一年维护保养的全部内容。

（2）检查主机各主要零部件，包括机身、曲轴、飞轮、轴承、轴瓦、轴颈、连杆及大小瓦、十字头与十字头销、中体滑道、活塞及活塞杆、压缩缸、余隙缸等磨损情况及其损坏情况，按需要进行修理和更换。

（3）清除气缸夹套水和水冷却系统内的积垢。

（4）检查各管道系统、压力容器、阀门的腐蚀与损坏情况，按 GB/T 150.1～GB 150.4—2001《压力容器[合订本]》、TSG 21—2016《固定式压力容器安全技术监察规程》、JB/T4730《承压设备无损检测[合订本]》等标准要求对压力容器及其附件做探伤、测厚等无损检测和压力试验。

七、长期封存的维护保养

（1）放尽管路和气缸夹套的冷却水。

（2）排尽曲轴箱内润滑油，清洗箱内滑道等部位的油污，并在曲轴箱表面、连杆、十字头及中体、活塞杆及填料等部位均匀涂上优质防锈油脂。

（3）清洗混合阀及扫气室、压缩缸各气阀，并涂上优质防锈油。

（4）清洗动力缸、压缩缸及活塞，并涂上清洁的润滑油。

（5）给调速装置各关节轴承加注黄油。

（6）拆下空气进气总成，在混合阀各阀片和阀座上涂上优质防锈油。

（7）拆下燃气进气转阀，清洗阀体和阀芯并涂上润滑油。

（8）拆下气阀，用防锈油涂抹各零件，同时，用油枪注油到缸壁和活塞杆上。

（9）用油润滑余隙活塞和丝杆，丝杆外露部分用黄油涂抹。

（10）用黄油涂抹风扇轴和轴承。

（11）调整张紧轮位置，使三角皮带松开卸载。

（12）在压缩机所有金属裸露部分外表面涂上防锈油脂。

（13）清洗空气滤清器。

（14）用盲板封堵压缩机的燃料气、启动气、原料气的进出口及压缩机放空总管的管路，使压缩机与各系统管路隔开。

（15）采取必要的措施防止压缩机日晒雨淋及风沙或大气中有害气体的侵蚀，防止零件和工具的丢失与损坏。

八、启封后的维护保养

（1）拆下机身的侧盖和顶盖，检查曲轴和曲轴箱是否清洁，并定量加入规定牌号的润滑油。

（2）拆下动力缸盖，清洗气缸内孔，并涂抹清洁的润滑油。

（3）在各轴承、十字头及中体和活塞杆上注上润滑油。

（4）清洗密封环、刮油环，并涂上润滑油。

（5）检查调速器装置各关节轴承并加润滑脂。

（6）排除注油器内旧的润滑油，加入新油后，拆开每一根油管，手动按压注油器，检查润滑油是否顺利到达每一个注油点。

（7）拆开调速器，检查调速器是否灵活，并排除任何杂质。

（8）清洗空气滤清器并加注规定牌号的轻质油至规定刻度。

（9）拆除封存时加装的所有盲板，使各管线连接正常，并防止泄漏。

（10）调整三角皮带并加适当的张力。

（11）检查超速停车开关调整是否适当。

（12）检查各重要螺栓、螺母是否松动。

九、压缩机组的大（项）修

（1）积极推进增压设备状态维修技术，重点做好振动、噪声、负荷能力、效率水平等反映机组性能状态及劣化趋势信息的监测和统计分析工作，避免出现维修过剩和失修情况，提高大（项）修质量，强化换件管理，优化控制设备修理费用。

（2）大修是工作量最大的一种计划修理，对设备的全部或大部分部件解体，修理基准件，更换或修复主要件、大型件及所有不合格零件，恢复设备的规定精度和性能。

（3）项修（项目修理）针对检查部位，对设备进行部分拆卸、分解，对修理部位进行修复，恢复所修部分的性能和精度。

（4）大（项）修设备必须是在册固定资产设备。对已经达到大修期限的增压机组，应做修前预检及评估，以确定修理内容。对于只需进行零部件修复或更新即可恢复性能及功能的增压机组，实施项修立项；对于需要上机床检测、调整、修复才能够满足增压机组技术参数要求的增压机组，实施大修立项。

（5）对已经超过大修期限的增压机组，应根据性能劣化趋势定期检测分析，加强增压机组安全、技术和经济性评估，确保各项性能参数在增压机组允许技术参数范围内。

（6）大（项）修的修前技术鉴定内容：设备（质控点）精度数据、性能、效率、能耗、油水质参数等主要技术经济指标，历次维护保养精度检测数据，故障统计分析，运行参数分析，配件、油品、冷却水（防冻液）、燃料消耗水平，辅助设施及系统的安全状态等为评估依据；全面分析增压系统的安全技术状态，增压机的工作能力及设备性能。

（7）增压机组大修主要是进行设备主要系统和重要部件的检测、调整、更换、修理，恢复设备功能及性能。大修主要内容包括：动力缸（动力活塞组件）、压缩缸（压缩活塞组件）、曲轴、机身、连杆、十字头、注油器总成、喷射阀总成、电磁截断阀、调速器总成、消声器、冷却器、进排气缓冲罐、分离器、飞轮及皮带轮、风扇及轴总成、仪表柜及站控系统、启动系统、燃料气系统、工艺系统等。

（8）增压机组大（项）修按大修管理程序执行，各单位会同年度大修项目计划一同上报，经相关职能部门审查立项，完成大修方案论证后实施。

（9）因突发事故且严重影响正常生产和人身安全的设备大修，可经请示分公司级主管部门批准后实施，实施完成后必须按大修管理程序补办有关手续。

（10）大（项）修后的增压机组验收：修理单位需提供增压机大修前后的相关技术参数，各项参数必须符合技术要求，并且通过 48h 连续考核运转，合格后，按照大修管理程序组织验收，大（项）修的质保期不得少于 6 个月。

（11）大修的竣工资料由承修单位整理，装订成册，交使用单位归档。竣工资料内容包括：施工方案、施工合同、施工组织设计、设计图纸、材料合格证、更改通知单、隐蔽工程验收单、施工总结、质检报告、试运行记录、竣工验收资料、文件等。

十、整体式压缩机组部分主要部件的维护保养

（一）压缩机组卧轴维护保养

（1）取下密封圈，把新的密封圈沿径向 45°切开，然后把密封圈套在套筒密封处，密封圈的开口朝上。

（2）将飞轮按飞轮拆卸方法把飞轮在曲轴上向外移动一半的距离；

（3）拆下轴承端盖螺钉，将轴承端盖退出，拆掉注油器、液压管线、调速器等；

（4）拆下卧轴传动螺母、前轴承座螺钉，用铜棒轻轻敲击传动箱及前轴承座。使之从销钉中退出，取下卧轴传动组件，同时将传动箱和轴承座的调节垫片分类放好。

（5）卧轴组件拆下后，检查轴承、齿轮等部件，并更换损坏的零件。

（6）按照原定位销位置装配，并垫好调整垫片，同时检查卧轴传动的灵活性以及卧轴齿轮与曲轴齿轮啮合间隙。

（7）卧轴齿轮与曲轴齿轮的齿合间隙为 0.08～0.127mm。

（8）同时应注意卧轴齿轮与曲轴齿轮上的记号"O"对准。

（二）压缩机组直接启动分配阀的维护保养

（1）拆卸启动气进分配阀管路的活接头。

（2）从进入动力缸的启动气支管处拆下卡套式锥螺纹直管接头。

（3）拆卸启动分配阀与控制箱的连接螺栓。

（4）取下启动分配阀。

（5）松开并取下启动分配阀阀杆的六角开槽螺母，滑下隔垫、O 形环，这时松开并取下阀盖与阀体的连接螺栓，即可从阀端盖处抽出阀杆。

（6）检查弹簧有无弹力、是否变形，O 形环有无变形损坏。

（7）检查阀杆与阀座密封是否良好、阀杆有无变形或磨损。

（8）安装阀杆组件，首先将检查合格的阀杆阀盖装入，在阀杆上依次装入弹簧、O 形环和隔垫，带上并用规定的扭矩值拧紧开口螺母。

（9）装上启动阀与控制箱的密封垫，注意对正垫孔与螺纹孔，带上连接螺栓并用规定的扭矩值上紧。

（10）装上螺纹接管、卡套式锥螺纹直接管以及启动进气管与启动分配阀活接头。

（三）压缩机组水泵维护保养

（1）卸下水泵端盖与水泵壳体连接的所有螺栓，并取下水泵端盖。如有必要，可以用塑料锤或黄铜棒轻轻敲击水泵端盖边缘使其脱离。

（2）从轴上卸下飞轮叶片的锁紧螺母，取下垫圈，用专用工具取出飞轮的叶片。

（3）将水泵叶片轴上的键顺着键槽取下。如遇到较紧情况，可以使用一木块轻轻敲击该键，松后再取。

（4）取出密封总成。不要刮伤或损伤密封垫的密封面。

（5）卸下连接体与主体之间的连接螺栓，从轴上取下连接体。不要刮伤轴套的密封表面。

（6）从连接体上取出浮动密封。不要刮伤或损伤密封面。

（7）从轴上取下轴套，并从轴套上取下 O 形密封圈。

（8）卸下另一轴承端盖的连接螺栓，取下端盖及密封。

（9）推移主轴，将主轴和两个轴承从水泵主体上取下。

（10）将壳体中的残存油脂全部除去。

（11）拆下轴承，清洗检查各部件。

（12）将主轴固定，装上轴。将主轴及轴承装入水泵的壳体上，要求轴承必须完全装入轴承座上。

（13）将叶轮和叶轮键装于轴上，将测杆插入叶轮的叶片之间，上紧轴承的锁紧螺母，再取下叶轮和叶轮键。

（14）在水泵壳体上装入新的润滑脂盒，该盒必须抱住主轴，盒口背对内轴承。

（15）按规定给每一个轴承加入足够的润滑脂，该过程必须保证清洁。

（16）内轴承的轴肩（即密封盒）应先用轻质油清洗并涂上一层润滑脂。以叶轮和内轴承的密封盒为基准，轻敲主轴和轴承密封圈，使外轴承安装到位。

（17）在外轴承定位圈外装上密封端盖，密封端盖口背对轴承。

（18）外轴承与轴承接触面上涂上一层润滑脂到轴承锁紧螺母，上紧所有端盖螺栓。

（19）在轴套上装入 O 形圈，装上挡块和轴套，确保轴套安装到位，挡块的位置在轴套的末端和油脂盒之间，轴套和键之间的配合应紧密。

（20）对机械密封泵端而言，需要润滑的部位有：O 形圈、浮动座的沟槽及连接体座孔。

（21）将浮动密封座装上连接体，该密封座背对连接体的台肩。将润滑脂均匀涂满轴套并小心地装上连接体，注意不要将轴套拉离浮动座。将连接体坐于壳体上，用塑料锤轻轻敲击连接体，带上连接螺栓，并用规定的扭矩值上紧。用手转动主轴，检查有无卡阻或悬空现象。

（22）润滑整个轴套表面和整个密封垫圈及弹性保持架。在轴套上小心地装入密封垫圈（配合面朝向浮动密封座）和弹性保持架，密封垫圈的密封面必须完全接触浮动座，再装上弹簧及弹簧挡圈。

（23）在轴的键槽内装入叶轮键，确保键和键槽的紧密配合。将叶轮的键槽与轴上的键对正，装上叶轮。用塑料锤轻敲叶轮的轮毂使其坐于轴肩上，以确保弹簧挡圈通过弹簧将弹性架抵紧。

（24）装上叶轮密封圈和叶轮锁紧螺母，用测杆固定叶轮以上紧锁紧螺母。用手转动叶轮，以检查叶轮的转动是否灵活。

（25）将端盖密封软垫的两侧都均匀地涂上密封脂并将其置于连接体上，确保它们的孔对正。装上端盖，用塑料锤轻轻敲击端盖使其与连接体配合紧密，用规定的扭矩值扭紧凹头螺钉。

（26）相关技术要求。

① 在装机械密封组件时，不要刮伤或损伤浮动密封座与密封圈的配合面，否则必须更换。

② 除轴承外所有金属部件均用一般溶剂清洗，并用压缩空气吹干。

③ 机械密封部件只能用水清洗，严禁用油或其他有机溶剂清洗，否则会造成密封件的材质发生变化。

④ 清洗轴承，除去所有的油脂和污物，自然风干或吹干，并立即加以润滑。

⑤ 检查 O 形圈、软垫和密封是否有破裂、划痕、收缩及撕裂等现象。有则进行更换。

⑥ 轴的直线度公差为 0.003in，轴承滚动体的表面不得有任何的划痕。

⑦ 叶轮边界与端盖密封圈内径的距离公差为 0.008～0.012in。

（四）压缩机组连杆维护保养

（1）拆下曲轴箱顶盖和十字头侧盖板。

（2）将曲拐转动到上死点位置，卸下十字头销的锁紧装置。

（3）取出十字头销。

（4）将曲轴转动，直到曲拐处于高点位置，卸下连杆螺栓以及连杆轴承盖。

（5）转动曲轴，直到连杆可以通过曲轴箱顶部的开口取出为止。

（6）取出连杆及大瓦。

（7）检查连杆大头分解面是否磨损或碰坏、连杆大头变形情况、连杆小头内孔磨损情况、连杆是否弯曲或扭转变形。

（8）连杆大头孔椭圆形的修理。

① 连杆大头孔椭圆形的修理：可先将大头盖分开面磨去（或刨去）少许，再把大头盖与连杆体装在一起用连杆螺栓紧固，根据连杆大小头孔两中心的原始距离，将大头重新镗孔。

② 连杆大头变形的修理：连杆大头及大头盖之所以变形是由瓦片的突出程度过高（超过 0.15～0.5mm）而又没有修整造成的，一般在变形不太大情况下，采用刮研的方法修理，如果变形较大，可以修理大头孔椭圆度。

③ 连杆小头孔磨损的修理：连杆小头孔磨损的修理可以用车削或镗孔来消除椭圆度，

但使其加大尺寸，所以必须按加大的小头孔径配衬套。在修理中必须绝对保证大小端孔的中心线原始距离长度。

④ 连杆弯曲、扭曲变形的校正：连杆弯曲可用连杆弯曲器校正，扭曲用扭曲校正器校正，但应先校扭曲，再校弯曲。

（9）连杆大瓦：用肉眼检查巴氏合金的磨损状况，轻微者可修复，严重时必须更换大瓦。

（10）连杆小头衬套检查十字头销与小头衬套的间隙；连杆小头衬套的磨损情况、有无拉伤、有无松动；如果需要更换连杆小头衬套，在安装新衬套时，需要进行冲压，将连杆放在冲压面上，以使连杆衬套孔眼的倒角边位于顶部，把衬套的外面涂上油，压进前，要确保衬套的油孔位置能置放在连杆的油道处。

（11）将曲拐转到上死点位置，将连杆滑入十字头导轨。

（12）把连杆装置固定在曲轴销上，并转动至最高位置，上好连杆螺栓。

（13）用销子重新将连杆连接到十字头上，上紧十字头销锁紧装置。

（14）按照技术要求的扭力值上紧连杆螺栓。

（15）检查顶盖和侧盖垫圈，若无法确定旧垫圈是否可以正常工作，就装上新的垫圈，在装上旧的或新的垫圈前，在它们的两面涂上润滑脂，装好顶盖和十字头侧盖板，上紧螺栓。

（16）相关技术要求。

① 连杆铜套内径最大极限：5.509in。

② 连杆轴颈直径最大极限：7.4975in。连杆轴颈不圆度最大极限：0.0015in。

③ 连杆轴瓦与轴颈间隙：0.08～0.155mm。

④ 连杆轴瓦与轴颈轴向间隙：动力端为0.64～0.814mm，压缩端为0.315～0.502mm。

⑤ 连杆铜套与十字头销间隙：动力端为0.11～0.198mm，压缩端为0.09～0.147mm。

⑥ 十字头定位螺钉及并紧螺母扭矩值：70N·m。连杆螺栓扭矩值：880～950N·m。

（五）压缩机组自控系统维护保养

（1）检查、测试增压站自控系统的运行情况及各项功能是否正常，有无出错信息，软件纠错检查，是否遭受病毒侵害。此检查、测试应结合自控仪表、设备进行整体测试。

（2）检测集输配系统软件功能：模拟量采集与控制、自动排液功能、天然气流量计量、累积运算及补偿、冗余功能、报表功能、报警功能、趋势功能、画面监视功能、历史数据查询功能等。

（3）压缩机组数据远传监视系统：模拟量采集与控制、紧急停车、冗余功能、报表功能、报警功能、趋势功能、画面监视功能、历史数据查询功能等。

（4）检查上位计算机（人机图面、监视数据、键盘、鼠标等）是否工作正常。

（5）检查RTU/PLC（ESD）工作是否正常，RTU（ESD）硬件测试，检查RTU的AI、AO、DI、DO、CPU模板工作状态指示灯是否正常，记录供电电压。

（6）检查不间断电源工作是否正常，测试蓄电池的内阻和电压，断掉市电后检查不间断电源是否工作正常。

（7）检查 24V 直流电源输出是否符合要求。

（8）检查玻璃板液位计、自动排污执行机构和排污阀门是否正常。

（9）检查电动阀门是否正常工作。

（10）检查、清扫端子柜，测试线缆通断。

（11）计算机、服务器的硬件检查、测试，测试网线、交换机（HUB）连接器的工作是否正常，检查、清扫操作台、RTU 机柜（中间端子柜）等。

（12）检查 H_2S 气体浓度变送器、可燃性气体浓度变送器是否正常，校验 H_2S 气体浓度变送器、可燃性气体浓度变送器。

（13）对声响报警器、隔离器（或隔离式安全栅）、避雷器、压力变送器、差压变送器、铂热电阻、热电偶、流量计、继电器、温度开关、压力开关等做常规检查、测试。

（14）电源保护开关的常规检查、测试。

（15）对所有硬件设备做清洁、防护和润滑，更换易损件，以保证系统工作在最佳状态。

（16）对所有信号回路的线缆进行通断测试。

（17）整理现场中间端子柜（机柜）、布线并进行必要的更换以保持系统满足安装工艺要求。

第三节　分体式燃气压缩机组的维护保养

一、周期性维护保养

（一）预防性维护保养

（1）保持润滑油和冷却液清洁，进入系统前的润滑油应进行沉淀、过滤。

（2）严禁大量的低温冷却液进入热的夹套水道内，以防缸壁骤冷。

（3）保证曲轴箱、调速器、油雾器、油过滤器和注油器内有足够的润滑油，防止水或杂质进入润滑系统。

（4）冷却系统应充满冷却液，不允许有气堵或泄漏。

（5）对于刚启动的机组，启动后不要马上加载，应使其空转，待机组升温后再加载。

（6）在机组的运行过程中，应避免超过额定转速。

（7）对运转中发出的不正常响声，应查找原因，排除后再启动运行。

（8）机组启动前进行预润滑和盘车，机组停机（包括自动和人工停机）后应进行后润滑和盘车。

（9）使用原料气作为燃料气的机组，应注意对燃料气分离器排污，保持燃料气清洁，预防原料气中水或其他杂质进入气缸。同时应定期检查燃料气分离器压降，及时吹扫、清洗或更换燃料气分离器滤芯。

（10）定期检查风扇皮带松紧度、是否损坏，及时调整风扇皮带松紧度。视情况更换损坏的风扇皮带。

（11）使用水作为冷却介质的压缩机组应定期清洗检查膨胀水箱水位报警器浮子室、引水连通管和空气呼吸管。保证浮子的灵活，以及引水管和空气呼吸管的畅通。

（二）每班维护保养

（1）检查并排除机组油、水、气泄漏，保持设备表面和环境清洁。

（2）检查各润滑油箱油位，必要时添加润滑油，以保持适当的油位。检查注油器的供油量。检查润滑油压力和温度。

（3）每小时记录一次工艺气压力和温度、冷却水温度，观察压力和温度的变化以判断压缩机的运行情况。多级压缩时，若级间压力异常下降，说明前级气阀或活塞环可能损坏；若级间压力异常上升，说明后级气阀或活塞环可能损坏。

（4）查看填料是否泄漏，活塞杆是否过热。

（5）检查油滤器的阻力指示，按需要进行清洗或更换。

（6）检查空滤器气阻指示器，若变为红色则说明空滤器滤芯堵塞。

（7）检查并排放洗涤罐的积液，防止液体进入气缸造成事故。洗涤罐自动排液后，液位计中应没有液体存在。燃油发动机/压缩机组应检查并排放油水分离器的积液。

（8）检查刮油器排污管，若液体太多，说明刮油器窜油，应查明原因及时排除。

（9）排放各系统积液。

（10）机组运行时，出现任何异常振动和异常响声，都应立即查明原因并排除。

（11）检查压缩机各气阀阀盖温度。

（12）检查发动机空燃比调节系统、发动机与压缩机曲轴箱呼吸系统、空气进气系统、废气排放系统，以及冷却系统工作是否正常。

（13）检查控制柜内各控制仪表工作是否正常，检查电气设备工作是否正常。

（三）每周维护保养

（1）每班维护保养的全部内容。

（2）初次运转一周后，检查全部紧固件的拧紧情况，以后根据经验延长检查周期。

（3）初次运转一周后，检查轴承间隙和活塞杆的跳动，以后每半年检查一次。

（4）初次运转一周后，检查联轴器的端面跳动、外圆跳动情况，以后根据实际情况定期检查。

（5）初次运转一周后，将压缩机组曲轴箱润滑油全部更换，清洗压缩机润滑油粗滤，以后根据定期检测情况更换润滑油。

（6）检查皮带的张紧程度。

（7）安装润滑油循环加热系统的机组应开启系统对润滑油进行过滤，每次运行时间为10～15min。

（四）每月维护保养

（1）每周维护保养的全部内容。

（2）向主水泵、辅助水泵、风扇轴承及惰轮轴承加注规定牌号的润滑脂。

（3）检查润滑油滤清器压力降是否在 0.015～0.04MPa，超过 0.07MPa 则应更换滤清器。

（5）用油品分析仪检查曲轴箱油质和水分，根据检测结果并结合推荐的换油周期更换发动机和压缩机曲轴箱润滑油。

（6）检查传动皮带松紧程度和磨损情况，进行必要的调整或更换。

（7）清洗检查发动机曲轴箱通风系统和压缩机曲轴箱呼吸器及各油箱，清洗油滤器，清洗或更换滤芯；检查各分离器与排污装置。

（8）检查安全控制保护装置是否可靠、灵敏。

（9）检查清洗压缩机组进排气阀，并对气阀进行验漏；对损坏部件进行更换（对于环状气阀应全部更换弹簧、阀片）。

（10）检查并按规定扭力值拧紧十字头销、活塞杆锁紧螺钉及活塞杆并紧螺帽和并紧螺帽的止动块，检查刮油环、填料连接紧固情况。

（11）清洁飞轮表面，检查飞轮外观有无裂纹、连接螺栓有无松动；检查各地脚螺栓、压缩缸支撑螺栓等主要连接螺栓的紧固情况。

（12）试运转，检查机组是否正常。

（五）每季度维护保养

（1）每月维护保养的全部内容。

（2）检查所有紧固螺栓和螺母的紧固情况。

（3）更换润滑油。最好通过化验分析结果或推荐的换油周期更换润滑油。

（4）清洗压缩机和发动机各油箱和曲轴箱呼吸器，清洗油滤器，清洗或更换滤芯。

（六）每半年维护保养

（1）每季度维护保养的全部内容。

（2）检查轴承间隙、十字头与滑道间隙和活塞杆跳动，如有必要调整十字头瓦间隙。

（3）卸下压缩机活塞和气阀，清除气缸壁、气道、活塞、活塞环和气阀上的沉积物。检查活塞环和气缸的磨损情况，如果活塞环过度磨损应更换。清洗并检查进排气阀，按需要修理或更换气阀零件。

（4）检查并清洗活塞杆填料，修理或更换零件。

（5）如压缩机是水冷式应清除气缸水套、冷却器内外污物、结垢，检查空冷器管路有无泄漏、堵塞。

（6）检查压缩机气缸活塞止点轴向间隙，头端间隙应为轴端间隙的两倍。

（7）检查、调整联轴器对中。

（8）检查所有控制保护装置和电气系统的工作可靠性、灵敏度。

（9）校验仪控系统及压力表。

（10）更换注油器和曲轴箱润滑油，清洗曲轴箱呼吸器、粗滤器和注油器的滤清器，必要时更换粗滤器和滤清器。

（七）每年维护保养

（1）半年维护保养的全部内容。

（2）清洗并检查润滑系统管路、阀、油泵、润滑油冷却器等零部件，更换、修理损坏零部件。

（3）检查洗涤罐、缓冲罐内是否有尘土、铁锈和沉积物，必要时从机组上卸下清洗。

（4）检查、清洗工艺管路各安全阀，按期对安全阀进行调校。

（5）更换调速器内全部润滑油检查调速器速度控制杆的平直度和损坏状况，调速杆两端的锁紧螺母是否可靠，向控制杆轴承加注润滑油脂。

（6）对燃气压力调节器的过滤器进行清洗或者更换，检测并调整空燃比到合适值。

（7）检查曲轴的轴向窜动，连杆与曲轴端面的间隙是否符合要求；调节曲轴箱自由端的驱动链条，检查链轮磨损情况。

（8）检查主轴承盖螺栓、连杆螺栓的紧固情况。

（9）用黄油枪在余隙缸的注油嘴上加注润滑脂。

（10）检测、调校仪控系统温度传感器、温度表、温度变送器及信号回路。

（11）试运转，检查机组是否正常。

（12）检查工艺气管路安全阀，安全阀至少每年调校一次。

（八）三年维护保养

（1）每年维护保养的全部内容。

（2）检查主机各主要零部件，如机身、曲轴、轴承、轴瓦、轴颈、连杆及大小瓦、十字头与十字头销、中体滑道、活塞及活塞杆、压缩缸、余隙缸等磨损及损坏情况，并按需要进行修理和更换。

（3）检查各管道系统、压力容器、阀门的腐蚀与损坏情况，按 GB/T 150.1～GB 150.4—2001《压力容器[合订本]》、TSG 21—2016《固定式压力容器安全技术监察规程》、JB/T 4730《承压设备无损检测[合订本]》等标准要求对压力容器及其附件做探伤、测厚等无损检测和压力试验。

（九）长期封存机组的维护保养

（1）排尽冷却系统的冷却液，曲轴箱润滑油，清洗曲轴箱内部、十字头滑道等部位。在曲轴箱、十字头滑道、连杆、十字头、活塞杆及填料等各部位均匀涂抹防锈油。

（2）清洗气缸各气阀，并涂抹防锈油。

（3）清洗气缸及活塞，并涂抹防锈油。

（4）在余隙缸、余隙活塞和余隙活塞杆上涂抹防锈油，在活塞杆外露部分涂抹润滑脂。

（5）在机组所有未涂漆的金属裸露外表面涂上防锈油脂。

（6）放尽风扇传动箱内齿轮油并清洗传动箱；用防锈油均匀涂抹传动箱内各齿轮、空冷器风扇轴、轴承、传动轴万向节。

（7）调整张紧轮位置，使三角皮带卸载。

（8）仪控系统电源采用物理隔断，仪控系统与机组上锁挂停用标识。

（9）采取必要措施防止机组日晒雨淋及风沙或大气中有害气体的侵蚀，防止零件和工具丢失和损坏。

（十）启封后的维护保养

（1）拆下曲轴箱顶盖，检查并清洗曲轴箱，按量加入规定牌号的润滑油。

（2）擦洗气缸、气阀、十字头和活塞杆并涂抹润滑油。

（3）清洗检查填料组件的刮油环、密封环，视检查结果继续使用或进行更换，并涂抹润滑油。

（4）拆开调速装置，清洗并检查调速装置是否灵活，按要求加注润滑脂。

（5）排放注油器内的旧润滑油，加入新润滑油，拆开每根油管，手动按压注油器，检查润滑油是否能顺利到达每个注油点。

（6）检查风扇皮带、水泵皮带是否老化，视情况更换。调整皮带的松紧程度，检查空冷器百叶窗开关是否灵活，并涂抹润滑脂。检查风扇、风扇轴承、传动轴、万向节是否完好，连接是否牢固、灵活可靠并对各注脂嘴注脂。

（7）检查冷却水管路的软管接头是否有老化，视情况更换；加满冷却水并排空，检查冷却水管路是否有漏，如有漏水应调整紧固。检查冷却水箱水位报警器，保证浮子灵活无卡阻，空气呼吸管、接水连通管畅通。

（8）拆除所有盲板，使各管线连接正常，防止泄漏。

（9）检查燃料气供给系统连接是否牢固可靠，检查燃料气分离器滤芯是否合格，视情况更换。通入燃料气检查各连接是否漏气，如有漏气立即调整修复。检查调整燃料气调压阀，使燃料气压力符合要求。

（10）接通机组电源，检查仪控系统显示是否正常，检查各超限停车开关调整是否适当，输入超限值检查是否发出停车指令；输入报警值检查各报警点报警是否正常。

（11）检查各重要螺栓、螺母是否松动。

二、Waukesha 发动机主要系统及设备的维护保养

（一）点火系统的一般维护和检查

（1）检查电缆和电线是否断裂，必要时将其更换或维修。

（2）检查点火线圈、接地线和托架是否松动，必要时将其固定。

（3）将低压电缆接头与点火线圈断开。

（4）将 3 个螺母、锁紧垫圈、线圈以及 O 形圈从气门盖上卸除。

（5）使用火花塞延长杆拧卸器拆卸火花塞延长杆。

（6）使用火花塞拆卸工具将火花塞与气缸盖分离，用干净毛巾堵住火花塞孔口，防止异物掉入气缸。

（7）对火花塞电极、绝缘体进行清洁，并清除积炭。

（8）检查火花塞电极的电蚀情况、绝缘陶瓷有无破损，视情况更换。调整火花塞间隙，其中 GSI 系列为 0.381mm，LT 系列为 0.28mm。

（9）检查垫圈是否完好，以及在垫圈座上是否平稳。

（10）安装好接线柱螺母。

（11）在火花塞陶瓷绝缘层的外沿涂抹层薄薄的 Krytox® GPL-206 油脂（或同类产品）。

（12）用火花塞工具将火花塞安装在气缸盖上，拧紧火花塞，扭力为 43～52N·m。

（13）在连接杆的套管内表面轻轻涂抹层 Krytox® GPL-206 油脂（或同类产品），将火花塞延长杆组件安装到火花塞。

（14）将线圈的 O 形圈涂抹少量 Krytox® GPL-206 油脂（或同类产品），并安装在线圈的凸部。

（15）将带有"TOP"端的线圈放在面向排气管的法兰上，用 O 形圈、3 个螺母和锁紧垫圈固定线圈，旋转螺母锁紧，扭力为 15～17.6N·m。

（16）将主级屏蔽电缆与线圈连接。

（17）复查各线路连接是否正确并紧固。

（二）进气系统的维护保养

（1）找到在空气滤清器组件上的 4 个柱头螺栓，扭松前端的锁紧螺母。

（2）将防雨罩抬起并拆卸。

（3）将预滤清器垫从主空气过滤器滤芯上拆卸。

（4）拧松每个柱头螺栓后面的锁紧螺母，直到它后边的平垫圈能够被抬起，留下足够空间来清洁主空气过滤器框架上的焊接支架内的内部。

（5）向外水平地旋转 4 个柱头螺栓。拆卸主空气过滤器框架和滤芯。

（6）使用肥皂水冲洗预滤清器垫，风干预滤清器板，禁用压缩空气冲刷预滤清器垫。

（7）将主空气过滤器的滤芯带有污垢的一面朝下，在一平整表面轻轻拍打；用压缩空气沿指示标签上的橙色箭头方向吹扫空气滤芯，气压最高不超过 207kPa；风干主滤芯。

（8）检查预过滤器垫和主空气过滤器，视情况更换。

（9）检查通风管是否有裂纹，并视情况更换；检查所有通风软管有无老化、变形并视情况更换。

（10）安装主空气滤清器滤芯，注意应将指示标签正面朝上；将偏转支撑安装在滤清器滤芯的排气口一侧、架过通风管室前端的水平条。

（11）将框架架在主空气滤清器滤芯上。

（12）向内侧水平地扭转 4 个柱头螺栓，将它们安装至空气滤清器框架的焊接支架里。将背部的锁紧螺母后面的平垫圈移回焊接支架上内部。

（13）将预滤清器垫安装在防雨罩与主空气滤清器滤芯间。必要时，在其各个角涂抹些黏合剂防止其掉落。

（14）将空气滤清器组件的 4 个柱头螺栓上的防雨罩放低，拧紧背面锁紧螺母。

（15）拧紧在 4 个柱头螺栓的前端锁紧螺母。

（16）检查主空气滤清器滤芯框架，确认其四周是否密封严实。框架损坏可能导致滤芯密封不当。

（17）如果在进气阻力为 3.7kPa（381mm 水柱）时，气阻指示灯为"红色"，说明某个主要空气滤芯或预滤清器芯堵塞或脏污。

（18）预滤清器垫和主滤芯在使用 3 次后，不能再次使用，应重新更换。

（三）涡轮增压系统的维护保养

1. 涡轮增压系统日常维护的主要内容

（1）检查发动机空气滤清器，必要时进行维修。

（2）检查涡轮增压系统的安装和接头是否有润滑油和空气泄漏。

（3）发动机停车，检查所有的风道是否有卡环和接头松动现象。检查涡轮机进气口与发动机管道的连接部分和位于发动机排气管密封圈处的管道接口。

（4）发动机运行时，反复检查以上提及的位置。

（5）注意涡轮增压系统是否有异常的振动和噪声，如振动过大，关闭发动机，立即进行检查维修处理。

2. 涡轮增压器润滑情况的检查

（1）将放油管从涡轮增压器上卸下。

（2）激活预润滑系统，肉眼检查涡轮增压器放油管接口的油流情况。

（3）润滑油出现在涡轮增压器放油管接口才能重新连接放油管。

（4）启动并低速运行发动机，直到冷却液温度计显示温度为 100℉（38℃）。

（5）以额定转速运行发动机，检查在涡轮增压器是否有异常声响，尤其是金属器件碰撞声音。

（四）夹套水泵传动皮带的更换

（1）拆卸前端的安全防护装置。

（2）确认皮带滑轮干净，完全没有油脂、油污和灰尘。

（3）检查传动皮带是否有磨损或裂纹。

（4）拆卸辅助水泵传动皮带，将回旋螺纹杆上端的薄六角锁紧螺帽从调节杆上取下，调节惰轮缓解传动皮带张力，将传动皮带从辅助水泵和惰轮上取下。

（5）拧松惰轮托架的旋动支点——主螺栓，拧松开槽锁紧螺栓，使拖架松动，解除夹套水泵传动皮带的张力。

（6）将旧的传动皮带从夹套水泵和皮带轮上取下。

（7）将一根新皮带装入曲轴皮带轮的后槽内，后槽离齿轮罩最近；将皮带装入夹套水泵皮带轮的后槽中。

（8）将另一根新皮带装入曲轴皮带轮和夹套水泵皮带轮的倒数第二个槽内。

（9）顺时针旋转惰轮托架将夹套水泵传动皮带固定至两个皮带轮的槽内。

（10）按规定调节夹套水泵传动皮带的松紧度。

（11）重新安装好辅助水泵传动皮带，并调节好松紧度（用手指按压皮带，若皮带的长端偏移约 6～13mm，则合格）。

（12）重新安装好防护装置。

（五）全流式滤清器的维护保养

（1）排放全流式滤清器的两个滤腔。滤清器壳体上有两个放泄塞。将上塞卸下，排放滤清器滤芯腔中的油泥和含杂质油；将下塞卸下，排放干净油腔中的油。

（2）找准滤清器盖上的长螺栓和短螺栓，长螺栓不动，顺时针卸下短螺栓。

（3）交替拧松滤清器盖的长螺栓，旋钮的圈数应一样，直至将滤清器盖慢慢打开，避免滤清器盖弹开，造成人员伤亡。

（4）拆卸润滑油滤清器滤芯，检查旁通限压阀是否有磨损。

（5）装上新的滤油器滤芯，在每个滤油器芯柱上套上一个 32in 滤芯。

（6）更换滤清器壳体内的放泄塞。

（7）向滤清器总成内注入规定容量的干净润滑油。

（8）按压旁通限压活塞，排出空气。

（9）重新装上润滑油滤清器盖

（10）启动预润滑泵，打开滤清器盖的小旋塞，排出剩余空气。当油速稳定流出时，关闭小旋塞。

注意事项：每次更换润滑油时，须更换全流式润滑油滤清器滤芯。若全流式滤清器的压差升至 83～103kPa，说明滤清器滤芯堵塞，也必须更换。

（六）离心式滤清器的维护保养

（1）关闭供油阀，给出 2min 让油压降至零，转子停止转动。

（2）松开侧边压紧套，并将其拆卸。

（3）逆时针旋转钟罩的球形钮，直至完全松开。

（4）抓住顶部的钟罩球形钮，将钟罩壳体从支承座上卸下。

（5）将起子插入转子总成下，将其抬起 25.4～50.8mm，使转子中的油完全流至支承座内。

（6）把该装置置于干净的工作台，从转子总成上拆卸滚花螺母。

（7）倒置转子总成，将其置于干净的工作台上，两手握住转子罩，向下压直至转子罩与转子分开。

（8）清除转子罩内的积垢，清洗导流滤网组件、转子涡轮、转子罩、各种外盖和喷嘴。

（9）检查 O 形圈有无老化变形，视情况更换。

（10）将导流滤网和 O 形圈安装在涡轮转子上。

（11）将转子罩安装在转子涡轮相应的位置上，注意将滚花螺母标有"TOP"或"UP"面朝上，用手拧紧滚花螺母。

（12）将涡轮转子组件放在支承座上（位于支承座轴上），检查转子是否能够旋转自如。

（13）把钟罩壳体装在支承座上，装上 O 形圈，并用手拧紧钟罩螺母。

（14）安装钟罩压紧套，并用手拧紧。

（15）打开供油阀，启机检查是否漏油。

（七）VHP4 系列发动机气门间隙的调整

（1）脱开点火线圈上的电缆接头。

（2）拆卸摇臂罩壳上的 4 颗螺栓及垫圈，拆卸时严禁将点火线圈作为取出罩壳的手柄。

（3）取下罩壳和橡胶垫；确定好缸序，方法为面向飞轮端，最远的左侧 1 缸即为 L1，最远的右侧 1 缸即为 R1。

（4）松开横桥上的锁紧螺帽和调整螺钉。

（5）通过盘车装置，逆时针盘动发动机（面向飞轮），直到点火顺序第一缸（R1）活塞处于压缩冲程上死点。要确定 R1 活塞是否位于压缩行程上死点，可以观察其匹配缸 R6，若 R6 出现气门交叠，即排气门应刚好要关闭，进气门应刚开始打开（全部 4 个气门均部分打开）。这时点火顺序的第一缸 4 个气门均处于完全关闭状态，即处于上死点。匹配缸：对于右列气缸 RA 和 RB（A 和 B 为缸序），若 A+B=7，刚 RA 和 RB 为对应匹配缸，左列气缸同理。

（6）利用手指，压下进气横桥中部，直到进气横桥固定侧与阀杆完全接触。

（7）保持对进气横桥的下压力，调整可调侧顶丝，直到与该侧阀杆也完全接触为止。

（8）利用开口扳手，保持横桥位置，将锁紧螺帽紧固到位。

（9）利用手指，压下排气横桥中部，直到排气横桥固定侧与阀杆完全接触。

（10）保持对排气、进气横桥下压力，调整可调侧顶丝，直到与该侧阀杆也完全接触为止。

（11）利用开口扳手，保持排气横桥位置，将锁紧螺帽紧固到位。

（12）退出进气摇臂调整螺帽，压下进气摇臂球头，让摇臂上的球头刚好与液压挺杆凹面完全接触，而且不受压。

（13）保持球头与液压挺杆凹面接触，向下调整摇臂调节顶丝直到接触到进气横桥中间平面，然后向下旋进 1/2 圈。

（14）利用开口扳手和一字起子，保持顶丝位置不变的情况下，将锁紧螺母锁紧到位。

（15）退出排气摇臂调整螺帽，压下排气摇臂球头，让摇臂上的球头刚好与液压挺杆凹面完全接触，而且不受压。

（16）保持球头与液压挺杆凹面接触，向下调整摇臂调节顶丝直到接触到排气横桥中间平面，然后向下旋进 1/2 圈。

（17）利用开口扳手和一字起子，保持顶丝位置不变的情况下，将锁紧螺母锁紧到位。

（18）沿逆时针盘动发动机，至点火顺序下一缸活塞处于压缩行程上死点。

（19）重复步骤 1～18 项，完成各缸的气门调整，同时观察匹配缸的气门交叠。

（20）全部气门调整后，启动发动机前，应手动沿逆时针方向盘动发动机，检查调整过程中是否存在疏漏。

（21）检查并清洁摇臂罩壳端面的油污，安装好新的橡胶密封垫。安装好气门室罩壳，拧紧 4 颗固定螺钉和垫圈，扭力为 5.65N·m。

（22）将点火电缆接头接到点火线圈。

三、电动机与仪表控制系统的维护保养

仪表控制系统维护保养工作量较小，但不能忽略以下维护和保养工作。

（1）电动机的维护保养：对油加热器电动机的维护保养应严格按防爆电动机维护保养规程和要求进行（详见相应的电动机使用说明书）。

（2）检测仪表的维护保养：压力表、温度表、温度变送器等按其相应标准规定的周期进行检定、调整，满足各自技术指标的要求。

（3）接地电阻的测量：控制系统接地电阻的大小应保证控制系统的使用安全和工作的可靠性、稳定性，并满足相关标准要求。

（4）控制柜每半年应由专业人员检修一次，检修时应特别注意：

① 继电器、接触器的动作和触点接触是否可靠。

② 电流互感器次级决不允许有接触不良或开路的现象。

③ 安全栅的本质安全特性不得降低。

④ 各停车报警点的参数设置和自动启动、停止的参数设置是否正确，动作是否可靠。

（5）经常检查一次线路及相关电气元件，确认紧固螺钉无松动，接触良好，动作无卡滞。

（6）对电磁阀的检查应注意保持其隔爆特性。

（7）控制系统使用维护注意事项：

① 对控制系统的任何元器件进行插拔或电气连接，必须在控制柜断电的状态下进行。

② 机组长期停用期间，应将控制系统电源断开。

第四节　车载式压缩机组的维护保养

一、每班维护保养

（1）检查并消除机组油气水泄漏现象，保持设备表面和环境的清洁。

（2）监视检查润滑油油箱、注油器油箱、曲轴箱、液压油油罐油位，注油器泵油情况；检查冷却水箱水位，夹套水温；检查发动机排温、排烟是否正常；检查机组各部位运转有无异响和振动。

（3）检查燃料气压力，压缩系统进排气压力、温度是否正常。

（4）检查机组地脚螺栓和各连接部位紧固情况以及压缩缸支撑的松紧程度。

（5）检查并排除燃气分离器及原料气分离器积液。

（6）检查仪表盘各控制仪表工作是否正常。

二、每周维护保养

（1）每班维护保养的全部内容。

（2）初次运转一周后，检查全部紧固件的拧紧情况，以后根据实际情况定期检查。

（3）初次运转一周后，检查轴承间隙和活塞杆的跳动，以后每半年检查一次。

（4）检查皮带的张紧程度。

三、每月维护保养

（1）每周维护保养的全部内容。

（2）检查润滑油储油箱油位，适当补充新油。

（3）给各轴承加注规定牌号的润滑脂。

（4）检查控制保护装置。

四、半年维护保养

（1）每月维护保养的全部内容。

（2）检查轴承间隙、十字头与滑道间隙和活塞杆跳动，如有必要调整十字头间隙。

（3）卸下压缩机活塞和气阀，清除气缸壁、气道、活塞、活塞环和气阀上的沉积物。检查活塞环和气缸的磨损情况，如果活塞环过度磨损应更换。清洗并检查进、排气阀，按需要修理或更换气阀零件。

（4）检查并清洗活塞杆填料，修理或更换零件。

（5）检查气缸水套，清除沉积物。

（6）检查压缩机气缸活塞止点轴向间隙，头端间隙应为轴端间隙的两倍。

（7）检查、调整联轴器对中。

（8）检查所有控制保护装置和电气系统的工作可靠性、灵敏度。

（9）校验压力表。

五、每年维护保养

（1）半年维护保养的全部内容。

（2）清洗并检查润滑系统管路、阀、油泵、润滑油冷却器等零部件，更换或修理损坏件。

（3）检查洗涤罐、缓冲罐内是否有尘土、铁锈和沉积物，必要时从机组上卸下清洗。

（4）检查活塞环、填料、气阀的磨损情况，必要时修理或更换。

（5）检查工艺气管路安全阀，安全阀至少每年调校一次。

六、三年维护保养

（1）每年维护保养的全部内容。

（2）检查主机各主要零部件，例如轴承、轴瓦、轴颈、连杆、连杆大头及铜套、十字头、十字头销、中体滑道、活塞及活塞杆、气缸、余隙缸等磨损情况及其损坏情况，并按需要进行修理和更换。

（3）清除气缸夹套水和水冷却系统内的积垢。

（4）检查各管道系统、压力容器、阀件的腐蚀情况和损坏情况，并按压力容器安全管理规定对压力容器及其管道进行内外检查和水压试验。

七、长期封存的维护保养

（1）放尽管路和气缸夹套的冷却水。

（2）排尽曲轴箱内润滑油，清洗箱内滑道等部位的油污，并在曲轴箱表面、连杆、十字头及中体、活塞杆及填料等部位均匀涂上优质防锈油脂。

（3）清洗汽化器、压缩缸各气阀，并涂上优质防锈油。

（4）清洗动力缸、压缩缸及活塞，并涂上清洁的润滑油。

（5）给调速装置各关节轴承加注黄油。

（6）拆下空气进气总成，在混合阀各阀片和阀座上涂上优质防锈油。

（7）拆下燃气进气转阀，清洗阀体和阀芯并涂上润滑油。

（8）拆下气阀，用防锈油涂抹各零件，同时，用油枪注油到缸壁和活塞杆上。

（9）用油润滑余隙活塞和螺杆，螺杆外露部分用黄油涂抹。

（10）用黄油涂抹风扇轴和轴承。

（11）调整张紧轮位置，使三角皮带松开卸载。

（12）在压缩机所有金属裸露部分外表面涂上防锈油脂。

（13）清洗空气滤清器。

（14）用盲板封堵压缩机组的燃料气、启动气、压缩气的进出口及压缩机放空总管的管路，使压缩机与各系统管路隔开。

（15）将车辆停入专用停车库，并用专用篷布覆盖，防止压缩机日晒雨淋及风沙或大气中有害气体的侵蚀，防止零件和工具的丢失与损坏。

第七章

压缩机组常见故障及处理

目前西南油气田分公司使用的天然气压缩机组主要为两种机型：一种是以 ZTY、DPC
系列为代表的整体式天然气压缩机组；另一种是以卡特彼勒发动机及 Waukesha 发动机为
主的分体式天然气压缩机组。本章主要针对这两种机型的某些常见故障进行仔细的分析，
并提出切实解决问题的处理办法。

第一节　整体式天然气压缩机组

一、发动机故障

整体式天然气压缩机组发动机故障的现象、原因及处理方法见表 7-1。

表 7-1　发动机故障现象、原因及处理方法

序号	故障现象	故障原因	处理方法
1	动力缸不工作	点火系统发生故障	检查永磁交流发电机、电子盒、飞轮磁极与触发线圈、点火线圈、火花塞等工作是否正常，排除故障
		燃气压力过低或过高	检查燃气调压阀工作情况，调整燃气压力达到规定值
		调速操纵机构装配不当	重新装配确保运转灵活，使燃气转阀工作正常
		空气滤清器堵塞	清洗或更换空气滤清器滤芯，湿式空气滤清器应更换机油
		混合阀损坏	检查混合阀，清洗更换混合阀片及弹簧
		动力缸压缩比不足	检查动力缸、动力活塞、活塞环磨损情况，检查动力活塞的上死点位置是否正常，并排除故障
		喷射阀不动作	必要时清洗检查喷射阀，检查气门间隙是否正常，检查液压系统是否正常
		燃料储气罐内充满油水	排除燃料储气罐内油水，检查燃料气含水量是否超标，检查或更换燃气分离器滤芯
2	发动机运转不正常或控制紊乱	火花塞损坏或间隙不当	调整间隙或更换火花塞
		燃气调节阀故障	检修或更换燃气调节阀
		永磁交流发电机故障或传动机构磨损	更换永磁交流发电机传动齿轮或总成
		触发线圈及飞轮磁钢间隙不当或有油污	清洗触发线圈及飞轮磁钢的油污，并按规定值调整间隙
		调速器失灵或卡滞	检修或更换调速器总成
		调速操纵机构的连接杆磨损	检修或更换连接杆

续表

序号	故障现象	故障原因	处理方法
2	发动机运转不正常或控制紊乱	混合阀损坏	清洗并更换混合阀阀片及弹簧
		喷射阀故障	给喷射阀注入高温润滑脂，调整喷射阀调节环，必要时清洗检查喷射阀，检查气门间隙是否正常，检查液压系统是否正常
3	发动机排温超差	喷射阀气门与套管润滑不良	清洗喷射阀气门及导管并加注高温润滑脂
		喷射阀气门弹簧断裂	更换喷射阀气门弹簧
		液压系统内有气阻	液压系统排空
		液压油不清洁	清洗液压油罐及管路，更换优质液压油
		液压单流阀故障	清洗检查单流阀或更换总成
		混合阀阀片断裂或卡阻	清洗并更换混合阀阀片及弹簧
		机组提前点火角过大或过小	调整触发线圈与飞轮端面间隙
		发动机转速过低	检查转速过低原因并排除故障
		点火系统火花塞工作不正常	更换火花塞或调整火花塞间隙
4	发动机转速下降	发动机负载过大	将发动机负荷调整在规定值内
		活塞或活塞环与气缸有卡阻现象	调整润滑油量或检修动力缸，更换活塞环
		曲轴轴承发热或卡阻	检查轴承发热的原因并排除故障
		动力缸进、排气孔堵塞	清除堵塞物，检查润滑油润滑情况
		燃气压力过低	调整燃气调节阀，检查喷射阀及调速器工作情况
		空气过滤器堵塞	更换空滤器滤芯，湿式空滤器应更换机油
5	发动机转速波动过大	调速器内部零件松脱，磨损严重	检修或更换调速器内零件
		燃料气进气转阀卡阻或阀体磨损严重	检修或更换燃料气进气转阀
		燃料气中液体过多	排出燃料气中的液体
		喷射阀有卡阻现象，气门或气门座圈有泄漏	检修或更换喷射阀及气门，气门座圈
		导线接触不良，点火不正时	更换点火线圈，烘干或压紧点火线圈接头，更换高压电缆
		燃气调压阀故障	检修清洗或更换调压阀
6	发动机转速超速	调速器螺钉松动，连杆松动或脱落，旋塞阀卡阻不动作	检修调速器，紧固连杆螺钉，清洗或更换旋塞阀
		调压阀阀杆卡滞，膜片漏气或破裂，阀座损坏	调压阀阀杆卡滞，膜片漏气或破裂，阀座损坏
		发动机负荷发生变化，排气压力或进气压力降低	按照相关规定调整压缩机负荷到规定值
		手动启动气球阀卡阻或推开后未能及时拉回，造成启动气泄漏进缸	启动机组时严格按照操作规程操作，清洗或更换手动启动气球阀，在机组启动后应及时开启缸头泄压旋塞阀
7	各动力缸工作不平衡	混合阀损坏或空气滤清器堵塞	清洗并更换混合阀阀片及弹簧，更换空气滤清器滤芯
		火花塞故障	调整火花塞间隙，清除火花塞积炭，必要时更换火花塞
		进气口堵塞	排除堵塞物
		喷射阀动作不协调	调整喷射阀升程，使两个动力缸能够达到工作平衡，必要时检修喷射阀
		点火提前角故障	检查触发线圈位置，检查动力活塞上死点位置是否达到标准
8	在点火正常情况下，机组转速下降以致停机	活塞环卡滞	检修或更换活塞环
		轴承瓦及铜套发热以致烧瓦	更换轴承或铜套，检查润滑油路是否畅通
		燃气压力损失太大	排除堵塞、泄漏等故障
		燃气污水含量较多	清扫燃气过滤分离器或更换滤芯，加强排污
		负载过大	调整负荷达到规定值以内
9	动力缸排气温度过高	负载过大	调节负荷至规定范围

序号	故障现象	故障原因	处理方法
9	动力缸排气温度过高	空气滤清器堵塞	更换空气滤清器滤芯
		消声器或排气口堵塞	排除消声器或排气口积炭
		高位水箱损坏造成缺水	修补或更换高位水箱
		水箱或水管路堵塞	清洗水管路并排除堵塞物
		气缸及活塞环积炭过多	清除活塞及活塞环积炭，检查刮油环是否泄漏，调整注油器注油量到规定值
		燃气中液体成分过多	清洗燃气分离器或更换滤芯，加强污水的排放
		点火时间不当	重新调整点火定时
		冷却水不足	检查原因并补充冷却水
		冷却水温度过高	检查水泵工作情况，调整或更换水泵皮带，清洗冷却器水管束翅片污物
		混合阀损坏	清洗混合阀，更换混合阀阀片及弹簧
		火花塞损坏	清除火花塞积炭，调整电极间隙或更换火花塞
		进气口堵塞	清理进气口积炭，进行解堵
		喷射阀动作不协调	清洗检查喷射阀，更换失效件，按照规定调整喷射阀调节环开度
		点火提前角不当	重新将点火提前角调整在规定值内
		燃料气压力过高	调整管线燃气压力到规定值
		润滑不足	调整发动机内润滑油油量到规定值
10	动力缸熄火的原因	发动机负载过大	检查负载过大的原因，排除故障，将发动机负载调整到允许值内
		火花塞高压电缆或点火系统线路断裂	检查点火系统，更换断裂的高压电缆或线路
		永磁交流发电机传动装置损坏	更换永磁交流发电机传动齿轮，调整齿轮间隙
		电子盒损坏	检查损坏原因，更换电子盒
		触发线圈及磁钢故障	清洗触发线圈及飞轮磁钢的油污，并按规定值调整间隙，必要时更换触发线圈
		燃气压力损失过大	清洗或更换燃气分离器滤芯，加强排放分离器污水，使燃气压力达到规定值
		空气滤清器堵塞	更换空气滤清器滤芯，湿式过滤器需更换机油
		混合阀损坏	检查清洗混合阀，更换阀片及弹簧
		喷射阀不动作或动作不灵敏	清洗喷射阀，检查气门弹簧及缓冲弹簧等零部件，更换失效件，调整喷射阀调节环使动力缸气门开度一致
		液压油罐缺油或管路漏油	将液压油管补充液压油到规定位置，紧固或更换泄漏的液压油管路
		燃气进气转阀卡滞	清洗检查进气转阀，必要时进行更换
11	动力缸爆燃	发动机负载过大	将发动机负荷调节至规定值内
		润滑油太稀，参与了燃烧	按照规定使用相应型号的润滑油，严禁使用变质乳化及型号不匹配的润滑油
		燃气压力过高	调整燃气调节阀使燃料气压力控制在规定范围内
		点火时间过早	按照规定调点火定时
		空气滤清器堵塞	更换空滤器滤芯
12	动力缸排烟烟色不正常	燃烧室进水冒白烟	更换汽缸床垫，检查汽缸壁有无裂缝，检查燃气含水量
		过量的润滑油进入燃烧室冒青烟	检查活塞环安装是否正确及磨损情况，检查刮油环工作是否正常，调整注油器注油量
		负载过大，排气温度过高冒黑烟	将发动机负载调整至规定值以内
13	动力缸活塞烧结	燃气压力过高	调整燃气调压阀使燃气压力达到规定值

序号	故障现象	故障原因	处理方法
13	动力缸活塞烧结	注油器机油过稀，参与了燃烧	更换符合规定牌号的润滑油
		活塞及活塞环积炭过多	消除积炭，查清产生积炭过多的原因并排除
14	动力缸敲缸	燃气压力过高	调整燃气调节阀使燃料气压力控制在规定范围内
		点火时间过早	将点火定时调整到规定值
		空气滤清器堵塞或混合阀损坏	更换空气滤清器滤芯，清洗混合阀，更换阀片及弹簧
		燃气中液体成分过多	清洗燃气分离器，更换滤芯，加强分离器污水的排放
		动力活塞与气缸盖间隙过小	拆开动力缸盖，将动力活塞顶部在上死点与缸盖的间隙调整到规定值
		活塞与气缸间隙过大	检查气缸壁椭圆度及活塞直径，分析原因，更换损坏件
		缸内有异物	拆下缸盖，清除积炭及其他异物
		活塞环在环槽内卡阻或断裂	清洗气缸及活塞，清除积炭，更换活塞环
		动力活塞径向跳动过大	检查径向跳动的原因，测得径向跳动值，可以采用垫片将径向跳动值调整在规定范围内
15	动力缸夹套水温突然升高	冷却水泄漏或高位水箱水位不足	检查泄漏点，堵漏，补充高位水箱水位到规定值
		冷却器水蒸气回水管堵塞	清洗排除水蒸气回水管堵塞
		冷却通道污垢太多或气堵	清洗水管路，排除水管路中的空气
		水泵、风扇皮带打滑	调整或更换水泵及风扇皮带
		水冷却器管束堵塞或散热面脏	清洗冷却器管束并吹扫冷却翅片
		气缸床垫有窜气现象或气缸有裂纹	检查气缸，更换有裂纹的气缸及气缸床垫
		发动机负载过大	分析负载大的原因，降低发动机负荷
16	动力十字头烧坏	装配时十字头与上滑道之间的间隙没有达到规定值	十字头按工作行程做往复运动，在前中后部各个位置用塞尺从滑板的各个方向插入，检测出的间隙值应一致。间隙不当时，可在活塞杆螺帽和十字头表面之间插入垫片，保持十字头在滑道中对准，并保证其间隙达到规定值
		装配时十字头与滑道之间的接触面积没有达到规定值	十字头与下滑道的接触贴合状况应用涂色法检查，下滑板与下滑道应紧密贴合，不允许存有局部间隙
		润滑油质量未达到标准	按照标准更换合适的润滑油
		机组曲轴箱的润滑油油位偏低，飞溅润滑十字头的油量不够	补充曲轴箱润滑油到油位规定值
		压缩机在启动前的准备阶段没有在十字头表面和滑道之间定质、定量加注润滑油，而且没有来回运动，使运动表面未得到均匀润滑	启动机组前应严格按照操作规程对机组进行盘车和预润滑
		压缩机启动后在空负荷运行阶段没有逐步加速或跑温时间不够，机油温度未能达到规定值，甚至根本没有空负荷运行就直接加载生产	严格按照操作规程对机组进行空负荷运行，提高润滑油温度后才能进行加载

序号	故障现象	故障原因	处理方法
16	动力十字头烧坏	压缩机在带负荷阶段，不逐步加载，在摩擦力不是很小的情况下，给予很大的正压力，造成摩擦力增大，十字头巴氏合金温度急剧升高	严格按照操作规程对机组进行缓慢加载和缓慢提速
		在压缩机停机后，未按要求来回运动降低十字头温度，对巴氏合金造成了损伤，在下次启机时极易烧伤十字头	在压缩机组停机后应严格按操作规程对机组进行盘车及后润滑，降低十字头温度
		长时间停机后，滑道表面生锈，未及时清洗除锈就进行起机，造成十字头表面摩擦力增大，温度升高烧伤十字头	长时间停机后，滑道表面生锈，未及时清洗除锈就进行启机，造成十字头表面摩擦力增大，温度升高烧伤十字头
17	动力缸消音器发红	燃气压力过高	调整燃气调节阀使燃气压力在规定范围内
		所用润滑油闪点过低	使用规定型号的润滑油
		消声器堵塞	检查并排除堵塞物
		负载过大	将发动机负荷调整至规定值以内
18	动力活塞积炭过多	燃气中液体成分过多	清洗燃气分离器，更换滤芯，加强污水排放
		注油器注油量过多	调整注油器注油量到规定值
		润滑油油质问题	更换符合规定的润滑油
		刮油环或填料密封损坏	检查刮油环及填料，更换损坏件
		空气滤清器堵塞，造成扫气室负压过大，使刮油环处机油渗漏增大	更换空气滤清器滤芯

二、点火系统故障

整体式天然气压缩机组点火系统故障的现象、原因及处理方法见表 7-2。

表 7-2 点火系统故障现象、原因及处理方法

序号	故障现象	故障原因	处理方法
1	永磁交流发电机工作不正常	发电机电压不正常	检查发电机，排除故障
		点火系统接线错误	仔细检查点火系统接线
		有异常接地	排除异常接地
2	电子盒工作不正常	内部接线错误	检查原因，重新接线
		内部元件损坏	检查内部元件并更换
		电容器损坏	检查电容器并更换
		可控硅损坏	检查可控硅并更换
3	飞轮磁极及触发线圈工作不正常	永久磁铁失磁	更换永久磁极
		触发线圈断路或短路	更换触发线圈及其线路
		飞轮磁极与触发线圈距离太远	将飞轮磁极与触发线圈的距离调整到规定值
		启动转速过低	检查是否带压启机，检查启动气压力是否在规定值，提高机组启动转速
		磁极或触发线圈的接触面污物较多	清理磁钢及触发线圈接触面油污
4	点火线圈工作不正常	点火线圈损坏	更换点火线圈
		点火线圈受潮或接线松脱	烘干或压紧点火线圈接头
		高压电缆绝缘损坏，对地放电	更换高压电缆

序号	故障现象	故障原因	处理方法
5	火花塞工作不正常	火花塞受潮或电极积炭	拆下火花塞清除积炭并烘干
		火花塞电极间隙过大或过小	调整火花塞间隙到规定值
		火花塞绝缘损坏	更换新火花塞
		高压电缆绝缘损坏，对地放电	更换高压电缆

三、启动系统故障

整体式天然气压缩机组启动系统故障的现象、原因及处理方法见表 7-3。

表 7-3　启动系统故障现象、原因及处理方法

序号	故障现象	故障原因	处理方法
1	机组不能启动	启动气压力不足	按规定压力值供给启动气，检查启动气手动球阀工作是否正常
		启动气进气气门故障	检查复位弹簧是否断裂，清洗检查气门间隙及气门杆是否卡阻，更换损坏部件并加注适量的润滑脂
		启动管路松脱或严重泄漏	紧固松脱的管路，排除泄漏
		曲轴位置不正确	盘车，将曲轴位置调整到规定值
		启动分配阀凸轮位置不正确	检查分配阀凸轮是否松动，紧固并调整位置
		启动分配阀杆或凸轮磨损	修补凸轮或更换阀杆
		曲轴或活塞卡阻	盘车检查卡阻原因并排除故障
2	启动正常，动力缸不工作	点火系统发生故障	检查点火系统触发线圈、磁钢、高压线圈及火花塞，依次排除故障，检查连接线路是否有松脱，串、并联是否正常
		燃气压力过高或过低	清洗检查燃气分离器及燃气调压阀，将燃气压力调整到规定值
		调速操纵机构故障	检查连杆机构装配情况，清洗检查旋塞阀工作情况
		空气滤清器堵塞	更换滤芯，湿式过滤器应更换机油
		混合阀损坏	更换混合阀阀片及弹簧
		喷射阀不动作	清洗喷射阀，检查各工作部件，更换失效件
		液压系统故障	补充液压到油位规定值，检查油管路是否有泄漏、液压油泵工作情况
3	缸头直接启动转速过低	启动气源压力过低	将启动气压力调整到规定值
		启动系统泄漏	检查并处理泄漏部位
		启动气单流阀卡堵	清洗或更换单流阀
		启动气中液体成分过多	排除启动气中液体
		机组存在卡阻	盘车检查卡阻部位，并排除故障

四、冷却系统故障

整体式天然气压缩机组冷却系统故障的现象、原因及处理方法见表 7-4。

表 7-4　冷却系统故障现象、原因及处理方法

序号	故障现象	故障原因	处理方法
1	夹套水温度过高	水泵皮带或风扇皮带断裂或打滑	更换皮带或调整皮带的松紧度
		水泵漏水或管路漏水	更换水泵密封或紧固密封件
		气堵	消除气堵
		水阀没有打开或节温器失灵	打开阀门或检修节温器

续表

序号	故障现象	故障原因		处理方法
1	夹套水温度过高	缺水或冷却水不足		给高位水箱补足冷却水
		冷却水通道积圬造成堵塞		清洗冷却水通道
		冷却器铝翅片堵塞严重,造成夹套水风冷效果降低		必须吹扫清洗冷却器铝翅片,增大散热面积
		百叶窗开度不够		调整百叶窗开度
		负载过大		调整机组负荷到规定值
2	压缩机组供水不正常	水泵不上水或排水量不足	被吸入的冷却水温度太高,形成了水蒸气,没有足够的压力,产生气蚀	控制冷却水进水的温度,分析水温过高的原因并排除
			水泵叶轮磨损严重	检修或更换新叶轮
			水泵皮带脱落或断裂	重新安装或更换水泵皮带
			水泵及水管路严重泄漏	消除泄漏
		出水压力低	水管线堵塞	清洗水管路,解除管线堵塞
			水中有气泡,产生涡流	采取措施使水平面平静
		水泵振动太大	产生气蚀	检查吸水管路是否有气体漏进管线
			泵轴弯曲,轴承磨损严重	更换轴或轴承,安装应对正中心
			地脚螺栓松动,间隙过大	检查地脚螺栓并锁紧
		冷却水排出有气泡	动力缸垫破断或检修安装时没压紧,漏气	更换新气缸垫或将缸盖螺栓锁紧
			压缩缸水密封不严	更换压缩缸水密封
		中间冷却器和冷却水温度高,排水有气泡	冷却水进水温度过高,冷却效率低	控制冷却水进水的温度
			冷却器上水垢和污物太多,影响了散热效果	检修并清洗冷却器的水垢和油污
			冷却器管子破裂	检修或更换破裂的管子
3	风扇轴承发热	润滑油脂标号不对或加注量不够或过多		应适量加注标准的润滑油脂
		风扇皮带调整过紧		重新调整风扇皮带,适当减小预紧力
		轴承跑内圆或外圆		更换轴承

五、润滑系统故障

整体式天然气压缩机组润滑系统故障的现象、原因及处理方法见表7-5。

表7-5 润滑系统故障现象、原因及处理方法

序号	故障现象	故障原因	处理方法
1	注油单泵不泵油	注油单泵中有气阻现象	分析形成气阻的原因,排除注油单泵中的空气
		通向气缸的单向阀堵塞或弹簧断裂	清洗单向阀,排除堵塞物或更换单向阀总成
		注油单泵滤油网堵塞或单泵损坏	清洗单泵和滤油网,检修或更换失效件
		注油器油位不够	检查浮子开关或向高架油箱补充润滑油
		注油器传动机构失灵	检查注油器传动装置偏心轮是否过度磨损及松动,若存在以上问题进行更换或紧固

续表

序号	故障现象	故障原因		处理方法
2	压缩机组油路供油异常	注油器注油异常	吸油滤网、油管路堵塞或油管路中有破裂漏油	清洗检查过滤网、油管，对破裂漏油处进行修理更换
			注油器的油泵柱塞与泵体磨损严重，压力达不到要求	修理或更换新的零部件
			注油器调节得不合适，导致油量过多或过少	重新调整注油泵的行程
			泵中的止逆阀与阀套、球阀与阀座磨损严重或卡死不起作用	检查清洗配研阀与阀座
			注油器中有气阻现象	排除注油器中空气
			通向气缸的单向阀堵塞	排除堵塞物
			注油器堵塞或损坏	检修或更换
			注油器油位不够	检查浮子开关或高架油箱油位
			注油器传动失灵	检查注油器传动装置并排除故障
		滑道上方存油池油孔堵塞		清洗、解堵油池油孔
		动力缸侧盖板上到传动箱的油导管堵塞		清洗、吹扫导油管
		中间轴瓦、曲轴主轴承油路堵塞		清洗检查油路畅通情况

六、机身部分故障

整体式天然气压缩机组机身部分故障的现象、原因及处理方法见表 7-6。

表 7-6　机身部分故障现象、原因及处理方法

序号	故障现象	故障原因	处理方法
1	曲轴箱机油消耗过多	曲轴箱油位过高	将油位调整至规定高度
		活塞杆填料及刮油环损坏	清洗检查填料，更换失效件
		活塞杆拉伤	更换活塞杆
		空气滤清器堵塞	更换空气滤清器滤芯
		曲轴箱侧边盖有泄漏	更换曲轴箱侧边盖油封或密封垫
		油温过高	分析曲轴箱油温过高的原因并排除
2	曲轴轴承或连杆轴承温度过高	润滑油太浓或使用时间过长	更换标准牌号的润滑油
		润滑油中含水量超标造成润滑油乳化	更换合格的润滑油
		曲轴箱中缺油	补充机油至规定值，检查高架油箱油位
		轴承间隙过小	将间隙调整至规定值内
		负荷反向过小	调整机组运行工况，将连杆轴承负荷反向角调整到规定值
		润滑油通道堵塞	清洗润滑油通道
3	曲轴箱异响	连杆大头与轴承之间磨损松弛或轴承与曲拐间隙过大	检修调整各处配合间隙，间隙超差太大需要更换轴承
		十字头销与十字头体松动	检查维修，调好间隙，超差过大时需进行修理或更换
		曲轴颈轴承间隙过大或跑内外圆	检查曲轴轴承，必要时进行更换

序号	故障现象	故障原因	处理方法
3	曲轴箱异响	曲轴轴颈磨损严重，曲轴椭圆度和锥度超差过大	检查曲轴轴颈，超差过大时需修理或更换
		曲轴瓦断油或过紧以致烧坏	检查供油情况，配合间隙要符合规定，更换损坏轴瓦
		十字头与机体导轨间隙过大或十字头滑板上的螺钉松弛，与十字头体产生间隙	检查十字头与导轨的间隙，超差太大时需修理，拧紧紧固螺栓
		发动机工作不平稳	检查燃气、点火系统
4	连杆螺栓拉断	压缩机超速	控制转速并使超速保护保持在灵敏、可靠状态
		压缩机负载过大	按机组工况负荷曲线控制负荷
		压缩机连杆瓦，十字头铜套间隙过大	更换大瓦或铜套
		发动机提速过猛或转速波动过大	平稳操作
		连杆螺栓疲劳或预紧力过大	按规定扭力值扭紧螺栓

七、压缩机部分故障

整体式天然气压缩机组压缩机部分故障的现象、原因及处理方法见表 7-7。

表 7-7　压缩机部分故障现象、原因及处理方法

序号	故障现象	故障原因	处理方法
1	压缩机的排气量不足	进气压力降低或排气压力升高	进气管线漏气、堵塞，上游来气量减少或排气管线堵塞都会造成该故障，故应认真分析具体原因以便进行堵漏和排堵处理
		吸、排气阀故障	检修吸、排气阀，更换损坏件
		活塞环窜气，气缸磨损过大	更换活塞环或调整开口角度，气缸轻微拉伤时，可用砂纸打磨或更换气缸（缸套）
		填料函不严，漏气	清洗填料，检查填料函密封垫及填料是否失效，若失效进行更换
		余隙容积过大	根据机组工况曲线将余隙调整到合适范围内
		机座上的管线或气缸向外漏气	更换密封垫
		安全阀漏气	清洗检修安全阀，更换失效件
		气缸冷却不好	检修冷却系统
		机组转速过低	将机组转速提高到规定值
2	一级吸气压力异常升高	一级吸、排气阀不良，吸气不足	清洗检查吸、排气阀，更换失效件
		高压气体流入吸气管路，吸气管路异常	检查旁通阀是否内漏，关严旁通阀；检查改工况的盲板是否已坏有漏气，如漏更换盲板
		因开井或倒入气量使进气管线增加了气量	监控压缩机，防止超载，必要时调整机组工况
3	一级吸气压力异常低	因分离器堵塞、管线液堵等原因造成吸入管路阻力大	清洗分离器，更换过滤管，对管线进行通球解堵
		进气管线泄漏	更换密封垫，进行堵漏
		因关井或来气量倒入其他管线造成上游来气量减少	注意防止超载，必要时进行工况调整
4	一级排气压力异常高（级间压力异常高）	进气温度降低，进气压力升高	查明进气温度低、进气压力升高的原因，并排除
		二级吸、排气阀故障，造成吸气不足	检查排除气阀故障，更换失效件

续表

序号	故障现象	故障原因	处理方法
4	一级排气压力异常高（级间压力异常高）	二级活塞环泄漏过多	检查更换二级活塞环
		级间管路阻力大	检查疏通管路堵塞，降低阻力
5	一级排气压力异常低（级间压力异常低）	一级进气管路阻力大，造成一级吸气量不足	检查清洗分离器及管路，降低管道阻力
		一级进、排气阀故障	检查修理气阀，更换失效件
		一级活塞环泄漏过多	检查更换活塞环
		放空阀、安全阀、旁通阀漏失	关闭放空阀和旁通阀，检修安全阀
6	最后级排气压力异常低	输出管线泄漏	停机进行管线堵漏
		下一级工况变化导致排气压力降低（如脱硫厂、输出倒入更低的压力系统）	注意防止超载，必要时调整工况
		仪表故障	修理或更换仪表
7	最后级排气压力异常升高	排气阀门、单流阀（止回阀）堵塞，二级冷却器堵塞	清洗检查排气阀门，单流阀（止回阀）排除堵塞，清洗冷却器管束
		由于下一级工况改变导致管路本身压力升高（如脱硫厂、输出倒入了另一个较高的压力系统）	防止机组超负荷，必要时调整工况
		出站管线堵塞	通球解堵
		仪表故障	修理或更换仪表
8	进、排气阀损坏	气阀总成装反、安装不到位	清洗检查气阀并重新安装
		气阀阀片、弹簧断裂，阀片变形，弹簧不符合技术规范	清洗检查气阀并更换损坏件和不合格的阀片和弹簧
		气阀的密封面有杂质或缺陷	清洗气阀，更换有缺陷的密封面
		气阀安装到阀室时不到位	严格按操作规程重新安装气阀
		工作介质所含杂质超标	增强工作介质过滤作用，加强排污工作
9	压缩缸组件故障	气缸或缸套磨损超过技术要求	更换气缸或缸套
		活塞与活塞环发生故障	清洗检查活塞、活塞环磨损情况，更换失效件
		余隙值调整不正确。气缸余隙过小，使上、下死点压缩比过大或余隙过大，导致残留在气内的高压气过多，进而引起气缸内温度升高	调整气缸的上、下死点间隙，将间隙保持在规定的标准内
		由于活塞杆弯曲，使活塞在气缸中不垂直，导致活塞与气缸贴面倾斜摩擦加剧，产生高温	更换活塞杆
10	压缩机功率消耗增大	压比增大	调整工况，降低压比
		缸内气阀结垢堵塞，造成进排气量减少	清洗气阀，增加气流通道
		曲轴箱油面过高	将曲轴箱油面调整至规定值
		吸入气体含油水量较大	改善油水分离效果，加强排污
11	压缩缸内异响	安装检修压缩缸时，气缸的余隙容积留得过小，气缸盖与活塞的前、后死点间隙小，产生直接碰撞	应调整活塞行程，一般是在活塞杆与十字头体接合处增减垫片，增加活塞与气缸的死点间隙
		气缸填料在运行中损坏和磨损	必须修理或更换新填料，而且应严格检查密封件之间的贴合程度及轴向弹簧的弹力是否降低、是否应更换

235

序号	故障现象	故障原因	处理方法
11	压缩缸内异响	气缸润滑油过多或过少，都会使气缸产生不正常响声，润滑油过多会产生油击，油量过少又会产生拉缸，使气缸磨损	适当调节气缸润滑油的油量
		安装压缩机时，由于曲轴和连杆与气缸中心线不重合，误差超过允许值，在压缩机运行过程中也会出现气缸的敲击声	对压缩机重新进行安装调整，必须保证连杆、活塞与气缸的中心线重合
		在压缩机运行过程中，若活塞端面的螺栓松动甚至脱落，螺栓和气缸盖会碰撞产生不正常的响声	必须进行检查，拧紧活塞端面的螺栓，并采取防松措施
		余隙小活塞松动	拧紧余隙小活塞
		压缩机吸进的气体过于潮湿，被压缩后，气体中的水分析出，因水分是不可压缩的，使气缸产生"水击"的响声	必须提高油水分离器的效能，或在气缸下部安装排水阀，排出气缸的水分
		气缸中掉入金属碎片和其他杂质，也会产生不正常的响声	检查清理异物，检查气缸和活塞是否刮伤，若刮伤及时修理
		压缩机安装与检修中，活塞杆与十字头紧固不牢或者十字头与滑道间隙不符合要求，使活塞杆在往复行程中产生跳动，带动活塞向上窜动，撞击气缸而产生不正常的响声	检查活塞杆与十字头紧固情况，检查活塞杆在往复行程中的跳动值，使其控制在技术要求范围内
		压缩机长期运转后，急剧冷却，气缸套发生松动和断裂，导致气缸产生不正常响声	更换气缸套或整个气缸
		压缩机运行过程中，润滑油或冷却水不足引起活塞、活塞环在高温条件下干摩擦，造成活塞环轴向间隙过大，出现异常声响	拆下活塞，取出活塞环，进行清洗、检查，对烧伤和损坏的活塞环要进行修理或更换，并在压缩机运行过程中要严格控制冷却水和润滑油油量
		压缩机长期运行，气缸和活塞、活塞环磨损剧烈，因而相对间隙增大，气缸和活塞环之间产生松动和不正常的响声	更换气缸套、活塞环和活塞，也可镗磨气缸套再配备合适的活塞和活塞环
12	压缩机组气阀异响	吸、排气阀的阀片是易损件，阀片起落被卡住、弹簧倾斜或损坏、阀片材质不良及弹簧力太大等原因，都会造成阀片过早磨损，产生不正常的响声	检修气阀，更换符合规定的阀片和弹簧
		压缩机运行中，如果弹簧折断和变软，会加大阀片对阀座或升程限制器的冲击力，产生不正常的响声	更换符合要求的弹簧
		阀座伸入气缸，与活塞相撞	用加垫片的方法使阀升高

续表

序号	故障现象	故障原因	处理方法
12	压缩机组气阀异响	阀座安装在阀室的位置不正，或阀室上的压盖螺栓没拧紧，造成气阀的窜动，发出不正常的响声	检查阀是否安装好，阀盖螺栓是否拧紧
		润滑油过多或气体含水量较高，会使气阀内产生"液击"现象	将注油量减少到规定值，加强分离器排污能力
13	压缩缸体过热	冷却水不足或中断	适当加大冷却水量，调节冷却水温度（不要太高），检查供水管路，堵塞时要进行清洗
		硬水中的沉积物太多，于气缸水套	检查、清洗气缸夹套，除去水污
		由于中间冷却器冷却不好，造成后级气缸过热	必须检查清洗中间冷却器，适当加大冷却水的流量，控制冷却水的进水温度
		活塞、活塞环发生故障或气缸中缺油引起干摩擦	清洗、检查活塞、活塞环磨损情况，注油器泵油情况
		气缸余隙过小，使上、下死点压缩比过大或余隙过大，残留在气缸内的高压气体温度升高	调整气缸的上、下死点间隙，将间隙保持在规定的范围内
		活塞杆弯曲使活塞在气缸中不垂直，导致活塞与气缸贴面倾斜摩擦加剧，产生高温	更换活塞杆
		进、排气阀损坏或安装不到位	检修气阀
14	压缩缸发生不正常振动	活塞在气缸内径向跳动严重	将径向跳动值调整在规定值内
		气缸内落入异物	拆检气缸并消除异物
		十字头与滑道间隙过大	十字头外径补焊巴氏合金并加工至规定间隙值
		气缸上、下死点余隙过小，造成活塞碰撞气缸内端面	检查活塞上、下死点间隙并将其调整至规定值
		活塞的压紧螺帽松动	加以紧固和止动
		余隙小，活塞松动	检查并重新紧固小活塞
		活塞杆并帽松动	拧紧活塞杆并帽
		连接管振动	彻底检查各管道的匹配和连接安装情况是否符合技术要求，消除管路的振动
		支撑不良	检查气缸支腿各处间隙及螺栓的受力情况，保证支撑良好
15	压缩缸接管振动	管道安装时拐弯弧度过小，气流方向发生急剧变化，管壁受到的反力增大，导致管道振动	安装管道时应避免拐弯的弧度过小
		安装管路时，管卡太松或断裂造成振动	安装时应紧固管卡，尽量把支撑或振动段悬挂在弹性悬座上，并在振动段管道与支架木质或橡皮垫，如果断裂应更换新件
		气流脉动引起的共振	加大管径、在管道上安装节流孔板等方法均可减小振动
		因支撑刚度不够，导致管路不稳定而产生振动	加固或增加支撑数目，提高支撑的刚度
		管路受热膨胀产生变形而引起振动	采取有效的降温手段或在管路中加热补偿器
16	压缩缸二级排气温度升高	一级排温高或一级冷却器效果差，造成二级进气温度高，使二级排温升高	检查一级排温，清洗冷却器，改善冷却效果
		二级排气阀存在失效的现象，导致高温气体重复压缩，造成排温升高	检查清洗排气阀，更换失效件

续表

序号	故障现象	故障原因	处理方法
16	压缩缸二级排气温度升高	二级压缩缸注油器故障，造成二级压缩缸无润滑，使气体温度升高	检查注油器未注油的原因，检查油管路及接头
		二级活塞环磨损过大，使活塞窜气	清洗更换活塞环
		仪表故障，误显示	修复或更换仪表
17	活塞杆过热	活塞杆与填料盒装配时产生倾斜	重新装配，不得倾斜
		活塞杆与填料配合间隙过小或卡住不能自由移动	按规定调整或重新安装填料
		活塞杆与填料的润滑油有污垢，或润滑不足造成干摩擦	清洗污垢，保证供油充足量或重新更换润滑油
		填料函中有杂物	取出填料函并拆开清洗
		填料函中的密封圈卡住，不能自由移动	在安装时应试一下，活动要自由，并按规定保持一定间隙
		填料函中的密封圈装错，堵住油路，润滑油供不上	拆开检查，观察是否装错，若错应及时改装回来
		填料函向机身上装配时螺栓未紧正，使其与活塞杆产生倾斜，活塞杆在运转时与填料中的金属盘摩擦，加剧发热	重新检查填料函，将其倾斜改过来
		压缩缸排气温度高	调整工况

第二节　分体式天然气压缩机组

一、发动机故障

分体式天然气压缩机组发动机故障的现象、原因及处理方法见表7-8。

表7-8　发动机故障现象、原因及处理方法

序号	故障现象	故障原因		处理方法
1	发动机不能正常启动	就地仪表控制柜电源未打开，或启动控制开关处于"OFF"位置		打开就地仪表控制柜电源，将启动开关置于"ON"位置
		就地仪表控制柜未正确设置"启动延时"或其他相关参数；ESM系统"启动程序"编程错误		正确设置"启动延时"或其他相关参数；对ESM系统"启动程序"重新编程
		自动保护装置动作后未及时排除故障并复位		及时排除故障后点按就地仪表柜上的"故障消除"按钮
		启动系统故障	启动气压力过低	查明启动气压力过低的原因并排除
			Y形过滤器堵塞	定期清洗Y形过滤器
			启动电磁阀故障	检查并排除启动电磁阀故障
			气动控制阀失灵	检查并排除气动控制阀故障
			启动马达故障	检查并排除启动马达故障

序号	故障现象	故障原因		处理方法
1	发动机不能正常启动	燃气系统故障	工艺区、机组区燃气电磁阀未打开或失灵	检查并确认工艺区、机组区燃气电磁阀能正常打开
			燃料气压力过低	将燃料气压力调节至规定范围
			混合器节气门卡死或调速器失灵	检修调速器、拉杆、节气门，确保灵活无卡阻
			燃料气带液过多	检查燃料气气质，排放积液
		点火系统故障	点火电源模块未供电或输出电压过低	检查点火电源模块并排除故障
			点火正时不当或控制紊乱	查明点火正时不当的原因并排除
			线路断开或松脱	检查各线路接头有无松脱、损坏，并重新连接牢靠
			霍尔效应传感器断开或损坏	检查霍尔效应传感器及连接线路，更换损坏件
			点火线圈故障	检查并排除点火线圈故障
			火花塞故障	检查并排除火花塞故障
		进气不足或没有进气	空气滤清器堵塞	检查并排除空气滤清器堵塞，视情况选择吹扫或更换滤芯
			中间冷却器堵塞或不干净	检查混合器膜片、计量弹簧以及空气计量阀，确保其灵敏可靠
		压缩系统未卸载，或压缩系统内带有高压气体		对压缩系统进行卸载、放空
		调速器不工作	调速器设置错误	向厂家求助
			调速器油位过低或油道有水和废渣淤积	向调速器加油到规定值，清洗或更换调速器
			控制杆有污物造成粘连	清洗控制杆油污
2	发动机输出功率不足	燃料气系统故障	燃料气进机组分离器前压力过低	检查并调整燃料气进机组分离器前压力至0.5~1.0MPa
			主燃气压力调节器故障	检查并排除主燃气压力调节器故障
			步进电机故障	检查并排除步进电机故障
			燃料气带液过多	检查燃料气气质，排放积液
		点火系统故障	火花塞故障	检查并排除火花塞故障
			点火正时不当或控制紊乱	查明点火正时不当的原因并排除
			爆震传感器判断一个或多个气缸出现爆震，延长点火时间	查阅爆震检测记录，观察爆震消除后发动机的输出功率能否正常回升
		进、排气系统故障	空气滤清器滤芯过脏	吹扫滤芯，视情况更换
			涡轮增压器故障	检查并排除涡轮增压器故障
			中冷器堵塞或冷却效果不良	检查并排除中冷器气路、水路的堵塞情况
			混合器空燃比调节不当	由专业人员重新调整混合器的空燃比调节螺钉
			废气旁通阀调节不当	由专业人员重新调节废气旁通阀
			消声器背压过高	查明消声器背压过高的原因并排除

序号	故障现象	故障原因		处理方法
2	发动机输出功率不足	气门密封不严或气门间隙调整不当		检查配气机构，调整各气门间隙
		活塞环故障导致气缸缸压不够		检查活塞环磨损情况，更换损坏件
3	发动机不能正常停机	燃气电磁阀故障不动作		手动关闭燃气截断阀，停机后查明电磁阀故障原因并处理
		停机开关故障，未发出指令		更换停机开关或按钮
4	发动机达不到额定转速	机组负载过大		查明机组负载过大的原因，调整机组负荷
		燃气压力过低，或燃气供应不足		检查燃气供给系统的管路阀门，检查并调整各级调压阀，确保燃气进机压力符合技术要求
		空气进气量不足，导致空燃比过大		检查空气滤清器压差，视情况更换滤芯；检查并排除空气进气系统故障
		点火正时不当		检查并重新调整点火正时
		调速系统故障		检查调速器、拉杆、节气门有无卡阻，检查并排除调速器故障
		转速传感器或仪表显示故障		检查并排除转速传感器、转速表故障
5	个别气缸不点火	火花塞故障		清除火花塞电极污物，将电极间隙调整到规定值或更换火花塞
		点火线圈损坏		检查点火线圈连接线路是否松动，更换点火线圈
		火花塞延长杆漏电		检查导电杆是否损坏，密封垫是否完好或更换导电杆
		低压连线松脱或损坏		检查低压连线是否有短路或断路现象，并排除
		配气机构故障		检修配气机构，更换损坏件
		活塞环故障导致气缸缸压不够		检修并排除活塞环故障，更换损坏件
6	发动机突然停机	发动机、压缩机运行参数超过上位机设定的停机门限自动保护停机		查找原因，排除故障并复位保护装置
		发动机运行参数超过 ESM 系统设定门限	油压过低	查明油压过低的原因并排除
			发动机超速	查明发动机超速的原因并排除
			发动机超载	查明发动机超载的原因并排除
			不可控爆震	查明不可控爆震的原因并排除
			进气歧管空气温度过高	查明进气歧管空气温度过高的原因并排除
			夹套水冷却液温度过高	查明夹套水冷却液温度过高的原因并排除
		ECU 内部故障		检查并排除 ECU 内部故障
		测速传感器故障		检查并排除测速传感器故障
		进气歧管温度过高导致保护装置关闭		检查冷却系统及其零部件并排除故障
		突然损失了燃气压力或燃气含水量超标		查明损失燃气压力的原因并排除，检查燃气气质并排放积液
		空气滤清器或中冷器堵塞		吹扫或更换滤芯，排除中冷器堵塞
		排气歧管堵塞		检查并排除排气歧管堵塞
		主轴承、连杆轴承、活塞销或凸轮轴咬黏		查明主轴承、连杆轴承、活塞销或凸轮轴被咬黏的原因并排除
7	发动机爆震	发动机负载过大		将发动机负载调整至规定范围内
		点火正时不当		调整发动机的点火定时
		燃气压力过高		将燃气压力调整至规定范围

序号	故障现象	故障原因	处理方法
7	发动机爆震	进气温度过高	查明进气温度过高的原因并排除，改善中冷器的冷却条件
		气缸过热，可燃混合气在压缩过程中被加热	查明气缸过热的原因并处理，改善气缸冷却条件
		缸盖和活塞顶部积炭过多，使燃烧室容积变小，压缩比增大	清除缸盖和活塞顶部积炭
		燃气带液或燃气抗爆性能过差	改善燃气气质，选用抗爆性能好的燃气
8	发动机尾气排放超标	点火时间过早	调整点火正时
		空燃比失调	将发动机空燃调整比至规定范围
		点火系统故障造成发动机点火不好	检查点火系统，修理或更换零部件
		燃气含硫量超标	改善燃气气质，选用符合技术要求的燃气
9	发动机油压过低	仪表显示故障	检查并排除仪表显示故障
		油底壳油位偏低	将油底壳油位补充至规定范围
		集滤器堵塞	检查并排除集滤器堵塞
		主油泵泵油能力不足	查明主油泵泵油能力不足的原因并排除
		全流式滤清器堵塞	更换全流式滤清器
		油压控制阀设置过低	调节油压控制阀，将发动机油压调整至规定范围
		运动部件磨损严重或间隙偏大	检修各运动部件，更换损坏件
		润滑油温度过高	改善油冷器的冷却效果
		滑润油黏度过低	选用符合技术要求的黏度等级的滑润油
		油路系统发生外漏	检查并排除油路系统外漏
10	发动机油压过高	仪表显示故障	检查并排除仪表显示故障
		主油道、内部油路发生堵塞	检查并排除主油道、内部油路堵塞
		油压控制阀设置过高	调节油压控制阀，将发动机油压调整至规定范围
		运动部件间隙过小或油道堵塞	检查并清洁各运动部件，将各间隙调整至规定值
		润滑油温度过低	冬季按"低温启动技术要求"启动运行压缩机组；检查并排除油冷器节温器故障
		滑润油黏度过大	选用符合技术要求的黏度等级的滑润油
11	进气歧管压力过高	仪表显示故障	检查并排除仪表显示故障
		燃气进分离器前压力过高	将燃气进分离器前压力调整至 0.5～1.0MPa
		主燃气压力调节器故障或调节不当	检查并排除主燃气压力调节器故障，调整燃气压力至规定值
		废气旁通阀调节不当	由专业人员重新调节废气旁通阀
		节气门卡阻	检查并排除节气门卡阻
		使用了高黏度润滑油	换用推荐的低黏度润滑油
12	进气歧管压力过低	燃气分离器堵塞	检查并排除燃气分离器堵塞
		燃料气进分离器前压力过低	将燃气进分离器前压力调整至 0.5～1.0MPa
		主燃气压力调节器故障	检查并排除主燃气压力调节器故障
		空滤器堵塞	吹扫或更换空气滤清器滤芯
		涡轮增压器故障	检查并排除涡轮增压器故障
		中冷器堵塞	检查并排除中冷器堵塞
		废气旁通阀调节不当	由专业人员重新调节废气旁通阀
		节气门卡阻	检查并排除节气门卡阻
		仪表显示故障	检查并排除仪表显示故障
13	夹套水循环冷却液温度偏高	温度传感器或仪表显示故障	检查并排除温度传感器或仪表显示故障
		夹套水循环高位水箱冷却液不足	给高位水箱补充冷却液
		夹套水泵皮带断裂或打滑	更换断裂夹套水泵皮带；清除油污并调整皮带松紧度以排除皮带打滑

序号	故障现象	故障原因	处理方法
13	夹套水循环冷却液温度偏高	冷却液内有气阻	排除冷却液中的气阻
		夹套水泵发生故障	查明夹套水泵故障原因并排除
		气缸夹套或水管路积垢	清除气缸夹套或水管路积垢
		管路阀门严重泄漏	检查并排除管路阀门泄漏
		风扇皮带断裂或打滑	更换断裂风扇皮带;清除皮带轮上油污并调整皮带松紧度以排除皮带打滑
		冷却水管束堵塞或翅片管通风不良	检查并排除冷却水管束、翅片管堵塞
		夹套水循环节温器故障	检查并排除夹套水循环节温器故障
		发动机的工作温度过高	查明发动机工作温度过高的原因并处理
14	辅助水循环冷却液温度偏高	温度传感器或仪表显示故障	检查并排除温度传感器或仪表显示故障
		辅助水循环高位水箱冷却液不足	给高位水箱补充冷却液
		辅助水泵皮带断裂或打滑	检查或更换夹套水泵皮带
		冷却液内有气阻	排除冷却液中的气阻
		辅助水泵发生故障	检修辅助水泵,排除水泵故障
		中冷器、油器或水管路积垢	清除油冷器、中冷器或水管路积垢
		管路阀门严重泄漏	检查并排除管路阀门严重泄漏
		风扇皮带断裂或打滑	检查或更换风扇皮带
		冷却水管束堵塞或翅片管通风不良	检查并排除冷却水管束、翅片管堵塞
		辅助水循环节温器故障	检查并排除辅助水循环节温器故障
15	发动机润滑油消耗过多	发动机润滑油压力过高	将发动机油压调节至规定范围
		润滑油黏度过低	选用黏度等级符合技术要求的润滑油
		润滑油温度过高	改善油冷器的冷却条件,检查并排除温控阀故障
		活塞环或缸套磨损	检修活塞环或缸套,更换损坏件
		刮油环、护油环故障	检修刮油环、护油环,更换损坏件
		油冷器油路密封不良发生泄漏	检查并排除油冷器泄漏
		主油泵发生泄漏	检查并排除主油泵泄漏
		润滑油滤清器松脱或发生泄漏	检查并排除滤清器泄漏
		涡轮增压器油封泄漏	检查并排除涡轮增压器泄漏
		外部油路系统及管路、阀门发生泄漏	检查并排除外部油路系统及管路、阀门泄漏
		空气滤清器堵塞	吹扫滤芯,视情况更换
16	发动机润滑油污染	润滑油含水量超标,油品乳化	清洗油路及曲轴箱并更换润滑油
		润滑油滤清器的旁通阀打开,润滑油未进行过滤	关闭润滑油滤清器旁通阀
		润滑油滤清器滤芯破裂	更换滤清器滤芯
		曲轴箱通风系统不良,曲轴箱内未保持轻微负压	检查曲轴箱通风系统的工作情况,确保曲轴箱内保持轻微负压
17	发动机振动过大	发动机各缸工作不平衡	检查各动气缸工作情况,排除故障
		地脚螺栓松动	拧紧地脚螺栓
		减震器松动	紧固减震器
		曲轴各间隙超差或曲轴弯曲、断裂	更换曲轴
		主轴承螺母松动	紧固主轴承螺母
		连杆轴承间隙过大或烧坏	检查连杆轴承间隙
		活塞销松动	检查并拧紧活塞销
		曲轴平衡块松动	紧固曲轴平衡块
		飞轮松动	找准飞轮平衡并紧固
		发动机不对中	进行校正对中
18	发动机润滑油温度偏高	温度传感器或仪表显示故障	检查并排除温度传感器或仪表显示故障
		辅助水温度过高	查明辅助水循环冷却液温度过高的原因并排除

序号	故障现象	故障原因	处理方法
18	发动机润滑油温度偏高	油冷器或温度控制阀故障	检查并排除油冷器或温度控制阀故障
		气缸过热、各摩擦部副工作温度过高	查明气缸过热的原因并排除
		润滑油油质过脏或乳化变质	更换清洁、符合技术要求的润滑油
		润滑油黏度过低	选用符合技术要求的黏度等级的润滑油
		油路堵塞或润滑油量不足导致各摩擦副干摩擦	清除油路堵塞，补充润滑油
		运动部件损坏或间隙过小	清洗检查各运转部件，更换损坏件，调整体各间隙至规定值
19	发动机燃气消耗过大	变送器或计量仪表显示故障	检查并排除变送器或计量仪表显示故障
		燃气系统发生泄漏	检查并排除燃气系统泄漏
		点火时间过迟	调整点火正时
		机组负载过大	将机组负载调整至规定范围
		燃气压力过高，可燃混合气过浓	将燃气压力调整至规定范围
		混合器调节螺钉调节不当	由专业人员调节混合器调节螺钉
		冷却液温度过低	查明冷却液温度过低的原因并排除
		发动机转速过高	将发动机转速调整至规定范围
20	涡轮增压器异响	发动机油压过低造成润滑不良	查明发动机油压过低的原因并排除
		涡轮增压器轴承油封漏油造成润滑不良	更换轴承油封
		涡轮增压器传动轴过热	检查并排除冷却水管路堵塞，排放涡轮增压器冷却液中的气阻
		发动机启动前未进行预润滑	严格按照操作规程启运压缩机组
		涡轮增压器叶片、传动轴损坏	检修涡轮增压器，更换损坏件
21	UG-8 调速器：发动机游车或喘振	调速器润滑油脏污	排出润滑油，清洗调速器后重新加油
		调速器润滑油起泡沫	排出润滑油，重新加油
		油位偏低	添加润滑油至液位计上的正常油位，检查是否有渗漏
22	UG-8 调速器：发动机对负载或转速变化反应迟钝	发动机过载	减轻负载
		调速器故障	修理或更换调速器
		调速器拉杆卡阻	清洗检查调速器拉杆
23	UG-8 调速器：发动机达不到额定载荷	燃气供应被堵塞	清洗燃气管线及过滤器
		调速器连接杆咬粘	清洗检查连接杆
		调速器连接杆松动	紧固调速器连接杆
		调速器拉杆长度不对	调整或更换调速器拉杆
		调速器终端轴角度不对	调整修理
		调速器调整设置过低	按照规定重新调整
		调速器传动齿轮的阻尼器磨损	更换传动齿轮的阻尼器
24	发动机排放废气为蓝烟	润滑油进入动力缸燃烧室内	检查更换活塞环及刮油环
		涡轮增压器油封漏油	更换涡轮增压器油封
25	发动机曲轴箱油位异常偏低	下油管线堵塞	检查并排除高位油箱下油管线堵塞
		润滑油严重泄漏	检查发动机润滑系统各管路、阀门，查清漏点并排出
		活塞环或缸套严重磨损	检修活塞环或缸套，视情况更换损坏件
		空气滤清器堵塞	吹扫滤芯，视情况更换
		润滑油选择不恰当	选择使用符合要求的润滑油

二、压缩机故障

分体式天然气压缩机组压缩机故障的现象、原因及处理方法见表7-9。

表7-9 压缩机组压缩机故障现象、原因及处理方法

序号	故障现象	故障原因	处理方法
1	压缩机润滑油温度过高	温度传感器或仪表显示故障	检查并排除温度传感器或仪表显示故障
		辅助水温度过高	查明辅助水温度过高的原因并排除
		压缩机油冷器或温度控制阀故障	检查并排除压缩机油冷器、温度控制阀故障
		压缩机主油道油路堵塞或油压过低造成各部件润滑不良	清除压缩机主油道油路堵塞，查明油压过低的原因并排除
		压缩机曲轴箱油位过低	给压缩机曲轴箱补充润滑油
		润滑油油质过脏或乳化变质	更换清洁、符合技术要求的润滑油
		润滑油黏度过低	选用黏度等级符合技术要求的润滑油
		曲轴主轴承、连杆轴承咬死或拉伤	检修曲轴主轴承、连杆轴承，更换损坏件
2	压缩机油压过低	仪表显示故障	检查并排除仪表显示故障
		曲轴箱油位过低	给曲轴箱补充润滑油
		齿轮泵故障	检查并排除齿轮泵故障
		润滑油滤清器堵塞	检查并排除润滑油滤清器堵塞
		运动部件磨损严重或间隙偏大	检修各运动部件，视情况更换损坏件
		润滑油温度过高	改善压缩机油冷器的冷却效果
		滑润油黏度过低	选择黏度等级符合技术要求的润滑油
		油路系统发生外漏	检查并排除油路系统外漏
		油压调节阀设置不当	将润滑压力调节至规定值
3	压缩机油压过高	仪表显示故障	检查并排除仪表显示故障
		主油道油路发生堵塞	检查并排除主油道油路堵塞
		运动部件间隙过小或油道堵塞	检查并调整各运动部件间隙，清除油道堵塞
		润滑油温度过低	冬季按"低温启动技术要求"启运压缩机组，检查并排除温度控制阀故障
		滑润油黏度过大	选择符合技术要求的润滑油
4	压缩机润滑无油流保护停机	冬季润滑油黏度过大	冬季按"低温启动技术要求"启运压缩机组，检查并排除温度控制阀故障
		润滑油太脏、变质	更换润滑油，分析检查润滑油变质的原因
		注油器油位过低	检查油位过低的原因并排除
		润滑油滴数过少	将润滑油滴数调整到规定值
		注油器压力管路有空气	排除压力管路空气
		注油器故障	清洗注油器吸油过滤网，检查各组件，更换失效件
		无油流开关前端管路泄漏或堵塞	排除管路泄漏或堵塞
		无油流开关磁芯活塞卡阻	清洗无油流开关磁芯及行程活塞
		油路单向阀故障	检查清洗油路单向阀，必要时更换
		无油流开关电池缺电	更换无油流开关电池
		润滑油分配器故障	清洗检查分配器，必要时更换
5	压缩机润滑油消耗过多	压缩机润滑油压力过高	将发动机油压调节至规定范围
		润滑油黏度过低	选用黏度等级符合技术要求的润滑油
		润滑油温度过高	改善油冷器的冷却条件，检查并排除温控阀故障
		气缸及填料注油量调整过大	将气缸、填料的注油量调整至规定值
		活塞环、气缸磨损	检修气缸、活塞环，更换损坏件
		活塞杆及填料拉伤	检修活塞杆、填料，更换损坏件
		油冷器油路密封不良发生泄漏	检查并排除油冷器泄漏
		齿轮泵发生泄漏	检查并排除齿轮泵泄漏

续表

序号	故障现象	故障原因	处理方法
5	压缩机润滑油消耗过多	滤清器松脱或发生泄漏	检查并排除滤清器泄漏
		管路、阀门发生泄漏	检查并排除管路、阀门泄漏
6	联轴器振动过大	联轴器不对中	按技术要求对联轴器进行找正和对中
		发动机轴或压缩机轴的外圆跳动或端面跳动过大	按技术要求对发动机和压缩机进行找正和对中
		联轴器的紧固件松动，造成联轴器损坏	更换损坏件，拧紧联轴器的紧固件
		两瓣联轴器之间的端面间隙不当	检查并调整两瓣联轴器的端面间隙，使其符合技术要求
		驱动机或从动机振动过大	查明驱动机、从动机振动过大的原因并排除
		联轴器疲劳变形或损坏	更换联轴器
7	压缩机机身异常振动	轴瓦、十字头与滑道之间的间隙过大	将各间隙值调整到规定范围内
		曲轴轴承跑内圆或外圆	更换曲轴轴承
		气缸部分的异常振动	检查气缸部分的工作情况，处理发出异常振动的原因
		各运动部件的结合部位松动	紧固松动的结合部位或螺栓
		气缸与十字头滑道不同心	测试气缸与十字头的同心度，并调整到规定值
		曲轴与弹性联轴器不同心	测试曲轴与弹性联轴器的同心度，并调整到规定值
		曲轴产生扭振过大，严重扭振会导致机组曲轴损坏或断裂	重新测试曲轴的扭振情况，并调整到规定值
8	压缩活塞杆过热	活塞杆偏斜，与填料盒存在局部金属摩擦	重新装配活塞杆，调整与填料盒的间隙
		填料环的锁紧弹簧抱的过紧，摩擦力增大	更换合格的填料锁紧弹簧，减少锁紧力
		填料环不符合规定，轴向间隙过小	更换合格的填料环，使轴向间隙达标
		润滑油油量不足或油路堵塞	清洗填料油道，加大润滑油注油量
		填料盒的油和气中含有杂质，造成摩擦过大	清洗填料，更换损坏的填料
		活塞杆存在质量问题，表面粗糙	重新磨杆，超精加工或更换活塞杆
		活塞杆杆载超负荷	分析杆载超标的原因，减少活塞杆负荷
9	压缩机气阀损坏	压缩机工况的改变	将压缩机工况调整到设计范围内
		压缩介质过脏，或颗粒较大	加强压缩介质的过滤
		气阀结垢及积炭	周期性维护保养气阀
		润滑油量过多或过少	将气缸内注油量调整到规定值
		气阀工作时压力波动较大	系统工况大范围波动引起气流波动增大，因此应及时改变工况
		气体中液体含量较多	加强压缩介质的过滤并及时排污
		人为装配不当	应严格按照操作规程操作
		弹簧弹力过大或过小	使用合适的弹簧
		气阀存在材料缺陷	使用合格的气阀材料
		运行时间过长	在运行时间内进行强制性保养
10	压缩机注油器管路发热	注油管线单向阀堵塞或弹簧断裂，造成气缸中气体回流	清洗注油管线单向阀或更换单向阀总成

序号	故障现象	故障原因	处理方法
11	压缩机气流管线振动	压缩机安装时，管路铺设过多的弯头；机组运行时由于气流脉动引起共振。 气柱固有频率落在激发频率的共振区内，产生较大压力脉动，发生气柱共振。 机组振动引起的管道振动；机组本身的动平衡性能差、安装不对中、基础及支撑设计不当均会引起机组振动，此振动传递给与它连接的管道，带动管系振动 外力引起的管道振动，如强大的风力横吹管道时，在管线的背风面产生卡曼涡流引起的管道振动，地震引起的管道振动等。	(1) 压力脉动的消减措施： ①避开气柱共振； ②采用合理的吸、排气顺序； ③装设缓冲器； ④增设气流脉动衰减器； ⑤增设孔板。在容器的入口处加装适当尺寸的孔板可以降低该管段内的压力不均匀度，使管道尾端不具备反射的条件，从而达到减轻管道振动的目的； ⑥设置集管器。通常的设置原则是集管器的通流面积应大于进气管通流面积总和的3倍； (2) 改进管系结构特性的措施： ①采取避免气流方向和速度突变的措施： (a) 在管道中气流压力不均匀度比较高的地方应尽量不用弯管，保持管线的平直； (b) 管道中必须使用弯头的地方，弯管的弯曲半径要大，转角要尽量小，避免气流方向突变； (c) 异径接头处应尽量减小收缩口的角度，避免管径收缩的突然性。 ②避免机械共振： (a) 往复式压缩机的吸入或排出管道以及其他有强烈振动的管道上的支架，必须与压缩机基础和建筑物脱开，并不得安装在楼板或平台上，应设计成独立的支架且支架的高度应尽可能低； (b) 管道支架应设在所有管道拐弯、分支、标高有变化以及集中荷载附近，支架采用特殊的抑振管架，而不能采用只起承重或止推架作用的管架； (c) 设置支架应使管道固有频率避开激振频率的0.5~1.5倍区域，一般取激振频率的1.5倍作为管道固有频率进行设计； (d) 为防止机组的转动不平衡力引起管系振动，进出口缓冲罐要有牢固的支撑。 ③增加管系结构的阻尼可以有效地防止管系结构发生共振破坏，增加管系结构阻尼的主要方法是在适当位置设置阻尼器
12	压缩活塞偏磨	活塞与气缸不同心	重新安装活塞，并调整到与气缸的同心
		气缸自身的椭圆度过大	检查气缸的椭圆度，大于规定值时应进行镗缸
		活塞在活塞槽里的侧面间隙过小，使活塞环因热膨胀卡在槽内，无法自由地找中导致偏磨	检查活塞环与活塞环槽的侧面间隙，清除积炭或更换合适的活塞环
		活塞环本身材质选择不当，热膨胀不均匀导致偏磨	更换材质合适的活塞环
11	压缩填料过量泄漏	各填料组未得到充分的润滑	按照相关规定将注油量增加到规定值
		未按照填料盒的组装顺序进行组装	严格按照填料盒上的标识依次组装
		填料组件配合不良	对填料进行配合研磨
		填料盒相互间配合不良（接触不好）	对填料盒的接触平面进行刮研
		填料盒未紧固或紧固不彻底	按照要求重新紧固填料盒贯穿螺栓及压紧螺帽
		填料弹簧未抱紧	更换弹簧或填料组件
		填料的轴向间隙过大	更换填料

序号	故障现象	故障原因	处理方法
13	压缩填料过量泄漏	活塞杆表面有划伤（沟痕）	对活塞杆进行精磨修复或更换
		活塞杆的径向跳动过大	测取径向跳动值，并进行相应的调整，调整达到相关规定值
		活塞杆的运动轨迹与中心线不平行	检查并调整活塞杆运动中心线

第三节　自动化仪表及控制故障

增压站自动控制系统一般分为就地仪表控制柜（自带 PLC）、就地仪表柜（不带 PLC）+控制室 PLC 监控、就地仪表控制柜（自带 PLC）+控制室上位站控远程监控这 3 种方式，其中就地仪表控制柜（自带 PLC）为早期增压机组所配备，其主要缺点是无法远程监控，不便于现场管理；后来部分站场出现过就地仪表柜（不带 PLC）+控制室 PLC 监控的方式，如五百梯增压西站，其优点是能够解决远程监控问题，但当就地仪表柜（不带 PLC）至控制室之间出现线路或通信中断时，存在一定安全运行风险；如今主要采用就地仪表控制柜（自带 PLC）+控制室上位站控远程监控的方式，既能实现远程监控，其逻辑控制又由现场就地仪表柜内的 PLC 完成，安全运行有保障。

就地仪表柜（不带 PLC）和就地仪表控制柜（自带 PLC）均包括对压力、温度、振动、转速、液位及故障等参数进行监控的各型仪表，只是就地仪表控制柜将 PLC 安装在柜内，可在独立于控制室完成现场机组的实时控制。自动化仪表及控制系统的主要作用如下：

（1）对机组的运行压力、温度、转速等工作参数进行监测；

（2）对机组的运行压力、温度、振动、转速、液位、油位等关键参数设置超限自动停机保护；

（3）并对某些参数进行简单的自动调节和自动控制操作，以保证机组安全正常地运行。

控制室上位站控远程监控系统主要通过光纤等通信方式将机组 PLC 检测出的信号传输给控制室的监控电脑进行显示与控制，能够实时显示机组的运行参数、历史趋势、报警查询、紧急停车、生产报表、历史停车记录查询等功能。

与上述增压仪表控制系统的类型相对应，自动控制系统故障也可分为就地仪表故障，就地仪表柜内自控设备故障、上位站控远程监控系统故障这 3 类。

一、就地仪表故障

增压机组就地仪表主要包括浮子开关类（进气分离器浮子液位开关、注油器油位开关、机身油位控制器、水位开关）、多路式数字温度表、润滑油无油流开关、转速表、振动开关（电子振动开关）、电磁阀以及自动排污系统（气动液位控制器、气动放泄阀）。

就地仪表故障的现象、原因以及处理方法见表 7-10。

表 7-10　就地仪表故障现象、原因以及处理方法

序号	故障现象	故障原因	处理方法
1	液位显示超限误报警（进气分离器浮子液位开关超高，注油器油位开关、机身油位控制器、水位开关超低）	杂质卡堵	清洗浮子
		线路故障	检查并修复线路故障
2	温度显示值偏高	机组接线盒内补偿导线与热电偶接头锈蚀，接触不良	打开接线盒用砂纸或小刀去除补偿导线和热电偶接头的氧化物，在接头表面适当涂抹少量润滑脂防腐，再用绝缘胶带包扎好（注意：在进行该项工作时要小心，防止热电偶线头折断）
	温度显示出现"1"	机组接线盒内补偿导线与热电偶接头锈蚀，接触不良	打开接线盒用砂纸或小刀去除补偿导线和热电偶接头的氧化物，在接头表面适当涂抹少量润滑脂防腐，再用绝缘胶带包扎好
		补偿导线或热电偶断路	恢复接线，如果热电偶线头断后太短，可用钢锯片锯开热电偶外壳
	温度显示现负（-）值	补偿导线或接头碰壳短路	用绝缘胶带包扎
		热电偶损坏（绝缘被破坏）	更换热电偶
3	润滑无油流误保护停机	润滑无油流开关内磁棒发生弯曲，有卡堵	更换润滑无油流开关内磁棒并改变分配器与无油流开关接口点
		分配器内柱塞耦件有卡堵	清洗分配器，调整分配器内柱塞间隙
		无油流开关电池电量不足	更换无油流开关电池
4	显示屏无转速显示	供电异常	检查上级供电模块，若为保险烧坏，更换保险
		线路断路	检查并修复线路
5	正常振动导致机组误停机	振动开关灵敏度过高	在机组负荷运行时，用小螺丝刀旋转灵敏度调节螺钉使机组振动开关刚好能动作，然后反转 1/8 圈即可
6	电磁阀不动作或漏气	接触不良或线圈断路	紧固或更换线圈
		阀内有污物	清洗电磁阀
		弹簧膜片失去作用或损坏	更换弹簧或膜片
7	自动排污系统不动作	阀座有异物卡住或堵死	清洗阀座
		调节阀膜头故障	更换膜片

二、就地仪表柜内自控设备

就地仪表柜内自控设备主要包括避雷器、信号安全栅及 PLC 等，就地仪表柜内自控设备故障的现象、原因及处理方法见表 7-11。

表 7-11　就地仪表柜内自控设备故障现象、原因及处理方法

序号	故障现象	故障原因	处理方法
1	避雷器后端设备掉电或无信号输入	避雷器因过电压等原因损坏	更换避雷器
2	信号安全栅输入、输出不一致；指示灯不亮	零点漂移	重新调校安全栅
		端子接线接触不好	紧固端子接线
		电源坏	更换保险
		安全栅坏	更换安全栅
3	PLC 数据采集不更新、逻辑控制不执行	PLC 程序故障	重新下载程序
		PLC 通道故障	重新更换 PLC 通道，并重新编程、下载程序

三、上位站控远程监控系统

增压机组上位站控远程监控系统的故障现象、原因及处理方法见表 7-12。

表 7-12　上位站控远程监控系统故障现象、原因及处理方法

序号	故障现象	故障原因	处理方法
1	就地仪表柜与上位站控通信故障	就地仪表柜与上位之间的通信光纤损坏或挖断	（1）使用 ping 命令判断是否为真实的网络物理链路故障，若能 ping 通则判断网络物理链路正常，则怀疑为驱动协议出现故障，若不通则开始查找物理链路方面的故障。 （2）若为驱动协议的故障，则在站控计算机上找到该驱动协议，不同站控系统，协议界面和操作方式不同，可先尝试将驱动协议重启，若仍不能解决，则需由自控专业人员重装该协议。 （3）若为网络物理链路故障，先检查现场端和控制室端通信模块网口指示灯、光纤收发器指示灯是否正常，在排除设备掉电的前提下，可尝试更换网线，若仍不能解决，则需要通信专业人员用光时域反射仪测试光纤是否损坏，并用光纤熔接机进行故障点的重新熔接
		现场或控制室端的光纤收发器设备未供电或损坏	
		站控系统驱动协议出现错误	
		现场端或控制室端通信模块网口或网线损坏	
2	机组故障时现场触发报警、而上位站控系统未触发报警	站控系统的报警门限、控制门限与现场就地仪表柜上 PLC 设置的门限不一致	将上位系统的报警门限与现场仪表柜 PLC 上报警门限设置一致；或设置上位报警门限高限、高高限等于或者略低于 PLC 中的报警门限，低限、低低限等于或者略高于 PLC 中的报警门限

第八章

增压站建设

增压站的建设对机组的安全稳定运行起着至关重要的作用，本章主要叙述的是增压站的建设过程及其注意事项，内容包括站址选择、机组选型、工艺流程、压缩机组基础及安装基本知识、压缩机组噪声（振动）及控制措施、增压站安全运行注意事项等。

第一节　增压站设计

一座增压站在拟定建设计划时，最重要的依据就是处理对象气田或构造的开发方案及气田或构造的实际生产情况。当该气田或构造的各开发生产井的井口油压与输压逐渐持平时，气井依靠自身压能已不能维持正常生产，如剩余可采储量还很可观，则可进行增压工程可行性研究，若建设收益能满足投资需求，则可考虑建设增压站场。

一、场站选择

可行性研究主要指对周边自然条件和社会条件、气藏和采气工程、气田建设现状、增压方案、增压站建设、集输管道、站场工艺、自动控制、供配电、给排水、经济评价等方面进行充分的论证，最终得出建设增压工程的必要性、可行性和经济性。

可行性研究通过以后，开始进行初步设计，设计的指导思想和原则以可行性研究报告和股份公司关于该可行性研究的批复为基础，采用成熟、先进的技术和设备及合理的工艺流程，以安全、可靠、实用、经济作为设计总体原则。设计要合理选用设备及管材，确保长期安全、平稳生产，方便管理。建设项目的"三废"排放必须符合国家标准的规定；环境保护措施必须与主体工程"三同时"。遵循的主要标准和规范必须是该工程适用的、最新的、最全面的，以 QHSE 管理为指导，满足天然气生产的安全和环保要求。

在选择增压站站址时，必须从征用土地、节约能耗、安全环保等角度出发，对选址方案在站场改造、管线建设、水文地质、交通情况、拆迁量等方面进行对比分析。

根据条件必选表体现各方案的优缺点，推荐经济投入小、安全环保风险小、施工难度小的方案实施，增压站建站条件比选见表 8-1。

表 8-1　增压站建站条件比选

方案名称	新建××增压站	扩建××井
站址名称	××增压站	××增压站
管线长度 km	低压集气管线：D××××～×km	低压集气管线 D××Ｘ×～×km 高压集气管线 D××Ｘ×～×km
新建管道可比投资 万元	××	××
土地征用	可利用站内已有空地，征用放空火炬用地××m³	需征用降噪厂房土地××m³
水文地质	地下水影响小	地下水影响小
站外道路	站场靠近乡村公路、机耕道，运输条件一般	站场靠近乡村公路、机耕道，运输条件一般
总图布置条件	站内已平整，站场周边地形开阔，民房少，总图布置条件好	站内已平整，站场周边地形较开阔，民房少，总图布置条件一般
土石方量	挖方量约××m³ 填方量约××m³	挖方量约××m³ 填方量约××m³
大气扩散条件	扩散条件一般	扩散条件一般
拆迁障碍物和民房数	拆迁养殖场 1 座	无拆迁工作量
……	……	……

二、压缩机布置

压缩机布置设计时，需要考虑以下情况：

（1）在人口密集区必须设置降噪厂房。

（2）两台压缩机的突出部分间距及压缩机组与墙面的间距，应满足操作、检修的场地和安全通道要求。

（3）压缩机组的布置应便于管线的安装和拆卸。

（4）压缩机基础应按照现行国家标准 GB 500040—1996《动力机器基础设计规范》进行设计，并采取相应的减振、隔振措施。

（5）压缩机房内，根据压缩及检修需要，配置供检修用的固定式起重设备。

三、增压站工艺及辅助设施

增压站工艺及辅助系统方面应考虑：

（1）增压站工艺流程设计应根据集输气工艺要求，满足气体的分离、增压、冷却、越站和机组启动、停机、正常操作及安全保护等要求，在天然气进口段必须设置过滤分离设备，处理后的天然气应符合压缩机组对气质的技术要求。

（2）增压站内尽量少安装阻力件，全站总压降不宜大于 0.25MPa。

（3）当压缩机出口温度高于下游设施、管道及其敷设环境允许的最高操作温度，或需提高气体输送效率时，应设置冷却装置。

（4）应在压缩机组出口设置天然气计量装置，以便分析机组运行情况及监控上游气井、气田、管线运行情况。

（5）燃气系统必须设置过滤、调压、计量装置，同时应满足原动机对气质的要求。

（6）冷却系统应优先考虑节能的空冷，原动机和压缩机夹套宜采用密闭式循环系统。

（7）燃气机启动宜采用电马达或气马达，启动气的气质和参数应满足设备制造商的要求，宜采用干燥的压缩空气。

（8）燃气机的废气排放口应高于新鲜空气进气系统的进气口，易位于进气口当地最小风频的上风向，废气排放口与新鲜空气进气口应保持足够的距离，避免废气重新吸入进气口。

四、增压站工艺组成

为描述得更直观，以具备气田增压开采功能的增压站介绍典型增压站工艺组成（包含但不限于以下工艺设置）。

（1）为了生产过程中对气田（气井）来气和增压后高压气进行管道清洁作业，减少管道中的阻力损失，防冻堵、提高管道输送效率等，在增压站内安装清管作业收发球装置。

（2）原料气在进入压缩机前，根据压缩机对气质的要求，为了避免机械杂质和游离水等进入压缩机组，损坏气阀、气缸组件等，须设置气液分离器和过滤分离器。

（3）为保证压缩机组的安全运行，需设置压缩机组进排气旁通控制阀、排气下游设置止回阀。

（4）为掌握压缩机组的实际运行状况，需配置增压原料气计量装置。

（5）根据对启动气和燃气的气质、压力、计量等的要求，增压站需设置高效过滤器、调压阀、流量计等。

（6）为保证压缩机组的安全运行，增压站内各类容器上需设置安全阀、压力指示仪表、液位计等。

五、机组选型

压缩机选型及配置方面应考虑：

（1）压缩机组的选型和台数，应根据增压站的处理气量、总压比、出站压力、气质等参数，结合机组的维修、技术成熟度以及正常生产运行制度，进行技术与经济比较后确定。

（2）对于增压开采和气举排水工艺，宜选用往复活塞式压缩机。

（3）同一增压站内压缩机组宜采用同一机型，以减少今后运行维护的难度。

（4）压缩机的原动机应根据当地能源供应情况及环境条件，进行技术和经济必选后确定，压缩机组的原动机宜采用技术成熟、稳定性好、燃气消耗率低的燃气发动机。

六、站内管线

站内管线方面应满足以下要求:

(1)站内所有管线必须进行强度校核,同时选择适应输送介质的材质,充分考虑所选材质抵抗介质组分中腐蚀物的腐蚀能力。

(2)机组的仪表、控制、取样、润滑油、燃料气等管道应采用不锈钢及管件。

(3)站内管线安装设计应采用减小振动和热应力的措施,压缩机进排气口的配管对压缩机连接法兰所产生的应力应小于压缩机技术条件的允许值。

(4)管线的连接方式除因安装需要采用螺纹或法兰连接外,均应采用焊接。

(5)管线除特殊情况外均应采用埋地敷设,同时做好防腐保护。

(6)管线穿越行车道或存在重负荷的地段时应采用套管保护。

第二节　增压站建设

一、增压站场建设过程监督

增压站建设过程的监督是实现工程项目安全、质量、环保、进度和投资等各环节良性运转的保障,目前建设项目均设置第三方监督(即监理)代表建设单位行使建设过程中的安全、质量和进度的监督权,但作为建设单位或属地单位,也必须承担相应的监督责任。

现场检查需从以下几个方面入手:

(1)作业现场安全文明管理,作业场所六牌一图(工程概况牌、现场出入制度牌、管理人员名单及电话牌、安全生产牌、消防保卫牌、文明施工牌、施工总图面布置图)信息是否正确、完善。使用单位域内安全通道设置是否合理、畅通,各项安全技术措施是否按安全作业许可管理等要求完全落实。

(2)各项危险作业是否按安全相关管理规定做好风险控制措施,如使用气焊割动火作业时,氧气瓶与乙炔气瓶间距不小于 5m,二者与动火作业地点距离均不小于 10m,并且不得在烈日下曝晒。外部环境或系统内气体检测是否合格等。

(3)特种作业人员是否取得相应资格证书,人员与证件是否一致等。

(4)工艺管线、设备的安装是否按照设计施工,安装位置、方向是否利于正常操作。

(5)对于建设项目中的关键点,如吊装、停气碰口、管线试压、吹扫、站外 PCM 检测,需要作业区人员到场进行监督,并做好记录。

(6)对于站场的施工进度,作业区应定期进行现场检查,并通过影像记录隐蔽工程、关键点、工程进度等资料。

(7)对压缩机基础的检测,对压缩机的二次灌浆要进行重点监督,对压缩机的吊装和安装进行检查,核实压缩机配件是否到齐;压缩机的吹扫和站内管线吹扫须分开进行,单独实施,避免工艺区管线杂质进入压缩缸,造成压缩缸的损伤。

（8）各种阀门设备在安装时，是否按照使用规范进行安装，如阀门安装是否符合流体流向要求，安全阀是否垂直安装在易调校的位置。

二、压缩机组噪声、振动控制

（一）噪声控制

压缩机组噪声是一个综合性的噪声源，产生的原因较复杂，其噪声主要包括：排气噪声及气流流经气缸、气阀时产生的空气动力性噪声，冷却风扇涡流噪声，机件工作时冲击和摩擦产生的机械噪声，振动辐射的固体声等。这几部分噪声叠加在一起，使得压缩机组的噪声具有频带宽、低频声强烈，而总声级又相当高的特性。压缩机组噪声的声级和频谱关系如图 8-1 所示。

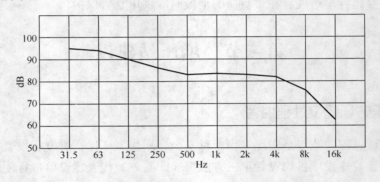

图 8-1　压缩机组噪声的声级和频谱关系图

1．发动机本体噪声

发动机本体的噪声主要是燃气进缸、燃烧以及动力活塞在动力缸内往复运动撞击、摩擦和振动的声音，可以明显感觉声音的强度是变化的，燃气进缸和燃烧时有一个声级的波峰。

降低发动机本体噪声就要改造振源和声源，选用柔和的燃烧工作过程，提高机体的结构刚度，采用严密的配合间隙，降低汽缸盖噪声。而给发动机涂阻尼材料是一个比较有效的解决办法，阻尼技术的工程应用形式是将大阻尼黏弹材料粘贴于振动体表面，当它们与基体一起振动时，使阻尼材料受到拉-压或剪切作用，损耗振动能量进而抑制振动和声辐射。表面阻尼处理主要应用于以受弯曲振动为主的厚度不大的构件或薄壁零件，动力缸正好是这样的部件。阻尼处理有以下几种结构：自由阻尼层结构、间隔自由阻尼层结构、约束阻尼层结构和间隔约束阻尼层结构。它能明显地减少共振幅度，加快自由振动的衰减速度，降低各个零件的传振能力，增加零件在临界频率以上的隔振能力。

2．进排气系统噪声

从生产现场反馈的数据可以看出，机组的进排气口处产生的噪声特别的大，此处的噪声主要是气体流动产生的气流声。

控制进气系统的噪声，主要需要降低空气进入动力缸的阻力，这就需要选择较小压差的空气滤清器，现在通常使用的空气滤清器是外面一块粗滤加内层一块精滤，由于湿度较大，空气滤清器在很短的时间内就会产生堵塞，暂时还没有找到一种适合的空气滤清器。

排气系统噪声主要由排气压力的脉动噪声以及排气口处的喷流噪声组成。优化设计性能良好的消声器，是控制压缩机排气系噪声的重要手段之一。降低排气系统的声级，可以采用单独加隔声罩的方式来解决，但是在隔声罩内，因声波的反射和混响，声级会很高，从而对消声器的消声效果会有一定的影响，因此应在隔声罩内充填一些吸声效果好的材料，比如专门针对中低频的PET吸音毡、PUR减振吸声海绵等。

3．冷却风扇噪声

冷却风扇是噪声的发生装置，受到护风圈、水泵、散热器及传动装置的影响，但其噪声的产生主要取决于风扇本身结构噪声以及与护风圈的共振。控制冷却风扇噪声主要有吸声和隔声两种方法。为保证冷却风量，减少空气阻力，进出风口均可以采用片式吸声体控制噪声，为了提高降噪效果，吸声片按一定倾角平行排列，风机外壳用钢板全封闭声，且内留一定距离的空气层以提高隔声效果。

根据压缩机组产生噪声的特性，决定了需根据隔声、吸声、扩容、共振、减振等声学原理，利用外隔、内吸以及消、减振等方法实现降噪的目的，因此在现场多采用安装消声器、建造轻钢降噪厂房、合理选用压缩机安装位置、提高压缩机基础装配质量和修筑隔声墙等措施来降低噪声。

（二）振动控制

压缩机在运行过程中振动原因主要是各旋转部件的旋转惯性力和往复力的不平衡，气体流动过程中脉动压力所引起的干扰力、共振等。控制振动的方法主要包括动平衡优化设计、管路及附件的优化设计、设计足够质量的基础、开展气流压力脉动分析，机组优化设计（例如缓冲罐、加孔板等）以及支撑优化设计等方面。

第三节　增压站试运投产及安全运行注意事项

一、压缩机组的试运投产

为了确保增压工程顺利进行，应成立试运投产领导小组、试运投产作业组、安全监督组等几个小组，试运投产领导小组负责确定试运投产作业组、安全监督组、生产调度组、抢险保镖组、厂家调试组、后勤保障组的任务量及所占比重，合理分配各专业组的力量。

（一）资料、工具、用具及材料准备

（1）生产所需运行参数原始记录等资料齐全（例如天然气发动机压缩机组运行记录本、增压站生产日报表、天然气发动机压缩机组及配套设备巡检表、维护保养记录、压缩机组故障处理情况记录、岗位操作卡等）；增压站必须建立的技术资料应当齐全，包括：设备使用说明书，操作机维护保养规程（操作流程示意图），设备管理的各种规章制度、技术规程，

站场工艺流程图、巡回检查图、压缩机组润滑流程图、压缩机组冷却循环水流程图、压缩机组工艺气流程图、逃生路线图和岗位职责制度等必须上墙；增压工程投产涉及的各场站、管道工艺流程图、资料台账及时更新配备到位。

（2）生产工、用具配置：使用单位和厂家在投产前进行机组调试，生产用具和各种仪表所需的生产工具、专用工具、各类油品（含发电机燃油）、安全消防器材、防护器材、医疗急救物资、排风扇、办公用品等配备到位并检查合格可使用；空气置换、试压验漏所需要的气体检测仪等仪器、仪表及工、用具准备到位并检查合格可使用。

（3）压缩机组调试用随机备品送达现场，材料齐全；机组常用易损备品、备件已提前完成计划并且采购到位。

（二）人员配备及上岗培训、应急预案演练

根据规定配备相应的现场操作员工和技术管理人员，确定机组的维修方式等。投产前，必须由使用单位组织有关管理人员、增压站操作工、维修工进行理论和现场实际操作培训，学习压缩机组操作规程和安全知识，熟悉增压站工艺流程，掌握设备生产中常见的故障和处理方法。同时，使用单位必须组织井站人员进行应急预案演练。增压站管理和操作人员经培训合格后方可上岗。

（三）生活资源保障

在投产前该站的生产值班室及生活区应修建、装修完毕，水、电、通信畅通。

（四）站场设备、管线的检查和仪器仪表的联合校验

（1）增压工程按设计文件所规定的范围全部完成。

（2）全站管线装置设备（包括压缩机组）完成强度和严密性试验、吹扫合格，氮气置换、升压验漏合格。

（3）调试前最后对流程进行确认，确认站场管道各切断阀门的开关状态，对关键阀门进行挂牌、上锁，对关键流程、参数等进行现场标示。

（4）检查压缩机组滑橇找平、基础二次灌浆质量，确认压缩机组安装调整对中已完成，并合格；站场的供水、供电、供油、供气及仪表风系统能正常运行；土建工程、照明系统、通讯、站场及压缩机组厂房各项安全防护设施完成并投用；车辆备齐；对增压站的各种电气、仪表、节流装置、安全阀及压缩机组等设备进行检查、清洗、调校，并核准各种技术参数和计算参数。

（5）压缩机组的启封、初次启动前的准备和检查参见《××压缩机组使用说明书》。

（五）压缩机辅助及配套系统投运

（1）压缩机组用油物资准备到位（供油应包含压缩机组机油、液压油、二硫化钼锂基脂等），油品选型正确，满足要求。

（2）机组软化水装置调试并投入使用。

（3）压缩机质量证明书、订货合同和技术协议书、试验依据资料及试验记录表等齐全。

（六）压缩机组试验项目

以 ZTY 系列机型为例，进行压缩机组试验。

（1）启动试验：检查是否能正常启动，在压缩机设计规定启动压力内完成启机。

（2）怠速试验：机组启动后，调节连接杆长度，调速器处于怠速位置，保证压缩机空载能保持怠速运转 20min 无熄火和其他异常现象。

（3）超速停机试验：压缩机运行平稳后，逐渐增加转速，当转速达到设定停车转速时，应能可靠停机，超速停机试验应连续作 3 次。

（4）小循环空载试验：机组转速保持在最低稳定转速，运行 1h，确定各部位运转应正常，暖机跑合后应停车检查。

（5）仪表自控报警试验：在小循环空载运行中，对压缩机仪表自控报警保护点逐一进行试验，检查每一个保护点能否正常报警和发出停车指令。

（6）机组负载运行试验：提前通报上、下游，告知脱水站、单机做好相关配合及应急预案。在机组额定负荷的 75%～100%范围内加载，具体工况参数和压缩机运行方式根据随机技术文件所提供的该机运行工况或性能曲线并结合生产需要进行选定，每种工况至少运行 1h。工况参数应与厂家随机技术文件所提供的该机运行工况或性能曲线相吻合。

（7）负载试验应测取数据：负载试验期间录取机组转速、动力缸排温、燃气进缸压力、动力缸夹套水温、压缩缸夹套水温、吸气压力 、排气压力、排气温度、运转时间、供气量、燃气耗量等。

（8）停机试验：协调增压站流程倒换工作，准备压缩机组卸载空运、停机倒换流程。流程倒换由使用单位组织。

（9）典型工况运行试验：机组按天然气压缩机使用现场正常生产所需负荷，做 72h 运行考核，由天然气压缩机使用现场工作人员开停机操作，并做好记录，压缩机厂人员做监护和现场指导。

压缩机 72h 典型工况运行中，压缩机厂人员应巡回检查监控压缩机的运转情况，天然气压缩机使用现场工作人员每 30min 记录一次试验数据。

压缩机 72h 典型工况运行完毕后，压缩机厂人员应对压缩机连接螺栓进行扭力检查。

（10）以上试验过程由压缩机厂组织实施。

（11）以上试验过程的数据测取及记录由压缩机厂做工整记录，并由监理及使用单位签字认可。

（12）机组交接。通过以上步骤完成压缩机组的实验后，达到设计规定的技术性能和增压站工艺要求后，压缩机厂代表、现场监理、使用单位代表在交接单上签字同意，完成压缩机组的交接。

二、压缩机组日常运行安全注意事项

（1）在操作维护压缩机组前，务必仔细阅读使用说明书，熟悉发动机和压缩机原理、性能、结构，掌握安全运转规范。

（2）使用符合要求的油、水、气，这是压缩机安全运行的必要条件。

（3）严禁压缩机超速、超温、超压、超负荷运行。

（4）压缩机运行时，请勿靠近旋转运动件，如飞轮、联轴器、皮带轮等。

（5）勿接触压缩机的高温表面，如排气缓冲罐。

（6）禁止在压缩机组上放置工具、杂物、棉纱、布头和其他易燃品。

（7）在任何情况下都不应使用易燃液体清洗气阀、过滤器、气道和工艺气管道等。

（8）冬季启动机组应严格按机组低温操作规范进行。

（9）正确穿戴劳保和使用适当的防护设备，避免人员伤亡。

（10）现场正确使用消防设备。

（11）当维修或使用带有弹簧的产品时应采用合适的防护装置。如果设备或方法使用不当，弹簧在拉伸或压缩时将会弹出，可能引起严重的人员伤亡。

（12）吊装机组时须考虑起吊体的重量，使用恰当的设备吊装和可靠的起吊方法。

（13）机组或部件处于悬挂状态时，不要在其下行走或站立，否则可能引起严重的人员伤亡。

参 考 文 献

[1] J. 莫布雷. 以可靠性为中心的维修[M]. 北京：机械工业出版社，1995.

[2] 蒋德明. 内燃机燃烧与排放学[M]. 西安：西安交通大学出版社，2001.

[3] 苏建华. 天然气矿场集输与处理（天然气工程丛书）[M]. 北京：石油工业出版社，2004.

[4] 姬忠礼，邓志安，赵会军. 泵和压缩机[M]. 2 版. 北京：机械工业出版社，2015.

[5] 王福利. 压缩机组[M]. 北京：中国石化出版社，2007.

[6] 王修彦. 工程热力学[M]. 北京：机械工业出版社，2008.

[7] 黎苏，李明海. 内燃机原理[M]. 北京：中国水利水电出版社，2010.

[8] 郁永章，姜培正，孙嗣莹. 压缩机工程手册[M]. 北京：中国石化出版社，2011.

[9] 隋博远. 压缩机维修与检修[M]. 北京：中国电力出版社，2012.

[10] 贾智勇. 电工基础知识[M]. 北京：化学工业出版社，2013.

[11] 刘善平. 内燃机构造与原理[M]. 3 版. 北京：人民交通出版社，2014.